金钱鱼繁育生物学及人工繁养技术研究与应用

李广丽 等 著

科学出版社

北 京

内 容 简 介

金钱鱼是我国东南沿海地区重要的经济鱼类,也是我国南方主要养殖品种之一。本书梳理、汇编了研究团队 10 余年的相关研究成果,共 6 章,分别阐述了金钱鱼研究概况、金钱鱼种质资源分析、金钱鱼生殖和生长内分泌调控机制、金钱鱼人工繁殖、苗种培育以及绿色生态养殖技术。

本书可供从事鱼类繁育及养殖相关工作的研究人员、技术人员,以及高等院校、科研院所相关专业师生参考。

图书在版编目(CIP)数据

金钱鱼繁育生物学及人工繁养技术研究与应用 / 李广丽等著. —北京:科学出版社,2022.10
ISBN 978-7-03-070685-0

Ⅰ. ①金… Ⅱ. ①李… Ⅲ. ①鲈形目—鱼类养殖—研究 Ⅳ. ①S965.211

中国版本图书馆 CIP 数据核字(2021)第 232309 号

责任编辑:朱 瑾 岳漫宇 / 责任校对:郑金红
责任印制:吴兆东 / 封面设计:刘新新

科学出版社 出版
北京东黄城根北街 16 号
邮政编码:100717
http://www.sciencep.com
北京中科印刷有限公司 印刷
科学出版社发行 各地新华书店经销

*

2022 年 10 月第 一 版 开本:787×1092 1/16
2022 年 10 月第一次印刷 印张:14 3/4
字数:296 000
定价:168.00 元
(如有印装质量问题,我社负责调换)

前　言

　　金钱鱼俗称金鼓，广泛分布于我国东海南部至南海北部湾区域，以及东南亚、南亚地区，为广盐性亚热带中小型鱼类，环境适应性和抗病抗逆性极强，是我国福建、广东、广西、海南等东南沿海地区池塘和网箱养殖的重要养殖对象。金钱鱼食性广，可摄食池壁或网箱上附着的藻类和贝类，因此有"清洁鱼"之美名，可单养，亦可与东星斑、尖吻鲈、花鲈、黄鳍鲷、鲻、篮子鱼、各种海淡水虾类混养。养殖两年上市，规格达 400～500g，尤其适合小型家庭。金钱鱼营养价值高，体型优美，雌鱼生长快，雄鱼体色鲜艳，因此既是一种优质食用鱼，也是一种名贵观赏鱼。由于金钱鱼在海水、咸淡水及淡水中均可生长发育，因此可推广至内陆甚至盐碱地地区进行养殖，是极具养殖前景的一种经济鱼类。

　　但是，目前国内外对金钱鱼的研究还非常薄弱。长期以来，金钱鱼养殖所用苗种主要来自天然捕捞，导致其自然资源破坏，捕获量逐年迅速下降。之前虽有金钱鱼成功催产的报道，但催产成功率、受精率和孵化率低，难以批量获得受精卵，严重制约了金钱鱼的养殖推广。广东省南方特色鱼类繁育与养殖创新团队自 2012 年起，选取金钱鱼为研究对象，对金钱鱼种质资源、生长和性别等重要性状进行解析，对其生殖内分泌调控机制、生长内分泌调控机制进行研究，并就金钱鱼规模化高效人工繁殖以及高效生态养殖技术进行攻关。在此基础上，摘取部分研究成果，总结撰写了《金钱鱼繁育生物学及人工繁养技术研究与应用》一书，以期对金钱鱼养殖业发展及其资源恢复和保护提供理论指导。

李广丽

2020 年 8 月 10 日

目　　录

第一章　金钱鱼研究概述

第一节　金钱鱼主要生物学研究现状

金钱鱼（*Scatophagus argus*），又名金鼓鱼，隶属鲈形目（Perciformes）刺尾鱼亚目（Acanthuroidei）金钱鱼科（Scatophagidae）金钱鱼属（*Scatophagus*）广泛分布于印度-太平洋水域。金钱鱼科仅金钱鱼 1 属，含金钱鱼、多带金钱鱼和四棘金钱鱼 3 种。目前我国唯一记录在案的金钱鱼，主要分布于东海南部至南海北部湾区域。金钱鱼富含多不饱和脂肪酸，营养价值高、味道鲜美，是广受喜爱的优质食用鱼。该鱼食性广，适应性和抗病、抗逆性强，可在咸水、咸淡水及淡水中生长，养殖成本低，是我国东南沿海地区重要的经济养殖品种。

一、基础生物学特征

1. 形态学特征

金钱鱼体高、侧扁，侧面呈圆盘形，背部高耸隆起，口小；鱼体黄褐色，腹部银白，体表满布大小不等条形或圆形黑斑；鳃盖膜与峡部稍连；皮坚韧、被小栉鳞；侧线完全；胸鳍稍圆，腹鳍长于胸鳍，尾鳍宽大、双凹近截形，鳍条挺括；臀鳍有 4 根鳍棘；鳍棘前部具凹槽，有毒腺。稚鱼头部颅骨后方两侧出现 1 对三叶状特异形骨结节突起、末端尖锐，有微细辐射纹，是此阶段种类鉴别的重要参考特征。金钱鱼雌、雄成鱼个体形态差异明显，雌鱼个体较大、体形较高、头较大、吻较长，雄鱼头部较雌鱼尖、小。在养殖过程中，雌性个体生长速度显著快于同龄雄性个体，因而单性全雌品种养殖具有重要经济价值。吴波等（2014）以吻长/头长、眼间距/头长、体宽/体长、体高/体长、头高/体长 5 个性状建立了性别判别方程，准确率达 85.96%，为快速、准确鉴定金钱鱼的性别提供了新策略。

2. 习性与食性

金钱鱼喜成群游动，性情温和，不相互打斗或抢掠食物。该鱼为广盐性，稚鱼在咸淡水中生活，盐度 5～20 为宜，随着生长逐渐向深海移动，但也可在咸淡水及淡水中生长。金钱鱼对 pH 及水温的适应范围广，适宜 pH 及水温分别为 6.5～8.4 和 20～28℃，极限生存水温为 8℃。幼鱼耐酸、耐高温能力较强，但低温耐受力差，低温半致死温度为 12.2℃。作为暖水性鱼类，金钱鱼成鱼对低温敏感，在极端天气时常发生冻死事件，因此养殖中需做好防寒保暖工作。

金钱鱼为杂食性，食性广且随生长逐渐变化，自然状态下偏爱植物性饵料，但人工驯化能使其食性发生转化。稚、幼鱼主要摄食单胞藻、硅藻、轮虫、小型软体动物、桡足类、十足类幼体、鱼卵等；幼、成鱼则以多胞藻为主，亦摄食硅藻、甲壳类、双壳类、轮虫类、桡足类、海绵动物、多毛类等。成鱼对动物蛋白需求低，投喂植物蛋白饲料时生长显著快于动物蛋白饲料，这为高效人工饵料的选择提供了正确指导。

3. 生长发育

金钱鱼胚胎发育历经受精卵、卵裂、囊胚期、原肠期、神经胚期、器官形成期、肌肉效应期、心跳期、出膜期等阶段。在 24℃、盐度 28 的条件下，历时 28.5h 破膜，积温为 682.7℃·h。初孵仔鱼全长 1.62～1.88mm，51h 开口；4～5d 龄仔鱼卵黄囊消失；32d 龄稚鱼尾部色素粒、体侧褐色横纹及背鳍、臀鳍、腹鳍鳍棘、鳍条等基本发育完整。仔鱼早期发育除具硬骨鱼类发育特征外，还具红、黑色素带、鳍膜泡状结构。

金钱鱼年内生长呈明显阶段性，与水温密切相关，但与盐度相关性不大。Pak Panang 湾群体动态研究表明：金钱鱼属异速生长型，体形参数比例随生长阶段而发生变化。体高的增长速度最快，背鳍前长、臀鳍前长次之，眼径最慢。金钱鱼雌、雄生长差异显著，1 龄雌鱼比雄鱼生长速度快 30%～50%，2 龄雌鱼生长速度则高于同龄雄鱼的 1 倍以上。本实验室利用 F_1 家系群体对金钱鱼的生长性状进行考察，发现 1 龄和 2 龄雌、雄群体间的生长速度差异大约为 12%～20%，与早期文献报道的结果有差异，但金钱鱼雌性生长速度快于同龄雄性个体这点与此前文献报道结果一致。基于此特性，繁育单一雌性鱼苗，实现单性养殖，对提高养殖效率、渔获品质和经济效益具有重要意义。

4. 渗透压调节

金钱鱼对盐度的剧烈快速波动有很强的耐受力，因而成为渗透调节分子机制的理想研究模型。其在淡水驯化时经历两个阶段：在适应期调节鳃氯细胞、肾收集管数量，以及肾小球、收集管直径和收集管肌肉组织厚度；适应期过后，鳃和肾形态学保持稳定。金钱鱼鳃表面及微细结构与其他硬骨鱼类基本相似，但氯细胞数量较少；幼鱼由淡水转入咸水后鳃丝和鳃瓣的氯细胞密度显著增大，说明氯细胞可能与盐度变化适应性密切相关。肾在维持体液平衡、适应不同盐度过程中起重要作用，也是鱼类重要的渗透调节器官之一。与其他淡、海水鱼类类似，淡水驯化后金钱鱼肾组织形态学特征会发生改变，淡水及低盐度下收集小管和肾小球的密度显著降低。细胞生理学研究亦表明，金钱鱼肾细胞系的渗透调节能力高于草鱼（*Ctenopharyngodon idellus*）肾细胞系，对盐度的耐受性较强。由于相关研究还不够系统和深入，金钱鱼渗透调节分子机制尚未完全明晰，但可以预见，其将会是未来研究的热点之一。

二、繁殖生物学

1. 基本繁殖特性

金钱鱼性成熟与产卵受温度、盐度、降雨、食物等环境因素影响。在菲律宾等东南亚地区，金钱鱼繁殖季节为 6～7 月；在我国南方沿海繁殖季节则较长，始于 4 月中下旬，终于 9 月，盛期在 5～8 月。雌、雄鱼最小生殖生物学年龄均为 1 龄，首次性成熟体重分别为 150～200g、83.5～90g，雄鱼性腺成熟系数（GSI）最高 2.2%，雌鱼 GSI 最高达 14.7%，但性腺发育不同步，雄性一般先于雌性成熟。金钱鱼体重与怀卵量比约为（18～20）∶1，但具体繁殖力数值存在差异，可能与亲鱼大小、生长环境、饲养条件、地域品种差异等因素有关。成熟卵子直径为 430～750μm，球形，浮性，无色透明，含单个直径约 300μm 的黄色油球。成熟精子属于硬骨鱼 I 型精子结构，精子存活率和运动性在盐度 25～30 最高。未受精卵子在 1h 内变浑浊。受精卵呈规则球形，具光泽，卵膜薄且无色透明，受精后 1～

2h 内油球会不断融合。

2. 性腺发育

目前已明确了金钱鱼精巢和卵巢的 5 个发育阶段（Ⅰ～Ⅴ）及其组织结构特征。其卵母细胞发育存在非同步现象，产卵后仍存在Ⅱ～Ⅳ期卵母细胞，为分批非同步产卵类型。金钱鱼卵巢发育的适宜温度为 23～26℃，此条件下 GSI、血清雌二醇（E_2）、蛋白磷和蛋白钙水平显著高于 29℃。因此，金钱鱼亲鱼的培育、促熟过程应控制水温。在性腺发育、成熟过程中，鱼类需从外界摄取充足的营养物质，尤其是蛋白质和脂类。脂类中多不饱和脂肪酸（PUFA）是鱼类特别是海水鱼类繁殖及生长发育过程中不可缺少的营养因子。鱼油中富含 n-3 PUFA，其对海水鱼性腺发育成熟具有重要促进作用。研究证实，金钱鱼饲料中添加 6% 的鱼油可显著上调一些繁殖相关基因的表达、促进 E_2 分泌及卵巢发育成熟，该发现在亲鱼培育与促熟中有很好的实用价值。

3. 繁殖相关调控基因

金钱鱼性腺分化发育与繁殖内分泌相关基因及其分子调控机制成为近年的研究热点。已有卵黄蛋白原（*vtg*）、*foxl2*、*gnrh*、卵泡刺激素（*fshb*）、促黄体生成素（*lhb*）、芳香化酶（*cyp19a1*）、抗米勒管激素（*amh*）、*wnt4*、*sox9*、*dax1*、*sf-1*、雌激素受体（*er*）、雄激素受体（*ar*）等基因被克隆研究。

foxl2 基因主要参与哺乳动物卵巢发育、功能维持和粒层细胞分化，在鱼类中也具有类似的调控功能。硬骨鱼类的脑型芳香化酶（基因为 *cyp19a1b*）和性腺型芳香化酶（基因为 *cyp19a1a*）是雌激素合成的关键酶和限速酶，可调节神经内分泌和繁殖功能。较高温度（>26℃）会抑制金钱鱼卵巢中 *foxl2*、*cyp19a1b* 和 *vtg* 基因的表达，适宜温度（23～26℃）则可上调 *foxl2* 基因的表达并有效促进卵巢发育成熟，这从分子水平初步解释了温度影响卵巢发育的机制。*foxl2*、*cyp19a1a* 和 *cyp19a1b* 基因在金钱鱼精巢、卵巢的表达具有性别二态性，性腺发育早期 *foxl2* 基因在卵巢中表达较高，而在性成熟时下降到较低水平，表明 *foxl2* 基因在性别分化中扮演重要角色，并可能调控 *cyp19a1a* 和 *cyp19a1b* 基因的表达。*Amh* 基因在Ⅰ～Ⅲ期精巢维持高表达，在Ⅲ、Ⅳ期卵巢表达量会升高，可能对精巢发育、精子产生、卵母细胞发育和功能维持有重要意义。*wnt4a* 和 *wnt4b* 基因分别在Ⅰ期精巢、Ⅱ～Ⅲ期卵巢高表达，因此 *wnt4a* 基因可能参与精巢发育及精原细胞增殖，而 *wnt4b* 基因则与卵巢发育有关。性逆转研究初步表明，*dax1* 和 *sf-1* 基因参与性腺分化且二者具有明显的拮抗作用，而 *sox9* 基因在性腺雄性化过程中有重要功能。

雌、雄激素受体在鱼类等脊椎动物繁殖调控过程中非常关键。金钱鱼 3 种雌激素受体亚型基因 *erα*、*erβ1* 和 *erβ2* 对 *vtg*（*vtg-A*、*vtg-B*、*vtg-C*）基因的表达调控有明显差异。在卵黄蛋白发生期，*erα* 基因与 *vtg* 基因的表达水平同步上调，*erα* 基因对 *vtg-B* 和 *vtg-C* 基因起到关键调控作用。Chen 等（2016a）发现 *ar* 基因在精巢发育中期表达水平最高并维持至末期；经甲基睾酮（MT）处理后，卵巢中 *ar* 基因表达水平显著增高，证明在外源类固醇激素作用下，金钱鱼性腺具有可塑性，为性逆转及全雌育苗中伪雄鱼的培育奠定了理论基础。

促黑素受体 4（MC4R）是 G 蛋白耦联受体超家族成员之一，在多种鱼类性腺中表达，且 *mc4r* 基因拷贝显性负突变可推迟雄性剑尾鱼（*Xiphophorus helleri*）的性成熟，暗示其与鱼类的生殖有关。本实验室近年率先探究金钱鱼 MC4R 的生殖调控作用，初步结果表明，激活 MC4R 信号通路可促进下丘脑 *gnrh* 基因的表达，进而调控脑垂体 FSH 和 LH 的合成；

也可直接调控脑垂体 *fshb* 和 *lhb* 基因的表达水平，证明 MC4R 确实参与鱼类生殖的调控。此发现有助于拓展对鱼类繁殖内分泌调控网络及其机制的认知水平，对生殖调控新技术的开发亦具有指导作用。

三、细胞遗传学

金钱鱼细胞遗传学进展缓慢，仅在染色体数目和核型方面有报道。金钱鱼为二倍体，核型为 $2n=48$，48t，臂数 NF=48，染色体数为 48，均为端部着丝点染色体，不具性别二态性，不能依据染色体形态区分性染色体。染色体组型研究是细胞遗传学和分子遗传学的基础，对了解遗传物质组成、遗传变异规律、发育机制和性别决定有积极作用，对系统演化与分类、进化地位确定和细胞分类学等研究也具有重要意义。深入开展细胞遗传学研究可有力推动金钱鱼染色体结构和功能等方面的研究。

四、分子遗传学

金钱鱼的分子遗传学研究主要局限于分子标记开发和线粒体基因组测序，而在遗传多样性、种群遗传结构、种群动态、分子系统进化等方面则鲜有报道。基于 FIASCO、高通量 RNA 测序技术，目前已开发了一系列多态性简单重复序列（SSR）和单核苷酸多态性（SNP）标记，但仍不能满足后续研究对大量分子标记的需求。我们开发了 SSR、扩增片段长度多态性（AFLP）和相关序列扩增多态性（SRAP）标记用于雌、雄群体的遗传多样性分析，3 种标记的分析结果具有一致性，金钱鱼群体遗传多样性较低，雌雄间遗传变异小。金钱鱼线粒体基因组已完成测序，测序结果表明线粒体 DNA 具有分子结构简单、母系遗传、几乎不发生重组、进化速度快、不同区域进化速度存在差异等特点，可广泛应用于种群遗传学、分子系统学等领域。金钱鱼线粒体基因组数据为其线粒体功能基因组学、分子生态学、分子分类学、分子系统发育和进化的深入研究奠定了基础。

第二节　金钱鱼人工养殖技术研究

一、人工养殖技术

金钱鱼人工养殖技术研究主要集中在池塘混养和淡化养殖。池塘混养能有效改善精养池塘水质，降低亚硝酸盐、氨氮含量及化学需氧量（COD），稳定浮游植物种群结构，控制浮游动物过度繁殖。杂食性的金钱鱼性情温和、易驯化，适合与虾、蟹、贝混养，可有效提高水域生产力和综合经济效益，是重点发展的养殖模式之一。有研究表明，对虾-金钱鱼-蕹菜多营养级综合养殖，以及金钱鱼-长毛对虾-青蟹-缢蛏立体生态混养，可提高饲料氮磷利用率，增加池塘生态系与结构的利用空间，维持良好的养殖生态环境，减少水污染和疾病的发生，提高饲料利用率和经济效益。

基于海水养殖的风险及成本相对较高的考虑，我国于 20 世纪 90 年代开展了海水鱼淡水驯化及网箱养殖的研究，突破了海水鱼养殖地域和条件的限制，取得了一定的经济、社会效益。近年来，珠江口附近一些海水池塘养殖的金钱鱼，经逐步淡化后可在淡水中养殖，早期以浮游生物和鱼浆为饵，逐渐转变为投喂配合饲料，生长良好。广东省南方特色鱼类繁育与养殖创新团队近年持续探索金钱鱼苗种的淡化培育，成功在淡水资源丰富的内陆地区实现金钱鱼养殖，在规模化培育与推广应用方面取得了显著成效，大大促进了该品种的推广，有力推动了产业的可持续发展。

二、病害

随着金钱鱼大规模养殖的盛行，病原种类逐年增多，威胁逐年加剧。鱼苗阶段最常见的是诺达病毒，以垂直传播为主，同一雌鱼孵化出的鱼苗可能全部携带病毒，危害性较大。整个养殖阶段常出现鳃丝车轮虫病、嗜水气单胞菌感染、刺激隐核虫病、海水小瓜虫病、鱼蛭病和疖疮病。车轮虫主要寄生、损伤鳃丝，也会损伤肝、胆、肠，主要为害鱼苗，对成鱼致死率不高。嗜水气单胞菌是一种暴发性疾病，会引起金钱鱼鳃、肠、肾、肝等器官的病理损伤，感染后期会出现严重的败血症症状。惠州长宫吸虫主要为害少数重感染个体，对养殖生产的威胁相对较小。鱼类病害以细菌性疾病为主，其对养殖业的危害最大。而目前金钱鱼细菌性病原学研究仍十分薄弱，有必要加大研究力度，为疾病预防和控制提供理论支撑。

第三节 金钱鱼研究展望

气候变化、环境污染、酷渔滥捕等已严重威胁我国渔业环境质量和资源再生。作为极具潜力的特优养殖品种，金钱鱼资源逐年递减，兴起的养殖业与种苗匮乏现状之间矛盾突出。金钱鱼人工繁殖技术及苗种培育、优良品系繁育及养殖产业化、种质资源开发与保护是当前亟须突破的瓶颈。今后可在如下方面开展工作。

（1）深化金钱鱼繁殖生物学基础研究。以繁殖生理及其分子调控通路为核心内容，解析金钱鱼性别分化、性腺发育、成熟及繁殖行为的基本规律，阐明发育、繁殖过程相关关键基因的功能与分子遗传学机制。

（2）开发高效可靠的金钱鱼人工繁殖与苗种培育技术。基于金钱鱼繁殖生物学与生殖内分泌学以及苗种培育的基础研究理论，开发高效可靠的金钱鱼催产试剂盒以及苗种培育技术体系，实现金钱鱼苗种自供，摆脱对野生资源的依赖，为快速生长品系繁育及单性养殖产业化奠定基础。

（3）加快良种繁育进程。金钱鱼苗种主要依靠天然自繁鱼苗，尚未有真正意义上的养殖品种。运用家系选育、杂交选育等传统选育技术与分子标记辅助育种、雌核发育、转基因等现代育种技术，对金钱鱼主要经济数量性状进行选育，以培育出抗逆抗病强、经济性状好的金钱鱼优良品种。

（4）加速种质资源研究。利用分子标记对印度-太平洋水域各种群的遗传多样性、遗传结构、遗传分化、历史动态进行研究，明确种质资源的数量与质量，系统掌握种质资源状况，为金钱鱼养殖和育种效果评估等提供科学依据。制定合理的种质资源监测与保护策略，维持不同种群的生态稳定性、遗传多样性，以实现金钱鱼种质资源的可持续开发利用。

（5）开展金钱鱼稻田养殖与盐碱地养殖技术研究。海水养殖的风险及成本相对较高，而且海岸养殖区域有限，制约了金钱鱼养殖规模的进一步扩增，有必要探索新的养殖模式，达到扩大金钱鱼养殖规模的效果。

（6）开展金钱鱼毒腺生物活性成分及其毒理机制研究。海洋生物的毒器分离纯化后获得的活性物质，往往具有很好的强心、抗癌、抗菌和提高机体免疫力等作用。金钱鱼作为海洋刺毒鱼类的一种，其毒液含多种多肽、蛋白质和酶等活性物质，但其作用的确切生物活性成分及相关的毒理机制并不清楚。研究金钱鱼毒腺生物活性成分及其毒理机制，对于充分利用我国海洋资源、开发有独立知识产权的新药具有重要的理论意义及广阔的应用前景。

参 考 文 献

蔡泽平, 胡家玮, 王毅. 2014. 金钱鱼早期发育的观察[J]. 热带海洋学报, 33(4): 20-25.

蔡泽平, 王毅, 胡家玮, 等. 2010. 金钱鱼繁殖生物学及诱导产卵试验[J]. 热带海洋学报, 29(5): 180-185.

陈建华, 何毛贤, 牟幸江, 等. 2015. 金钱鱼 Sox9 cDNA 克隆及其表达分析[J]. 动物学杂志, 50(1): 93-102.

李加儿, 区又君, 刘匆. 2007. 黄斑篮子鱼和金钱鱼鳃的扫描电镜观察[J]. 动物学杂志, 42(4): 89-94.

梁成锦. 2015. 三种药物对金鼓鱼幼苗车轮虫病药效试验研究及治疗[J]. 海洋与渔业, 2015(1): 50-52.

吴波, 张敏智, 邓思平, 等. 2014. 金钱鱼雌雄个体的形态差异分析[J]. 上海海洋大学学报, 23(1): 64-69.

徐嘉波, 施永海, 谢永德, 等. 2016. 池塘养殖金钱鱼的胚胎发育及胚后发育观察[J]. 安徽农业大学学报, 43(5): 716-721.

杨世平, 杨丽专, 陈兆明, 等. 2014. 盐度、pH 和温度对金钱鱼幼鱼存活的影响[J]. 安徽农业科学, 42(27): 9386-9389.

曾文刚, 刘振浩, 李红, 等. 2015. 金钱鱼抗缪勒氏管激素基因克隆及其在性腺发育不同时期 mRNA 表达水平的分析[J]. 水产学报, 39(11): 1604-1612.

张敏智, 李广丽, 朱春华, 等. 2014. 金钱鱼脑型芳香化酶基因 cDNA 的克隆及表达分析[J]. 海洋科学, 38(5): 72-80.

张庆华, 马文元, 陈彪, 等. 2016. 嗜水气单胞菌引致的金钱鱼细菌性疾病[J]. 水产学报, 40(4): 634-643.

张莹莹, 梁雪梅, 曾文刚, 等. 2014. 金钱鱼肾细胞系的建立及生长特性研究[J]. 海洋与湖沼, 45(3): 213-218.

周伯春, 舒琥, 刘锋, 等. 2009. 3 种海产经济鱼类的染色体组型研究[J]. 水产科学, 28(6): 325-328.

Chen H P, Deng S P, Dai M L, et al. 2016a. Molecular cloning, characterization, and expression profiles of androgen receptors in spottedscat (*Scatophagus argus*)[J]. Genetics and Molecular Research, 15(2): 1-14.

Chen J H, He M X, Yan B L, et al. 2015a. Molecular characterization of dax1 and SF-1, and their expression analysis during sex reversal in spotted scat, *Scatophagus argu*[J]. J World Aquac Soc, 46(1): 1-19.

Chen J H, Li Y, He M X, et al. 2015b. Complete mitochondrial genome of the spotted scat *Scatophagus argus* (Teleostei, Scatophagidae)[J]. Mitochondr DNA, 26(2): 325-326.

Chen J H, Li Y, Zhang J B, et al. 2016b. Identification and expression analysis of two *Wnt4* genes in the spotted scat (*Scatophagus argus*)[J]. Electronic Journal of Biotechnology, 20: 20-27.

Chenari F, Morovvati H, Ghazilou A, et al. 2011. Rapid variation in kidney histology in spotted scat *Scatophagus argus* on exposed to abrupt salinity changes[J]. Iranian Journal of Veterinary Research, 12(3): 256-261.

Cui X F, Zhao Y, Chen H P, et al. 2017. Cloning, expression and functional characterization on vitellogenesis of estrogen receptors in *Scatophagus argus*[J]. General and Comparative Endocrinology, 246: 37-45.

Deng S P, Wu B, Zhu C H, et al. 2014. Molecular cloning and dimorphic expression of growth hormone (gh) in female and male spotted scat *Scatophagus argus*[J]. Fisheries Science, 80(4): 715-723.

Gandhi V, Venkatesan V, Ramamoorthy N. 2014. Reproductive biology of the spotted scat *Scatophagus argus* (Linnaeus, 1766) from Mandapam waters, southeast coast of India[J]. Indian Journal of Fisheries, 61(4): 54-58.

Ghazilou A, Chenar Y F, Morovvati H, et al. 2011. Timecourse of saltwater adaptation in spotted scat (*Scatophagus argus*) (Pisces): a histomorphometric approach[J]. Italian Journal of Zoology, 78(1): 82-89.

Gui L, Zhang P, Liang X, et al. 2016. Adaptive responses to osmotic stress in kidney derived cell lines from *Scatophagus argus*, a euryhaline fish[J]. Gene, 583(2): 134-140.

Gupta S. 2016. An overview on morphology, biology, and culture of spotted scat *Scatophagus argus* (Linnaeus, 1766)[J]. Reviews in Fisheries Science & Aquaculture, 24(2): 203-212.

Jiang D N, Li J T, Tao Y X, et al. 2017. Effects of melanocortin-4 receptor agonists and antagonists on expression of genes related to reproduction in spotted scat, *Scatophagus argus*[J]. Journal of Comparative Physiology B, 187(4): 603-612.

Li G L, Zhang M Z, Deng S P, et al. 2015. Effects of temperature and fish oil supplementation on ovarian development and *foxl2* mRNA expression in spotted scat *Scatophagus argus*[J]. Journal of Fish Biology, 86(1): 248-260.

Liu H, Mu X, Gui L, et al. 2015. Characterization and gonadal expression of *FOXL2*, relative to *Cyp19a*, genes in spotted scat *Scatophagus argus*[J]. Gene, 561(1): 6-14.

Liu H, Zhang J, Cai Z, et al. 2010. Novel polymorphic microsatellite loci for the spotted scat *Scatophagus argus*[J]. Conservation Genetics Resources, 2(1): 149-151.

Madhavi M, Kailasam M, Mohanlal D L. 2015. Ultrastructure of sperm of the spotted scat (*Scatophagus argus*, Linnaeus, 1766) observed by scanning and transmission electron microscopy[J]. Animal Reproduction Science, 153: 69-75.

Mookkan M, Muniyandi K, Rengasamy T A, et al. 2014. Influence of salinity on survival and growth of early juveniles of spotted scat *Scatophagus argus* (Linnaeus, 1766)[J]. Indian Journal of Innovations and Developments, 3(2): 23-29.

Sawusdee A. 2010. Population dynamics of the spotted scat *Scatophagus argus* (Linnaeus, 1766) in Pak Panang Bay, Nakhon Si Thammarat, Thailand[J]. Walailak Journal of Science and Technology, 7(1): 23-31.

Sivan G, Radhakrishnan C K. 2011. Food, feeding habits and biochemical composition of *Scatophagus argus*[J]. Turkish Journal of Fisheries and Aquatic Sciences, 11(4): 603-608.

Yang W, Chen H P, Cui X F, et al. 2017. Sequencing, *de novo* assembly and characterization of the spotted scat *Scatophagus argus* (Linnaeus 1766) transcriptome for discovery of reproduction related genes and SSRs[J]. Journal of Oceanology and Limnology, 36: 1329-1341.

Zhang M Z, Li G L, Zhu C H, et al. 2013. Effects of fish oil on ovariandevelopment in spotted scat (*Scatophagus argus*)[J]. Animal Reproduction Science, 141(1/2): 90-97.

第二章 金钱鱼种质资源分析

第一节 基因组测序与组装

1977 年，Sanger 和他的同事们使用 DNA 聚合酶和具放射性标记核苷酸的测序技术，完成了世界上首个噬菌体基因组——噬菌体 ΦX174 的全基因组序列测序，此事件标志着第一代测序技术的建立。进入 21 世纪，测序技术发生了革命性的进步，通过边合成边测序的方法，可以一次完成数十万甚至数百万条 DNA 分子的测序，使测序能以超大规模进行，测序通量有了极大提高，从而进入第二代测序（NGS）技术时代。基于 NGS 读长短的特点，在组装策略上提出了全基因组鸟枪法，即将测序产生的序列按照序列间的重叠关系进行拼装，还原出基因组原始的序列信息。伴随着 NGS 技术的出现，动植物基因组的研究也得以快速发展，利用 NGS 的短片段读长（read），大部分物种的基因组序列可以拼接至基因支架（scaffold）水平。测序技术的发展与相应组装算法的改进，极大地促进了基因组学研究的进步。迄今为止，国内外研究者已经报道了 50 余种鱼类的全基因组测序。随着测序和组装技术不断进步，科研工作者将构建出愈来愈多的鱼类和其他物种的基因组序列图谱，而且图谱的质量会更精细、更完整。

金钱鱼是我国目前唯一记录在案的金钱鱼科鱼类，至今尚未形成真正意义上的养殖品系，良种繁育进程的严重滞后，以及种质资源衰退的严峻形势，为金钱鱼养殖产业的健康发展带来巨大威胁。金钱鱼基因组图谱中蕴含着丰富的遗传信息，例如基因组的大小和复杂度、重要功能基因的序列特征等，绘制其精细的基因组图谱，对于理解其生物学特征、性别决定以及形态发育特征和开展全基因组选择育种研究具有重要意义。本节利用 NGS 技术，获得完整的基因组序列，并将这些数据用于基因组组装、基因组大小估计、鸟嘌呤-胞嘧啶（GC）含量测定和 SSR 鉴定。这些数据为金钱鱼生殖相关研究提供了基础基因组资源，也为之后金钱鱼基因组研究提供重要依据。

一、基因组测序与序列质量评估

1. 基因组测序

将来源湛江东海岛养殖基地（湛江，广东，中国）的金钱鱼用于基因组测序。从新鲜肌肉组织提取 DNA 进行 NGS 基因组测序，获得 55.809GB（雌）和 51.154GB（雄）的原始数据。过滤原始测序数据后，获得 55.699GB（雌）和 51.047GB（雄）过滤数据片段（clean data），基因组测序序列 Q30 分别为 91.94% 和 92.03%（表 2-1-1）。

表 2-1-1　雌、雄金钱鱼测序数据统计表

文库	插入片段大小（bp）	原始碱基数（bp）	有效率（%）	过滤后碱基数（bp）	错误率（%）	Q20（%）	Q30（%）	GC 含量（%）
雌性	350	55 808 601 300	99.8	55 699 379 400	0.03	96.6	91.94	41.5
雄性	350	51 153 870 900	99.79	51 047 381 700	0.03	96.63	92.03	41.52

2. 基因组排污检测

为检查基因组是否存在污染，从雌雄基因组文库中各随机选择 5000 对过滤数据（clean read），并在美国国立生物技术信息中心（NCBI）的非冗余（NR）核苷酸数据库进行比对，结果显示，相似度最高的前 4 个物种分别是欧洲鲈（*Dicentrarchus labrax*）、金钱鱼（*Scatophagus argus*）、伯氏朴丽鱼（*Haplochromis burtoni*）和尼罗罗非鱼（*Oreochromis niloticus*）（表 2-1-2）。

表 2-1-2　NCBI 非冗余数据中相似度最高的前 4 个物种

物种	比例（雌性/雄性）	物种	比例（雌性/雄性）
欧洲鲈（*Dicentrarchus labrax*）	91%/91%	伯氏朴丽鱼（*Haplochromis burtoni*）	36%/37%
金钱鱼（*Scatophagus argus*）	49%/19%	尼罗罗非鱼（*Oreochromis niloticus*）	26%/30%

注：比例为基因组文库中雌、雄相似度大于 90% 的 read 在 5000 对 read 中的百分比

二、基因组大小、杂合度和重复率

根据雌、雄金钱鱼基因组文库定长核苷酸串（K-mer，K=17）分析，雌、雄金钱鱼基因组的测序深度分别为 74x（雌）和 68x（雄）（图 2-1-1，表 2-1-3），基因组大小分别为 613.16Mb（雌）和 612.32Mb（雄），杂合度分别为 0.37%（雌）和 0.38%（雄），重复率分别为 27.06%（雌）和 26.99%（雄）。

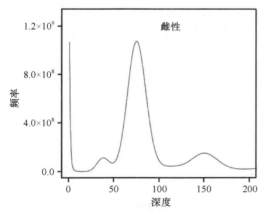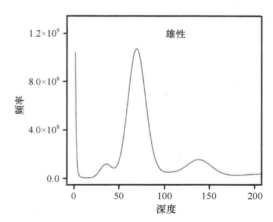

图 2-1-1　雌、雄金钱鱼基因组 17-mer 深度和频率分布

X 轴表示深度；*Y* 轴表示该深度频率除以所有深度总频率的比例

表 2-1-3 17-mer 的数据统计

文库	K-mer	K-mer 深度	K-mer 数量	基因组大小（Mb）	修改基因组大小（Mb）	杂合度（%）	重复率（%）
雌性	17	74	45 374 105 016	613.16	598.73	0.37	27.06
雄性	17	68	41 637 691 628	612.32	597.60	0.38	26.99

三、基因组组装与 GC 含量

1. 基因组组装

使用 SOAPdenovo（v2.04）软件对金钱鱼基因组进行从头（*de novo*）组装，获得 444 961 个（雌）和 453 459 个（雄）重叠群（contig），contig N50 为 5747bp（雌）和 5745bp（雄）。将测序得到的 read 比对到基于组装得到的 contig，利用 read 之间的连接关系和插入片段大小信息，将 contig 组装成 scaffold，并用 GapCloser 软件（v1.12）填补 scaffold 的间隙，获得了 335 162 个（雌）和 340 134 个（雄）scaffold，scaffold N50 为 13 556bp（雌）和 13 591bp（雄）（表 2-1-4）。

表 2-1-4 金钱鱼基因组序列的统计

序列类型	文库	总长度（bp）	总数量	最大长度（bp）	N50 长度（bp）	N90 长度（bp）
contig	雌性	580 837 740	444 961	123 323	5 747	590
	雄性	582 143 644	453 459	110 347	5 745	576
scaffold	雌性	585 986 615	335 162	231 008	13 556	821
	雄性	588 188 524	340 134	196 230	13 591	824

2. GC 含量

GC 含量在整个基因组中受到严格控制和适度平衡。用 GC 含量检测基因组测序偏差，结果显示，雌、雄金钱鱼基因组的平均 GC 含量分别为 41.78% 和 41.82%，表明此次测序准确性较高。在 GC 含量分布图中（图 2-1-2），GC 深度被分为两层，可能是由杂合度造成的。

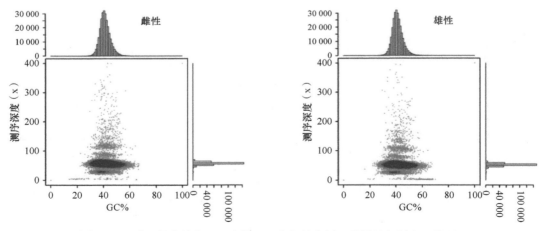

图 2-1-2 雌、雄金钱鱼 GC 含量及深度相关分析（彩图请扫封底二维码）

序列深度分布在右侧，GC 含量分布在顶部，红色区域代 GC 碱基中相对密集的部分

四、基因预测、注释和评价

1. 基因预测及注释

利用 GlimmerHMM 软件对基因组进行基因预测,雌鱼基因组预测得到 94 862 个基因,雄鱼基因组预测得到 95 273 个基因。预测基因长度在 101～52 424bp。将预测基因在 NR 和 SwissProt 数据库进行基因功能注释,雌鱼基因组注释到 42 869 个基因,雄鱼基因组注释到 43 283 个基因(表 2-1-5);在 KOG、KEGG 和 GO 数据库的基因聚类分析中,雌、雄鱼基因组的基因聚类基本相似(图 2-1-3)。

表 2-1-5 金钱鱼基因功能注释统计

数据库	数量(雌性/雄性)	比例(雌性/雄性)	数据库	数量(雌性/雄性)	比例(雌性/雄性)
NR	42 825/43 238	45.14%/45.38%	GO	12 428/15 921	13.10%/16.71%
SwissProt	33 093/33 359	34.89%/35.01%	注释	42 869/43 283	45.19%/45.43%
KEGG	40 854/41 245	43.07%/43.29%	未注释	51 993/51 990	54.81%/54.57%
KOG	26 420/26 680	27.85%/28.00%	总计	94 862/95 273	100%/100%

A

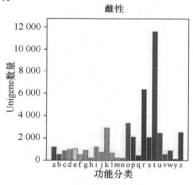
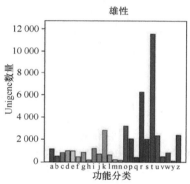

B

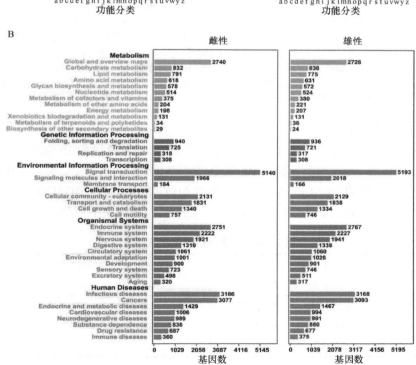

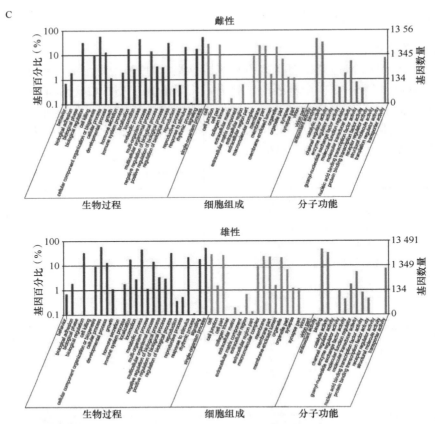

图 2-1-3　金钱鱼基因组预测基因在 KOG、KEGG 和 GO 注释及分类（彩图请扫封底二维码）

A. KOG 注释。不同的颜色代码（a～z）表示直方图下侧列出的不同类别。a: RNA 的加工和修饰。b: 染色质结构和合成。c: 能量产生和转换。d: 细胞周期调控，细胞分裂，染色体分裂。e: 氨基酸的运输和代谢。f: 核苷酸的运输和代谢。g: 碳水化合物的运输和代谢。h: 辅酶运输和代谢。i: 脂质运输和代谢。j: 翻译、核糖体结构和生物发生。k: 转录。l: 复制、重组和修复。m: 细胞壁/膜/包膜生物发生。n: 细胞运动性。o: 翻译后修饰，蛋白质转运，伴侣。p: 无机离子转运和代谢。q: 次生代谢物的生物合成、运输和分解代谢。r: 一般功能预测。s: 未知功能。t: 信号转导机制。u: 细胞内运输、分泌和囊泡运输。v: 防御机制。w: 细胞外结构。y: 核结构。z: 细胞骨架。B. KEGG 通路注释。不同颜色代表不同分类。C. GO 功能注释。基因分为三大类：生物过程基因、细胞组成基因和分子功能基因

2. 基因组质量评估

为了评估组装的完整性，利用 Actinopterygii_odb9 数据库进行 BUSCO 评估。雌鱼基因组中找到 3055 个（66.6%）完整的 BUSCO 核心基因和 881 个（19.2%）部分 BUSCO 核心基因。雄性基因组的 BUSCO 核心基因与雌性相似（表 2-1-6）。BUSCO 评估雌、雄鱼基因组完整性偏低，这是由于 NGS 的 reads 短，导致基因组组装不完整。

表 2-1-6　金钱鱼基因组质量评估

BUSCO 类型	基因组 BUSCO（雌性/雄性）	比例（雌性/雄性）	BUSCO 类型	基因组 BUSCO（雌性/雄性）	比例（雌性/雄性）
完整的 BUSCO	3055/3108	66.6%/67.8%	不完整的 BUSCO	881/838	19.2%/18.3%
完整的单拷贝 BUSCO	2990/3042	65.2%/66.4%	缺失的 BUSCO	648/638	14.2%/13.9%
完整的重复 BUSCO	65/66	1.4%/1.4%			

五、dmrt1 的特性

之前的研究表明，*dmrt1* 基因与 Y 染色体连锁，截短的同源基因 *dmrt1b* 与 X 染色体连锁。通过本地比对软件（NCBI-BLAST-2.2.27），将转录组分析得到的 *dmrt1* 和 *dmrt1b* 基因与此次组装的基因组草图比对，发现 *dmrt1* 为雄性特异性基因。利用 *dmrt1* 可读框（open reading frame，ORF）序列，在雌鱼基因组中找到 3 个与其相似度较高的 scaffold 序列，且这 3 个 scaffold 含有 *dmrt1b* 序列；在雄鱼基因组中找到 4 个与 *dmrt1* ORF 序列相似度高的 scaffold（图 2-1-4）。利用 DNASTAR 软件的 MegAlign 程序，将获得的雌、雄鱼基因组 scaffold 进行同源比对，结果显示，*dmrt1* 外显子 1、2、3、4 分别与 *dmrt1b* 中对应片段有 79.9%、90.7%、75.8% 和 84.1% 的相似度，而在 *dmrt1b* 中未找到 *dmrt1* 外显子 5。比较分析 *dmrt1* 与 *dmrt1b* 序列，发现在 *dmrt1b* 的外显子 1 和 2 中，一些碱基发生突变导致 *dmrt1b* 提前终止转录。在雄鱼基因组中找到了 5 个含 *dmrt1b* 序列的 scaffold（检索号分别为：162645、106307、107747、68937 和 118347）。

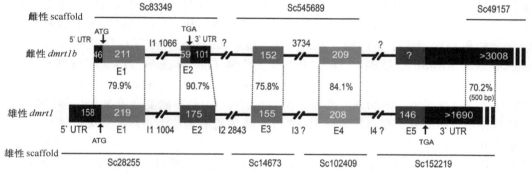

图 2-1-4　*dmrt1* 和 *dmrt1b* 基因的结构（彩图请扫封底二维码）

dmrt1 和 *dmrt1b* 分别位于雌、雄鱼的性染色体上。数字表示外显子和内含子序列的碱基对（位点）。百分比表示 *dmrt1* 和 *dmrt1b* 的相似性。箭头表示起始密码子和终止密码子。不同颜色的矩形代表不同的外显子

六、SSR 的鉴定

利用重复序列搜索软件中的微卫星标记（MISA）模型，查找金钱鱼基因组序列中的简单重复序列（SSR）。雌鱼和雄鱼基因组中分别检测到 299 574 个和 299 893 个 SSR。在雌鱼基因组中，二碱基重复是最多的 SSR 基序类型，数量为 205 789 个（68.69%），其次是三碱基重复（31 228 个，10.42%）（图 2-1-5）。在雌鱼基因组的二碱基重复序列中，AC/GT 最丰富，占 75.85%；最常见的三碱基是 AGG/CCT 和 AAT/ATT，分别占 31.66% 和 27.53%。雄鱼基因组中的 SSR 类型与雌鱼相似（图 2-1-5；表 2-1-7）。

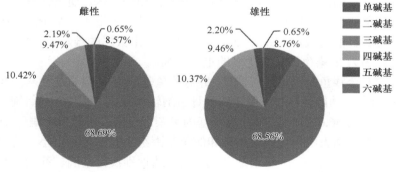

图 2-1-5　雌、雄金钱鱼基因组中各 SSR 类型（彩图请扫封底二维码）

表 2-1-7　雌、雄金钱鱼基因组可检测到的简单重复序列（SSR）

基因组 SSR	数量（雌性/雄性）	基因组 SSR	数量（雌性/雄性）
检测的序列总数	335 162/340 134	包含 1 个以上 SSR 的序列数	39 136/39 104
可识别的 SSR 总数	299 574/299 893	复合形式的 SSR 数量	48 384/48 510
包含 SSR 的序列数	78 202/77 788		

七、综合分析

K-mer 分析常用于基因组大小、杂合度和重复率等特征的评估。根据 K-mer（K=17）分析，雌、雄金钱鱼的修改基因组大小分别为 598.73Mb 和 597.60Mb。根据荧光分析法测定，金钱鱼红细胞 DNA 含量约为 0.77pg。依据质量转换公式，1pg DNA 约等于 978Mb。金钱鱼基因组大小约为 753.06Mb，比 K-mer 预测的基因组大，可能是由于所使用的荧光染料非特异性，从而检测到了与之结合的非基因组核苷酸。与其他硬骨鱼类基因组大小比较，金钱鱼基因组大于中国鳎（*Sillago sinica*）（534Mb）、小于中国花鲈（*Lateolabrax maculatus*）（670Mb）、欧洲鲈（675Mb）和大黄鱼（*Larimichthys crocea*）（679Mb）。

性别连锁标记显示，金钱鱼的性别决定系统为 XX-XY，XY 雄鱼的杂合度理应高于雌鱼，而雌、雄金钱鱼之间的杂合度差异仅为 0.01%，因此推测金钱鱼 Y 染色体仍处于性色体分化早期。此外，在金钱鱼核型分析中，未发现有形态上可区分的染色体。一般杂合度小于 0.5% 的基因组为简单基因组，且雌性金钱鱼基因组的杂合度小于雄性金钱鱼，因此，雌性金钱鱼基因组适合用来构建基因组精细图谱。与其他硬骨鱼类基因组的杂合度比较，金钱鱼基因组的杂合度高于条石鲷（*Oplegnathus fasciatus*）（0.29%），低于黄颡鱼（*Pelteobagrus fulvidraco*）（0.45%）、高体鰤（*Seriola dumerili*）（0.65%）和中国鳎（0.66%~0.76%）。采用相同方式（NGS）对多鳞鱚（*Sillago sihama*）基因组进行测序，发现多鳞鱚基因组组装的质量低于金钱鱼，可能由于多鳞鱚的杂合度（0.92%）大于金钱鱼，增加了多鳞鱚基因组组装的难度。

dmrt1 是金钱鱼候选的性别决定基因，仅存在于雄鱼基因组中。目前，金钱鱼完整的 *dmrt1* 序列仍未知，因为 NGS 技术获取的原始测序片段较短，无法组装到完整的 *dmrt1* 序列。此外，*dmrt1* 序列在鱼类基因组中较长，最短的 *dmrt1* 在红鳍东方鲀（*Takifugu rubripes*）基因组中的长度为 12kb。因此需要连续性更好的基因组以获得完整的 *dmrt1* 序列。基于第三代测序技术，如 PacBIO（太平洋生物科技公司，Pacific Biosciences）测序，已在许多鱼类中组装得到连续性高的基因组。未来将应用第三代测序技术，使金钱鱼基因组达到染色体水平，为金钱鱼的性别决定和性染色体提供强大的基因组资源。基于雌、雄金钱鱼基因组，将有助于缓解目前金钱鱼 SSR 标记仅来源于转录组数据的难题。雄鱼的 SSR 标记略高于雌鱼，可能因为 Y 染色体具有更多的重复序列。

本研究首次对金钱鱼基因组进行测序，并对雌鱼基因组中 42 869 个基因和雄鱼基因组中 43 283 个基因进行功能注释。在保守的硬骨鱼纲辐鳍亚纲基因中，雌、雄金钱鱼基因组中的核心基因分别为 66.6% 和 67.8%；雄鱼基因组杂合度略高于雌鱼；雄鱼 SSR 标记数量略大于雌鱼。这些数据表明，金钱鱼雄鱼和雌鱼基因组之间的差异很小。通过基因组测序进一步证实了雄性特异性 *dmrt1* 基因是金钱鱼的候选性别决定基因。基因组数据为进一步研究金钱鱼选择育种提供了重要的资源。

第二节　金钱鱼遗传连锁图构建

作为遗传学领域的一项重要研究内容，绘制高质量的遗传连锁图是深入开展基因组学、分子遗传学、数量遗传学等研究工作的基础。遗传连锁图是进行全基因组系统性分析，进一步认识基因组组成结构，定位控制目标性状的数量性状基因座（QTL，即基因），分离克隆功能基因、基因组进化研究的有力工具，是实现基因组选择（genomic selection）育种的必要基础。据不完全统计，构建了遗传连锁图的模式或经济鱼类目前已超过 40 种。近年来，随着低成本的、基于第二代测序技术的高通量 SNP 基因分型技术的快速发展和广泛应用，利用高密度 SNP 标记构建分辨率更高的遗传连锁图，已成为该技术领域的主流趋势。大黄鱼、鲤（*Cyprinus carpio*）、斑点叉尾鮰（*Ictalurus punctatus*）等经济鱼类的高分辨率连锁图的研制，在实现重要性状遗传变异解析、基因组辅助组装等方面发挥了重要的推动作用。简化基因组测序（RAD-seq）利用限制性内切核酸酶消化降低基因组的复杂度，对基因组部分序列（特定的酶切片段）进行高通量测序并实现大规模 SNP 位点的开发，可提高特定位点的测序深度，进而提高基因分型的可靠性，成为非模式生物尤其是水生生物最为经济有效的 SNP 开发技术。RAD-seq 开发出的标记数量多、密度高，特别适用于基于大群体的遗传连锁图构建、QTL 定位、性状关联分析等研究领域，成为解析重要复杂性状遗传机制的有效途径，具有效率高、成本低的优势。多种鱼类使用 RAD-seq 构建了高密度连锁图，并在此基础上成功定位了一些重要性状的 QTL，进一步展示了该技术在水产动物研究中所具有的重要应用价值。

金钱鱼是我国南方沿海地区的特色经济养殖鱼类。随着累代养殖规模的扩大，其种质资源逐渐出现退化现象，因此需要加强遗传改良与良种选育工作。目前，金钱鱼遗传育种基础研究还比较薄弱，虽然标记开发、性状相关分子标记筛选等已有少量报道，种质资源遗传多样性分析也正在进行，但其遗传连锁图构建、经济性状 QTL 分析等研究尚未启动。由于物种特性和技术手段的限制，金钱鱼等鱼类要建立近交系或者高世代群体难度非常大。借鉴在近交系构建困难的林木类连锁图构建中广泛使用的"双拟测交"构图策略，以不同地理群体的亲本杂交产生的金钱鱼全同胞子一代为研究群体，可以运用 RAD-seq 技术对作图群体开发 SNP 标记并构建高密度遗传连锁图，旨在了解金钱鱼基因组结构、辅助基因组序列组装，为实现其重要经济性状的遗传解析，以及控制目标性状基因的鉴定奠定基础。

一、金钱鱼遗传连锁图

1. SNP 检测与基因型分析

利用 Stacks 软件进行 SNP 检测，初步获得在父、母亲本中表现出多态性的 SNP 位点 88 789 个。对这些原始 SNP 位点在作图群体子代个体中的分型情况进行分析，剔除在群体中分型缺失率大于 10% 的位点（仅保留在大于 90% 的子代个体中分离的位点），最终得到了 20 921 个高分型率的 SNP 位点（表 2-2-1）。基因型分析结果显示，二等位多态性 SNP 位点基因型（*lm*×*ll*、*nn*×*np* 和 *hk*×*hk*）占绝大多数，比例分别为 37.14%、47.29%、14.19%；而三等位或四等位多态性 SNP 位点基因型（*ef*×*eg*、*ab*×*cd*）占比极低（表 2-2-1）。在作图群体中，基因型 *lm* 与 *ll*，以及 *nn* 与 *np* 的比例均接近 1∶1，基因型 *hh*、*hk* 与 *kk* 的比例接近 1∶2∶1（图 2-2-1）。此外，在获得的 20 921 个 SNP 位点中，大部分个体中的 SNP 数量超过了总 SNP 数的 85%，仅有少数个体的 SNP 占比低于 70%（图 2-2-1）。以上结果清楚表明，在 F₁ 作图群体中开发的 SNP 位点信息丰富、质量较好，可以用于下一步的遗传连锁图构建。

表 2-2-1 作图群体双亲杂合 SNP 位点的分离模式

分离模式	分离比	SNP 位点数	比例（%）
hk×*hk*	1∶2∶1	2 969	14.19
lm×*ll*	1∶1	7 770	37.14
nn×*np*	1∶1	9 893	47.29
ef×*eg*	1∶1∶1∶1	263	1.26
ab×*cd*	1∶1∶1∶1	26	0.12
总计		20 921	100

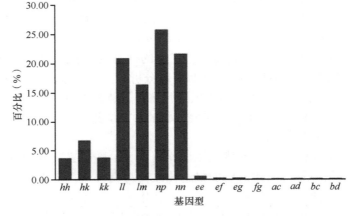

图 2-2-1 作图群体中 SNP 位点不同基因型的比例

2. 作图标记

对获得的 20 921 个 SNP 位点进行卡方检验，有 14 725 个标记显著偏离孟德尔分离比（P<0.01），仅保留符合孟德尔分离模式（P≥0.01）的 6196 个 SNP 标记用于遗传连锁分析。其中，可用于母本作图（仅在母本中杂合，分离模式为 *lm*×*ll*）的标记 2566 个，有 2683 个标记（仅在父本中杂合，分离模式为 *nn*×*np*）可用于父本作图，可用于双亲图谱整合的 SNP 标记（在双亲中均为杂合，分离模式为 *hk*×*hk*、*ef*×*eg*）共有 947 个（表 2-2-2）。

表 2-2-2 符合孟德尔分离比的双亲杂合 SNP 位点统计

分离模式	分离比	SNP 位点数	比例（%）
hk×*hk*	1∶2∶1	932	15.04
lm×*ll*	1∶1	2566	41.41
nn×*np*	1∶1	2683	43.30
ef×*eg*	1∶1∶1∶1	15	0.24
ab×*cd*	1∶1∶1∶1	0	0
总计		6196	100

3. 高密度 SNP 遗传连锁图

通过对父、母本及 200 个 F₁ 子代 RAD 测序数据进行基因分型和严格筛选，获得了高质量的 SNP 标记。利用这些作图标记，经连锁分析构建了金钱鱼高密度遗传连锁图。

利用 JoinMap 软件分别对母本分离标记和父本分离标记进行分析，构建金钱鱼性别特异连锁图，即雌性连锁图和雄性连锁图。在检测限（LOD）阈值 8.0 条件下，雌性连锁图划分为 24 个连锁群（图 2-2-2，表 2-2-3），与金钱鱼单倍体染色体数目一致。雌性连锁图总图距为 2290.56cM，上图标记 3512 个，标记间平均遗传距离 0.65cM；每个连锁群的标记数目从 78 个（LG4）到 203 个（LG24）不等，平均每个连锁群含有 146 个 SNP 标记；连锁群长度范围是 43.12cM（LG4）至 137.55cM（LG12），连锁群平均长度为 95.44cM，平均标记间隔从 0.50cM（LG24）到 0.94cM（LG13）不等；各连锁群上最大缺口（gap）从 1.86cM（LG24）到 16.54cM（LG16）不等（表 2-2-3）。

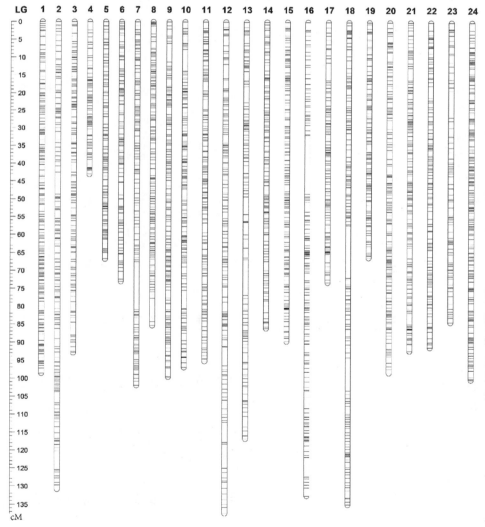

图 2-2-2　金钱鱼雌性连锁图

连锁图展示了连锁群（LG1~LG24）的图距和 3512 个 SNP 标记的分布。条形图表示连锁群，中间黑色直线指示分子标记的位置。遗传距离由左侧的比例尺标示，单位为厘摩（cM）。连锁图详细信息见表 2-2-6

表2-2-3 金钱鱼 SNP 高密度连锁图参数统计

连锁群	整合连锁图				雌性连锁图				雄性连锁图				图距比(F:M)
	标记数量	图距(cM)	平均间隔(cM)	最大缺口(cM)	标记数量	图距(cM)	平均间隔(cM)	最大缺口(cM)	标记数量	图距(cM)	平均间隔(cM)	最大缺口(cM)	
LG1	316	87.78	0.28	3.20	173	98.61	0.57	2.29	194	88.15	0.45	2.73	1.12
LG2	254	91.20	0.36	5.03	153	130.91	0.86	6.08	150	72.89	0.49	3.61	1.80
LG3	252	82.83	0.33	2.18	143	92.91	0.65	3.62	150	71.40	0.48	3.52	1.30
LG4	137	59.96	0.44	2.56	78	43.12	0.55	2.37	75	44.49	0.59	1.76	0.97
LG5	193	60.89	0.32	1.74	109	66.77	0.61	2.14	122	57.72	0.47	2.34	1.16
LG6	218	92.66	0.43	2.91	113	73.07	0.65	3.53	134	63.67	0.48	2.35	1.15
LG7	285	95.06	0.33	2.12	144	102.00	0.71	12.98	190	90.52	0.48	2.72	1.13
LG8	260	92.34	0.36	5.52	149	85.38	0.57	6.56	142	62.12	0.44	2.36	1.37
LG9	295	85.88	0.29	3.81	172	99.65	0.58	5.27	163	88.16	0.54	5.42	1.13
LG10	276	89.44	0.32	4.38	168	97.01	0.58	6.13	142	77.64	0.55	2.65	1.25
LG11	278	95.13	0.34	2.44	156	95.31	0.61	2.98	159	65.41	0.41	1.95	1.46
LG12	291	127.09	0.44	4.89	161	137.55	0.85	6.68	164	126.56	0.77	4.44	1.09
LG13	202	117.17	0.58	5.71	125	116.90	0.94	9.79	122	98.45	0.81	3.80	1.19
LG14	236	88.52	0.38	2.91	135	86.17	0.64	2.20	137	66.77	0.49	2.08	1.29
LG15	305	73.94	0.24	1.46	165	89.81	0.54	2.00	192	94.20	0.49	2.46	0.95
LG16	232	92.51	0.40	7.27	156	132.80	0.85	16.54	112	88.92	0.79	11.54	1.49
LG17	231	101.80	0.44	5.33	123	73.37	0.60	4.97	141	67.77	0.48	2.17	1.08
LG18	327	112.81	0.34	9.09	187	135.23	0.72	14.54	187	102.86	0.55	3.29	1.31
LG19	216	89.17	0.41	1.76	119	66.39	0.56	2.25	131	60.42	0.46	2.14	1.10
LG20	351	105.94	0.30	2.28	179	98.59	0.55	2.54	216	89.31	0.41	4.48	1.10
LG21	310	85.41	0.28	1.95	168	92.44	0.55	3.31	192	79.67	0.41	2.70	1.16
LG22	238	97.44	0.41	2.57	142	91.50	0.64	3.36	130	65.71	0.51	2.28	1.39
LG23	150	78.19	0.52	5.38	91	84.56	0.93	7.77	81	57.90	0.71	6.84	1.46
LG24	340	88.48	0.26	1.52	203	100.50	0.50	1.86	201	99.51	0.50	2.57	1.01
最大值	351	127.09	0.58	9.09	203	137.55	0.94	16.54	216	126.56	0.81	11.54	1.80
最小值	137	59.96	0.24	1.46	78	43.12	0.50	1.86	75	44.49	0.41	1.76	0.95
总计	6193	2191.65	8.79	87.99	3512	2290.56	15.81	131.77	3627	1880.23	12.76	82.21	
平均值	258	91.32	0.35	3.67	146	95.44	0.65	5.49	151	78.34	0.52	3.43	1.22

　　在 LOD 阈值 8.0 条件下，雄性连锁图也划分为 24 个连锁群（图 2-2-3，表 2-2-3）。雄性连锁图总图距明显小于雌性连锁图，为 1880.23cM，上图标记 3627 个，标记间平均遗传距离 0.52cM；每个连锁群的标记数目从 75（LG4）个到 216（LG20）个不等，平均每个连锁群含有 151 个 SNP 标记；连锁群长度范围为 44.49cM（LG4）至 126.56cM（LG12），连锁群平均长度为 78.34cM，相邻标记间平均间隔从 0.41cM（LG11）至 0.81cM（LG13）；各连锁群上最大缺口从 1.76cM（LG4）到 11.54cM（LG16）不等。

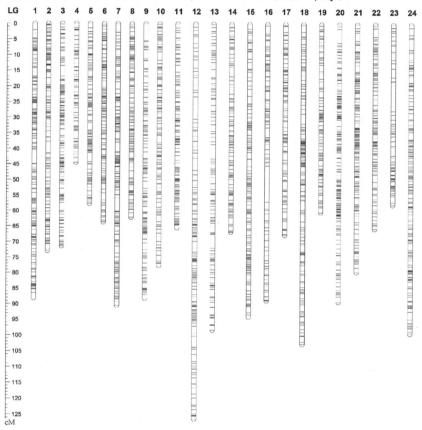

图 2-2-3　金钱鱼雄性连锁图

连锁图展示了连锁群（LG1～LG24）的图距和 3627 个上图 SNP 标记的分布。条形图表示连锁群，中间黑色直线指示分子标记的位置。遗传距离由左侧的比例尺标示，单位为厘摩（cM）。连锁图详细信息见表 2-2-6

　　对性别特异连锁图进行整合，获得了金钱鱼高密度整合遗传连锁图（图 2-2-4，表 2-2-3）。同样在 LOD 阈值 8.0 条件下，连锁图共分为 24 个连锁群，上图 SNP 标记 6193 个，总图距为 2191.65cM，连锁群平均长度为 91.32cM，相邻标记间平均遗传距离达到 0.35cM。每个连锁群的标记数目从 137（LG4）到 351（LG20）不等，平均含有 258 个标记；各连锁群的平均标记间隔从 0.24cM（LG15）到 0.58cM（LG13）不等。连锁群长度范围为 59.96cM（LG4）至 127.09cM（LG12），其中 LG12 为最大的连锁群，该连锁群上共有 291 个 SNP 标记，相邻标记间的平均距离为 0.44cM；LG4 是最小的连锁群，只有 137 个标记，相邻标记间平均距离为 0.44cM。由 SNP 标记在各条连锁群上的分布情况可知，多数连锁群的标记分布比较均匀，但在连锁群 LG16、LG18、LG8、LG13 和 LG23 中存在标记较稀疏的区域（缺口），其中最大缺口出现在 LG18，距离为 9.09cM（图 2-2-3）。

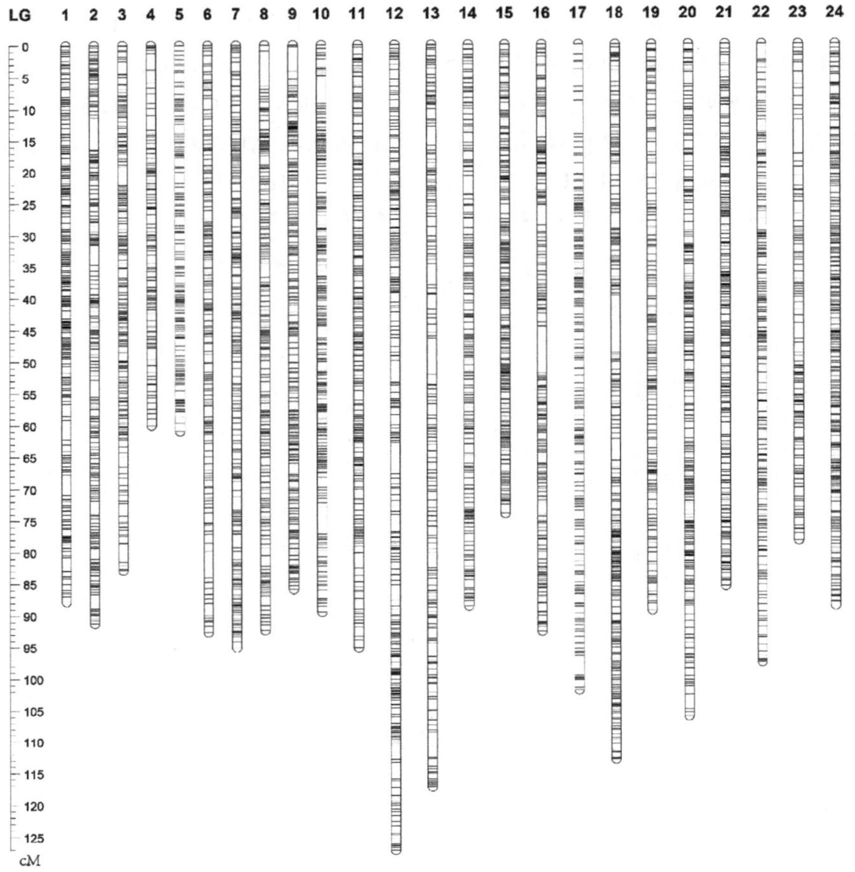

图 2-2-4　金钱鱼高密度 SNP 遗传连锁图

连锁图展示了连锁群（LG1～LG24）的图距和 6193 个上图 SNP 标记的分布；条形图表示连锁群，中间黑色直线指示分子标记的位置；遗传距离由左侧的比例尺标示，单位为厘摩（cM）。连锁图的详细信息见表 2-2-6

为考察整合遗传连锁图的质量，对性别特异连锁图和整合连锁图上图标记的排序进行了比较分析（图 2-2-5）。结果表明，雌性连锁图、雄性连锁图与整合连锁图的标记顺序之间均具有很好的共线性关系。构建的高质量连锁图可以用于重要经济性状的 QTL 定位、比较基因组学和辅助基因组组装等研究。

4. 遗传连锁图的预期长度及覆盖度

金钱鱼遗传连锁图预期长度（G_e，也称为基因组长度）通过估算为 2209.25cM，结合连锁图的总图距进而计算得到基因组覆盖度为 99.20%。同时计算了金钱鱼性别特异连锁图的预期长度，以两种方法的平均值估算的雌性和雄性连锁图预期长度分别为 2322.29cM 和 1905.84cM，基因组覆盖度分别达到 98.63%、98.66%（表 2-2-4）。考虑到预估的金钱鱼基因组大小为 598.73Mb，而整合连锁图估计的基因组长度为 2209.25cM，据此计算出基因组物理长度与连锁长度之间的关系为 269.8kb/cM，因此，构建的遗传连锁图平均的标记间物理距离为 94.4kb。

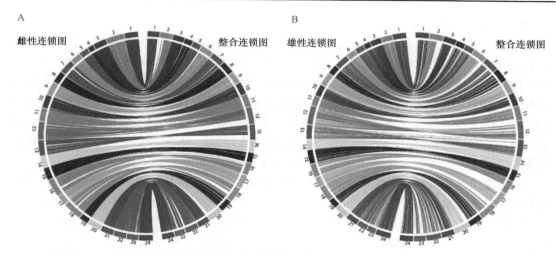

图 2-2-5　金钱鱼性别特异连锁图与整合连锁图的共线性关系（彩图请扫封底二维码）

A. 雌性连锁图（左）与整合连锁图（右）的共线性关系；B. 雄性连锁图（左）与整合连锁图（右）的共线性关系；每一条弧线代表两图谱间连锁群上的标记匹配，不同颜色表示不同连锁群

表 2-2-4　金钱鱼遗传连锁图预期长度估算

连锁群	整合连锁图（cM）			雌性连锁图（cM）			雄性连锁图（cM）		
	G_{e1}	G_{e2}	G_e	G_{e1}	G_{e2}	G_e	G_{e1}	G_{e2}	G_e
LG1	88.34	88.34	88.34	99.75	99.76	99.76	89.06	89.07	89.06
LG2	91.92	91.93	91.92	132.62	132.63	132.63	73.86	73.87	73.86
LG3	83.49	83.49	83.49	94.21	94.22	94.22	72.36	72.36	72.36
LG4	60.84	60.85	60.84	44.22	44.24	44.23	45.68	45.70	45.69
LG5	61.53	61.53	61.53	67.99	68.00	68.00	58.67	58.68	58.67
LG6	93.51	93.51	93.51	74.37	74.38	74.37	64.62	64.63	64.62
LG7	95.73	95.73	95.73	103.42	103.43	103.42	91.48	91.48	91.48
LG8	93.05	93.05	93.05	86.52	86.53	86.53	62.99	63.00	63.00
LG9	86.46	86.46	86.46	100.81	100.82	100.81	89.24	89.25	89.25
LG10	90.09	90.10	90.09	98.17	98.17	98.17	78.74	78.74	78.74
LG11	95.81	95.81	95.81	96.53	96.54	96.54	66.23	66.24	66.24
LG12	127.97	127.97	127.97	139.26	139.27	139.27	128.11	128.12	128.11
LG13	118.33	118.33	118.33	118.77	118.78	118.77	100.06	100.07	100.07
LG14	89.27	89.27	89.27	87.45	87.46	87.46	67.75	67.76	67.75
LG15	74.43	74.43	74.43	90.90	90.91	90.90	95.18	95.19	95.18
LG16	93.31	93.31	93.31	134.51	134.52	134.51	90.50	90.52	90.51
LG17	102.68	102.69	102.69	74.56	74.57	74.56	68.73	68.74	68.74
LG18	113.50	113.50	113.50	136.67	136.68	136.68	103.96	103.97	103.96
LG19	89.99	90.00	90.00	67.51	67.52	67.51	61.34	61.35	61.35
LG20	106.54	106.55	106.54	99.69	99.69	99.69	90.13	90.14	90.14
LG21	85.97	85.97	85.97	93.54	93.54	93.54	80.50	80.50	80.50
LG22	98.26	98.26	98.26	92.79	92.80	92.80	66.73	66.73	66.73
LG23	79.23	79.24	79.23	86.42	86.44	86.43	59.33	59.35	59.34
LG24	89.00	89.01	89.01	101.49	101.49	101.49	100.50	100.50	100.50
总计	2209.20	2209.31	2209.25	2322.17	2322.40	2322.29	1905.74	1905.93	1905.84
基因组覆盖度（%）		99.20			98.63			98.66	

注：G_{e1}、G_{e2} 为用两种方法计算的期望遗传长度，G_e 为两种计算方法的平均值

5. 遗传连锁图特征

从标记类型的分布来看，$ef \times eg$、$hk \times hk$、$lm \times ll$、$nn \times np$ 四种标记类型在 24 个连锁群中分布比例总体上比较均匀，各连锁群 $hk \times hk$、$lm \times ll$、$nn \times np$ 型标记的比例约为 3∶3∶1；但也存在一些差异，其中 LG13 中的 $hk \times hk$ 型标记比例高于其他连锁群，而 LG16 中的 $lm \times ll$ 型标记比例高于其他连锁群（图 2-2-6A）。从整合连锁图、雌性连锁图、雄性连锁图的连锁群各区域标记密度来看，在绝大多数连锁群中，靠近着丝粒区域（centromeric region）的标记密度远高于其他部位，具有较低的重组率；而端粒区域（telomeric region）附近的标记密度一般相对较低，重组率较高（图 2-2-6B、C、D）。

对构建的整合连锁图、雌性连锁图和雄性连锁图标记间遗传距离的分布特征进行分析（图 2-2-7）。结果表明，各连锁图标记间的遗传距离主要分布在 0.01cM 至 1.5cM 的范围内，且其中绝大部分的标记间距（超过 90%）小于 1.0cM。夏皮罗-威尔克（Shapiro-Wilk）检验结果显示，在这 3 张图谱中，相邻标记间遗传距离均不符合正态分布（$P < 0.001$）。

整合连锁图、雌性连锁图和雄性连锁图各连锁群的标记数和连锁群长度（图距）之间具有明显的线性关系（图 2-2-8）。利用双变量相关分析和双尾检验（two-tailed test）对连锁群上的标记数与图距间的关联性进行了评估。发现雌性和雄性连锁图中连锁群的标记数和图距之间有极显著相关性（$P < 0.001$），皮尔逊（Pearson）相关系数分别为 0.632 和 0.625；整合连锁图各连锁群的标记数与图距的皮尔逊相关系数为 0.401，其相关性达到了显著水平（$P < 0.05$）。

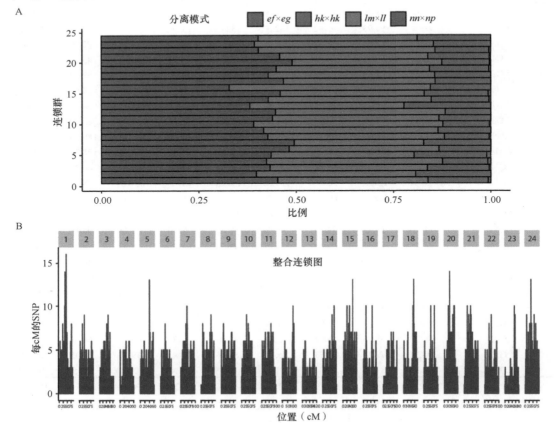

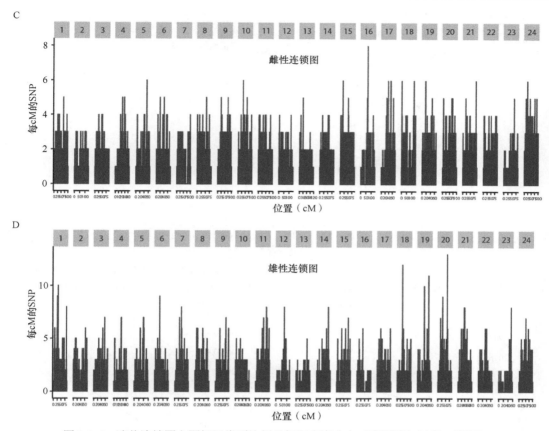

图 2-2-6　遗传连锁图上图标记类型比例及标记密度分布（彩图请扫封底二维码）

A. 各连锁群上标记类型比例；B. 整合连锁图各连锁群标记密度分布；C. 雌性连锁图各连锁群标记密度分布；D. 雄性连锁图各连锁群标记密度分布

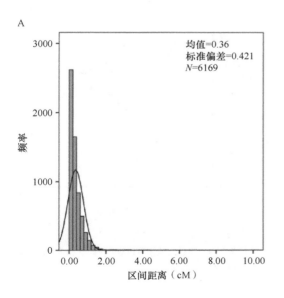

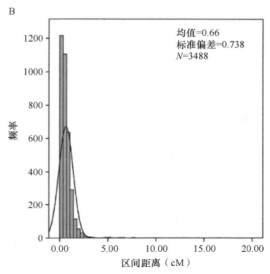

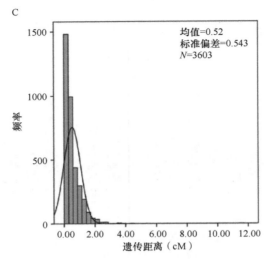

图 2-2-7　金钱鱼遗传连锁图标记间遗传距离的频率分布

A.整合连锁图；B. 雌性连锁图；C. 雄性连锁图。图中仅统计＞0cM 的标记间遗传距离；超过 90%的标记间距小于 1.0cM，表明上图标记在基因组中的平均分布

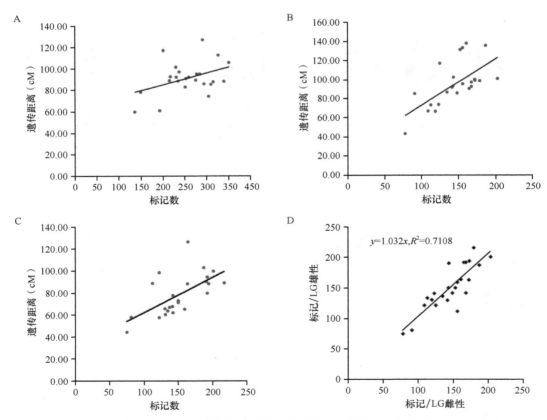

图 2-2-8　遗传连锁图各连锁群标记数与图距的相关性分析

A. 整合连锁图标记数与图距的相关性；B. 雌性连锁图标记数与图距的相关性；C. 雄性连锁图标记数与图距的相关性；D. 雌、雄连锁图各连锁群标记数的相关性

6. 连锁不平衡状态分析

当基因组中某区域的连锁不平衡程度相对较高时，可以比较容易地鉴定到与数量性状关联的遗传位点或区间。通过计算遗传连锁图标记两两之间的平方相关系数（squared correlation coefficient，r^2），可对作图家系的连锁不平衡状态进行评估。结果表明，随着标记间遗传距离的增加，r^2 的平均值会不断降低；当遗传距离由 0～1cM 增大至＞50cM 时，r^2 均值从 0.411 持续降低至 0.097（表 2-2-5）。此外，由图 2-2-9 可知，各连锁群的 r^2 值随遗传距离大小的变化趋势比较相似，当标记间遗传距离由最大值逐步减小时，r^2 值开始逐渐升高；当标记间遗传距离小于 25cM 时，各连锁群的 r^2 值开始急剧升高，即连锁不平衡程度显著增大。

表 2-2-5 遗传连锁图连锁群连锁不平衡程度 r^2 随遗传距离变化的统计分析

遗传距离（cM）	个数	r^2 中位数	r^2 均值	标准差 SD
0～1	20 618	0.271	0.411	0.325
1～2	19 328	0.151	0.294	0.230
2～5	55 872	0.132	0.224	0.166
5～10	88 154	0.121	0.174	0.121
10～20	160 391	0.111	0.143	0.099
20～50	329 899	0.102	0.120	0.083
＞ 50	153 630	0.093	0.097	0.067

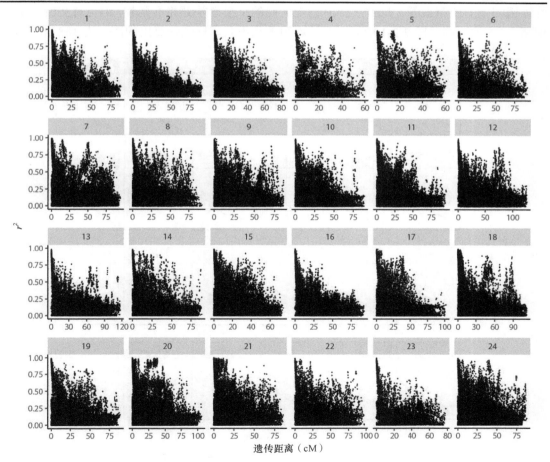

图 2-2-9 作图群体各连锁群的连锁不平衡的衰减距离分析

7. 雌、雄连锁图重组率差异分析

对雌性、雄性连锁图的比较分析发现，总体而言，雄性连锁图上的标记数量多于雌性连锁图，但雄性连锁图的总图距却小于雌性连锁图，相差410.33cM。具体来看，对应的雌性与雄性连锁群长度的比值范围为0.95∶1（LG15）到1.80∶1（LG2），平均比值为1.22∶1；有3个雄性连锁群的重组率大于雌性，其他21个雌性连锁群的重组率大于雄性（表2-2-3）。雌性与雄性连锁图间重组率差异显著的连锁群包括LG2（1.80∶1）、LG3（1.30∶1）、LG8（1.37∶1）、LG11（1.46∶1）、LG16（1.49∶1）、LG18（1.31∶1）、LG22（1.39∶1）、LG23（1.46∶1），这些连锁群的雌性重组率均高于雄性。同时，对雌、雄亲本连锁图中SNP位点的重组率进行了对比。在连锁群上的累积遗传距离（cM），雌性连锁图和雄性连锁图的重组率亦表现出一定差异；LG2、LG8、LG12、LG15、LG16、LG18和LG22差异较为明显，其中LG2、LG8、LG16、LG18和LG22的雌性重组率高于雄性，而LG12、LG15的雄性重组率略高于雌性（图2-2-10A）。

每个连锁群的位点间平均遗传重组率与亲本共享标记在不同连锁群上的平均重组率通常表现出差异。因此，为了进一步估计雌性、雄性连锁图重组率的差异，应对亲本共享标记分别在雌性、雄性以及整合连锁图中各连锁群上的遗传重组率进行比较。本研究共有946个雌、雄亲本共享的标记被定位到雌性、雄性连锁图上，从亲本共享标记在雌性、雄性连锁图上的图距来看，大部分SNP位点之间的重组率差异并不显著，但也有些位点明显偏离1∶1的比例（图2-2-10B）。雌性连锁图利用共享标记计算出的图距为1887.63cM，

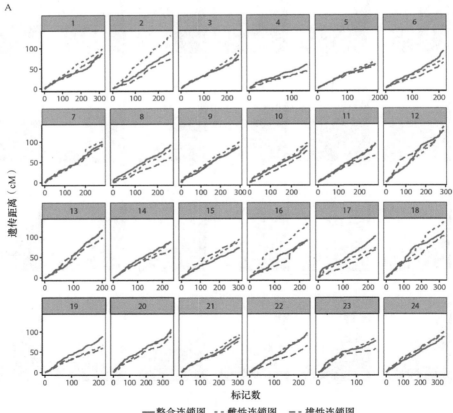

——整合连锁图 - - 雌性连锁图 - - 雄性连锁图

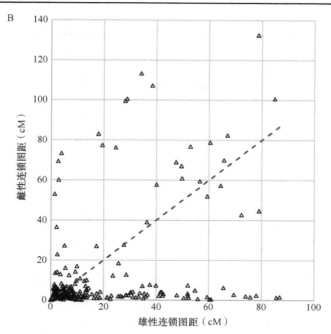

图 2-2-10　遗传连锁图各连锁群标记累积距离（cM）及雌、雄连锁图共享标记重组率比较（彩图请扫封底二维码）

A. 整合连锁图，雌、雄连锁图各连锁群局部重组率程度变化与比较；B. 基于共享标记的雌、雄连锁图标记间遗传距离的比较，红色对角线代表雌、雄重组率相等

雄性连锁图利用共享标记计算出的图距为 1637.64cM，据此估算的雌性、雄性连锁图的重组率比为 1.18：1（表 2-2-6），与前述结果（1.22：1）差别不大，表明雌性重组率总体上高于雄性，但二者之间没有显著差异，也提示雌性、雄性连锁图遗传重组率的差异可能主要来源于亲本共享标记。从另一方面看，每个连锁群中的亲本共享标记之间的遗传重组率与连锁群总重组率的比值不完全相同，且在不同的连锁群上重组率差异较大。雌性、雄性连锁图的连锁群重组率比值范围从 LG10 的最低值 0.79 到 LG12 的最高值 2.39，有 5 个雄性连锁群的重组率大于雌性，有 19 个雌性连锁群的重组率大于雄性，其中雌、雄重组率显著差异表现在 LG2（1.45：1）、LG10（0.79：1）、LG11（1.49：1）、LG12（2.39：1）、LG22（1.32：1）、LG23（1.31：1）等连锁群（表 2-2-6）。

表 2-2-6　雌性、雄性连锁图中共享标记重组率比较分析

连锁群	共享标记数	共同区间长度（cM）		平均距离（cM）		雌雄重组率比值（F∶M）
		雌性	雄性	雌性	雄性	
LG1	51	84.09	84.20	1.65	1.65	1.00
LG2	49	100.37	69.29	2.05	1.41	1.45
LG3	41	77.94	71.09	1.90	1.73	1.10
LG4	16	41.28	39.91	2.58	2.49	1.03
LG5	38	62.61	52.57	1.65	1.38	1.19
LG6	29	55.56	56.55	1.92	1.95	0.98
LG7	49	94.60	84.73	1.93	1.73	1.12
LG8	31	71.87	58.16	2.32	1.88	1.24
LG9	40	93.66	85.28	2.34	2.13	1.10

续表

连锁群	共享标记数	共同区间长度（cM）		平均距离（cM）		雌雄重组率比值（F：M）
		雌性	雄性	雌性	雄性	
LG10	34	56.91	71.69	1.67	2.11	0.79
LG11	37	86.57	57.97	2.34	1.57	1.49
LG12	34	102.84	43.01	3.02	1.27	2.39
LG13	45	86.57	88.03	1.92	1.96	0.98
LG14	36	72.60	57.61	2.02	1.60	1.26
LG15	52	83.05	88.01	1.60	1.69	0.94
LG16	36	74.80	72.53	2.08	2.01	1.03
LG17	33	71.90	59.92	2.18	1.82	1.20
LG18	47	130.68	102.86	2.78	2.19	1.27
LG19	34	63.67	53.33	1.87	1.57	1.19
LG20	44	72.28	79.99	1.64	1.82	0.90
LG21	50	74.05	71.84	1.48	1.44	1.03
LG22	34	69.12	52.26	2.03	1.54	1.32
LG23	22	68.60	52.50	3.12	2.39	1.31
LG24	64	92.01	84.31	1.44	1.32	1.09
总计	946	1887.63	1637.64			
平均值	39.4	78.65	68.23	2.00	1.73	1.18

8. 基因组比较作图

基因组比较作图是连锁图质量评估的重要依据。将金钱鱼整合连锁图上的 6193 个 SNP 标记序列与斑马鱼（*Danio rerio*）、青鳉（*Oryzias latipes*）、黑青斑河鲀（*Tetraodon nigroviridis*）、红鳍东方鲀、三刺鱼（*Gasterosteus aculeatus*）、斑点叉尾鮰、大黄鱼、尼罗罗非鱼、褐牙鲆、大西洋鲑（*Salmo salar*）10 种模式或经济鱼类基因组进行比对。依据图 2-2-11 中的比对标准进行筛选，金钱鱼遗传连锁图与大黄鱼基因组之间的同源标记数最多，978 个 SNP 标记序列与大黄鱼基因组具有很高的一致性；其次为尼罗罗非鱼和褐牙鲆，分别有 472 个和 463 个 SNP 标记序列与其基因组高度相似；金钱鱼与其他 7 种鱼类的同源标记比例显著降低，其中与斑点叉尾鮰和斑马鱼的同源标记比例最低（图 2-2-11A）。通过分析各连锁群标记和染色体间的相互对应关系，结果表明金钱鱼遗传连锁图与大黄鱼、尼罗罗非鱼、褐牙鲆基因组均具有较好的共线性关系（图 2-2-11B、C、D、E）。此外还发现，金钱鱼 19 号连锁群与大黄鱼 8 号、16 号染色体存在对应关系；金钱鱼 1 号和 16 号连锁群与尼罗罗非鱼 7 号染色体，以及 4 号和 9 号连锁群与 21 号染色体有对应关系；金钱鱼 7 号、9 号连锁群与褐牙鲆 23 号染色体存在对应关系。结果提示在以上几种鱼类中可能存在染色体裂变和易位现象。

通过 BLAST 比对分析，绘制了金钱鱼与大黄鱼的共线性比较图谱（表 2-2-7，图 2-2-12）。在 978 个同源标记中，除了 22 个标记位于大黄鱼基因组未装配的 scaffold 上，其余的 956 个标记分别位于大黄鱼的 24 条染色体上，其中 832 个标记具有金钱鱼连锁群-大黄鱼染色体——对应关系。共线性比较图谱标记数范围为 18 个（LG4）至 59 个（LG21），每个连锁群平均分布有 34.7 个标记（表 2-2-7）。基于这些同源标记，金钱鱼与大黄鱼同源区域范围为 11.062Mb（LG4-chr13）～32.104Mb（LG15-chr1），共覆盖了大黄鱼 583.608Mb

的基因组。图 2-2-12 可以看到，金钱鱼与大黄鱼大部分连锁群-染色体对之间同源标记的位置保持高度一致，仅连锁群 LG3、LG15、LG19、LG22 和 chr1、chr8、chr21、chr19 的同源标记的相对顺序存在一些变化，说明金钱鱼与大黄鱼的基因组之间拥有大片的保守区域。根据这些信息推断，金钱鱼与大黄鱼物种间具有一定程度共线性进化模式。

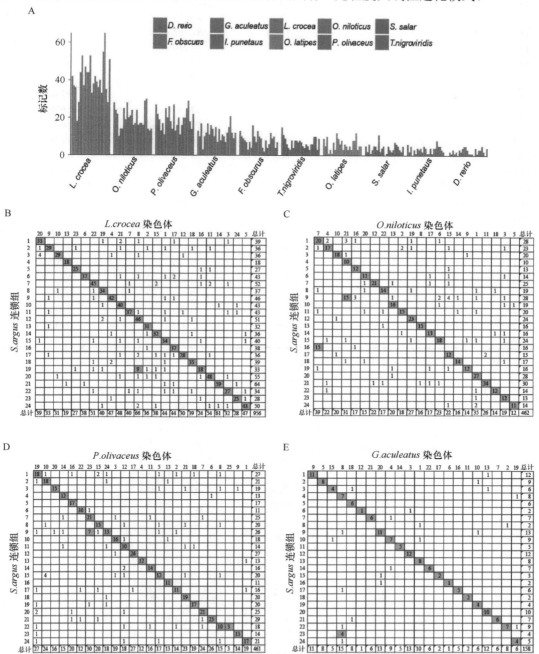

图 2-2-11　金钱鱼遗传连锁图的基因组比较作图（彩图请扫封底二维码）

A. 各连锁群上与十种鱼类基因组的同源标记数目；B. 金钱鱼连锁群与大黄鱼染色体的宏观共线性；C. 金钱鱼连锁群与尼罗罗非鱼染色体的宏观共线性；D. 金钱鱼连锁群与褐牙鲆染色体的宏观共线性；E. 金钱鱼连锁群与三刺鱼染色体的宏观共线性。

方格中数字表示同源标记数，假定的同源染色体对用灰色填充

表 2-2-7　金钱鱼连锁群与大黄鱼染色体间同源标记分布信息

金钱鱼连锁图			与大黄鱼染色体比较			
连锁群	图距	标记数	同源染色体	同源标记数 [a]	同源区域长度（Mb）	每个标记的长度（Mb）
LG1	87.783	316	chr20	33	30.746	0.932
LG2	91.204	254	chr9	29	23.176	0.799
LG3	82.830	252	chr10	29	23.870	0.823
LG4	59.964	137	chr13	18	11.062	0.615
LG5	60.894	193	chr23	25	17.250	0.690
LG6	92.658	218	chr6	37	20.919	0.565
LG7	95.060	285	chr22	45	24.882	0.553
LG8	92.339	260	chr19	34	26.585	0.782
LG9	85.875	295	chr4	42	27.149	0.646
LG10	89.445	276	chr21	40	26.335	0.658
LG11	95.126	278	chr7	37	29.372	0.794
LG12	127.095	291	chr8	46	29.223	0.635
LG13	117.167	202	chr2	31	21.235	0.685
LG14	88.516	236	chr15	32	27.168	0.849
LG15	73.943	305	chr1	34	32.104	0.944
LG16	92.508	232	chr17	37	21.796	0.589
LG17	101.803	231	chr12	28	23.389	0.835
LG18	112.808	327	chr18	35	26.806	0.766
LG19	89.169	216	chr16	18	17.947	0.997
LG20	105.940	351	chr11	48	31.872	0.664
LG21	85.414	310	chr14	59	27.043	0.458
LG22	97.441	238	chr3	27	21.901	0.811
LG23	78.189	150	chr24	25	15.434	0.617
LG24	88.484	340	chr5	43	26.342	0.613

a. 金钱鱼连锁群与大黄鱼染色体之间的同源标记数

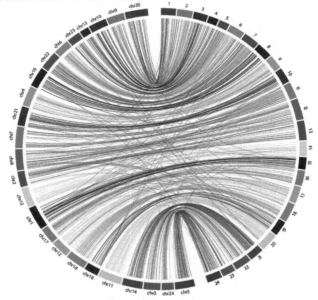

图 2-2-12　金钱鱼遗传连锁图（右）与大黄鱼染色体（左）共线性关系（彩图请扫封底二维码）

仅展示遗传连锁图连锁群上与单一大黄鱼染色体唯一匹配的标记；每条弧线代表一个标记在连锁群与染色体间的同源性匹配，
不同颜色表示不同连锁群或染色体

二、综合分析

1. 作图标记

AFLP、随机扩增多态性 DNA（RAPD）、SSR 等多种成熟的分子标记已广泛应用于构建连锁图。但由于分型效率低、费时费力、使用成本高等原因，有些类型的标记无法满足构建高密度遗传连锁图的要求。目前，鱼、虾、贝等水产动物遗传连锁图研究中主要应用的作图标记包括 SNP、SSR 和 AFLP 标记。但作为显性标记，AFLP 很难在不同的家系间转移扩增，因而其应用范围受到很大的限制。随着第二代测序技术和高通量基因分型技术的发展，SNP 和 SSR 逐渐成为绘制高密度、高分辨率遗传连锁图的核心分子标记。借助近些年快速成熟的简化基因组测序（如 RAD-seq）、SNP 芯片、全基因组重测序等基因分型和变异检测技术手段，SNP 一度被认为是最理想、最具前景的作图标记。SNP 标记在高分辨率以及超高分辨率连锁图的构建研究中发挥着难以替代的巨大作用。例如，Liu 等（2003）利用 250K SNP 芯片在三个斑点叉尾鮰 F_1 作图群体中开发出了 54 342 个 SNP 标记用于连锁作图，通过图谱整合获得了迄今水产动物中标记密度最高的遗传连锁图，其性别平均连锁图的分辨率达到了 0.22cM。在鲤和布氏鲳鲹（*Trachinotus blochii*）的高密度遗传连锁图中，构图 SNP 标记的数量也分别达到了 28 194 个和 12 358 个。

我们利用 RAD-seq 方法对金钱鱼 F_1 作图群体在全基因组范围内进行大规模的 SNP 开发，并结合相对严谨的筛选标准（缺失率<0.1，最小等位频率>0.05）对原始的 SNP 位点进行过滤以获得可靠的构图标记，最终得到了 6196 个符合孟德尔分离比的高质量 SNP 标记用于遗传作图。RAD-seq 是由常规简化基因组测序技术改进而来，目前已大量应用于动植物的分子标记开发、遗传连锁图构建和经济性状关联分析研究。金钱鱼高密度遗传连锁图的成功构建，进一步证明了 RAD-seq 技术的高效性和广泛的适用性。虽然该技术能够经济、高效地完成 SNP 标记检测，但在测序和分析过程中，分型错误和变异位点信息缺失等缺陷却无法完全避免。为最大可能降低错误率，选择相对严谨的标准对多态性 RAD 标记进行筛选，排除完整度较低和偏分离极显著（$P<0.01$）的标记以获得质量较高的 SNP 位点。此外，在不同的研究中，利用第二代测序技术开发的标记数量往往存在很大的差异，甚至可能达数倍之多，这可能是由于文库构建方法、测序技术、测序深度不同，也可能是不同物种的基因组差异，或不同的变异检测手段和筛选标准等诸多原因导致的。

2. 作图标记的偏分离

在连锁图构建过程中，标记的偏分离是一种较为常见的情况。在金钱鱼检测到的 SNP 位点中，偏分离位点的比例非常高，其中偏离 1∶1 分离的标记有 12 414 个（59.3%），偏离 1∶2∶1 分离的位点有 2037 个（9.7%），偏离 1∶1∶1∶1 分离的位点有 274 个（1.3%）。对连锁作图中标记的偏分离程度及数量具有影响作用的因素很多，如物种差异、亲本间的亲缘关系、作图群体类型以及作图标记类型等。一般情况下，构建作图群体的父、母亲本间亲缘关系越远，对减数分裂过程中同源染色体配对和重组的抑制作用就越显著，进而产生更为严重的标记偏分离现象，我们认为这可能是全同胞 F_1 群体拟测交作图中偏分离位点比例很高的原因之一。除此之外，对于不同的标记类型或物种，偏分离标记的比例也会有所不同，甚至有很大差异。例如，SSR 标记在斑点叉尾鮰、孔雀鱼（*Poecilia reticulate*）和虹鳟（*Oncorhynchus mykiss*）连锁图构建中的偏分离比例分别为 16.0%、21.1% 和 13.3%；而 AFLP 标记在孔雀鱼、大黄鱼的偏分离比例分别为 30.5% 和 14.7%。当利用 RAD 测序开发 SNP 标记时，在鳜（*Siniperca chuatsi*）、大菱鲆（*Scophthalmus maximus*）中的位点偏分离比例分别为 81.5%和 51.5%，同样表现出与金钱鱼类似的高偏分离比。根据前人研究结论，产生偏分离现象的原因可能有：①标记基因型分析统计错误会导致系统性偏分离；②标记引物结合位点发生变异；③群体数量对作图效果的限制；④在染色体不同区域扩增到长度一致的产物；⑤配子传递率的性别间差异；⑥受精过程中配子竞争和选择；⑦DNA 形成了许多降解片段。但金钱鱼 F_1 作图群体中的高比例偏分离标记是否与配子体的选择有关，或基因分型中的系统性错误是否是其原因之一，尚有待进一步分析确认。

在连锁作图分析时，标记间的连锁关系和标记的排列顺序在某些情况下会受到偏分离标记的干扰，从而对图谱的准确性、可靠性产生不利的影响。不过，从另一方面看，丰富的偏分离标记往往可以显著增加分离位点信息的利用率和图谱分辨率，有效提高图谱的基因组覆盖率，并有利于开展 QTL 分析。考虑到上述因素，我们在对简化基因组测序开发的大量 SNP 标记进行筛选时，剔除了大量严重偏分离的标记位点（$P<0.01$），但保留了一些轻度偏分离标记（$0.01<P<0.05$），最终获得了 6196 个 SNP 标记，并用这些标记构建了高密度的遗传连锁图，图谱上标记的分布总体较为均匀，一系列评估分析也表明图谱的质量较好。

3. 遗传连锁图

对于世代周期较长或近交作图群体构建较难的水产动物，综合考虑到经济性和实效性，在初次构建遗传连锁图时一般都会选择基于"拟测交"策略的远交系全同胞群体。这种作图策略由 Grattapaglia 等（2009）提出，并应用于多种林木的遗传作图，目前已被广泛地应用于鱼、虾、蟹、贝等多种水产物种遗传连锁图的建立。在本研究中，我们采用"双拟测交"策略，运用 RAD-seq 对 F_1 作图群体进行测序并检测 SNP，获得了足够多的分离比为 1∶1 的拟测交位点用于构建性别特异遗传连锁图，并利用性别特异遗传连锁图间的共有标记整合构建得到了金钱鱼高密度整合遗传连锁图。遗传连锁图包含 6193 个 SNP 标记，分布在 24 个连锁群上，图谱总长为 2191.65cM，平均标记间隔为 0.35cM（表 2-2-3）。

遗传连锁图的连锁群是染色体在分子水平上的间接反映。当遗传连锁图的构图标记数量和覆盖率达到合理的程度时，图谱连锁群的个数在理论上应该等于该物种单倍体的染色体数目。染色体核型分析表明，金钱鱼染色体数目为 $2N=48$，单倍体染色体数目为 24，与构建的 24 个连锁群相吻合，说明图谱构建过程中标记分群结果是正确的。另外，连锁群的遗传连锁图距一般会与对应染色体的物理长度成正比关系。金钱鱼遗传连锁图各连锁群的遗传长度存在差异，其中最大连锁群的长度（LG12，127.09cM）约为最小连锁群（LG4，59.96cM）的 2.1 倍（表 2-2-3），这与 Suzuki 等（1988）报道的结果是相符的，他们通过核型分析发现，金钱鱼最长染色体的长度为最短染色体的 2.3 倍左右。基因组的遗传长度是以细胞减数分裂过程中同源染色体联会时的交叉数及由此而发生的遗传重组为理论基础。理论上可以认为，接近饱和的连锁图的遗传长度可以间接地反映该物种基因组的物理长度。金钱鱼的雌性连锁图、雄性连锁图和整合连锁图的总长度分别为 2290.56cM、1880.23cM 和 2191.65cM（表 2-2-3），图谱的基因组覆盖率分别达到了 98.63%、98.66%和 99.20%（表 2-2-4）。金钱鱼遗传连锁图总长度与大黄鱼遗传连锁图总长度（2632cM）比较接近，而大黄鱼的基因组大小约为 679Mb，与金钱鱼基因组（约 599Mb）相差不大。另外，从标记分布密度、基因组覆盖率的大小可以看出，金钱鱼高密度连锁图已接近饱和。

在一些物种的连锁图上构图标记呈现出均匀分布特点，但在有些物种中也会出现标记聚集现象。在斑马鱼、青鳉、虹鳟、尼罗罗非鱼、孔雀鱼及斑点叉尾鲴等鱼类的连锁图中，构图标记都表现为成簇聚集分布特征。染色体端粒或着丝粒区域的遗传重组抑制可能是引起标记在连锁图上发生聚集的原因之一。对大西洋鲑的研究发现，着丝粒区域的重组率要高于染色体端粒区域。此外，基因组中的重组热点、高度重复序列等也是可能的原因之一。在本研究中，连锁群标记数和图距的相关性分析结果表明，分子标记在连锁图上是随机分布的。Shapiro-Wilk 检验结果显示，在整合图谱及性别特异图谱中，标记间遗传距离均不符合正态分布（$P < 0.001$）。虽然在连锁图上能看到一些小的聚集和缺口，但总体上来看标记的分布是比较均匀的。

4. 重组率性别差异

染色体重组率的性别差异是一个比较普遍的生物学现象。引起动植物重组率两性间差异的原因一般是由于异配（heterogametic）性别对重组交换产生了抑制作用（即重组率较小），但引起重组率性别间差异的遗传机制目前还不十分清楚。遗传距离在一定程度上可以正确地反映重组频率的差异。至今已在人、小鼠、牛、猪和鱼类等大多数动物中发现雌、雄个体之间染色体基因的重组率均存在差异。哺乳动物雄性个体通常为异配型，具有较小的重组率，如人类中女性与男性的重组率之比为 1.6：1，而猪的雌、雄重组率比为 1.4：1。但也有一些例外，如山羊的重组率则是雄性大于雌性，而牛的雌、雄重组率没有明显差别。

目前，已在多种硬骨鱼类中报道了重组率性别间差异现象，且一般是异配性别的重组率小于同配性别。例如，斑马鱼的雌、雄重组率比为 2.74：1，舌齿鲈的雌、雄重组率比为 1.5：1，金头鲷（*Sparus aurata*）的雌、雄重组率比为 1.2：1，红鳍东方鲀的雌、雄重组率比为 2.17：1，虹鳟的雌、雄重组率比为 3.25：1，欧洲鲈雌、雄重组率之比为 1.6：1，北极红点鲑（*Salvelinus alpinus*）雌、雄重组率之比为 1.69：1，大菱鲆雌、雄重组率比为 1.6：1。另外，染色体各区段的重组率也有一定差异。在大西洋鲑中，雌性个体在染色体着丝点区域的重组率要高于端粒。Sakamoto 等（2000）通过对虹鳟的雌、雄图谱同源区域进行比较，发现除了少部分同源区，端粒附近区域雌性的重组率低于雄性（F：M=0.14：1），而雌性着丝粒附近的重组率则大大高于雄性（F：M=10：1）。Singer 等（1986）在研究中也观察到，减数分裂期斑马鱼雄性个体在着丝点区域的染色体重组受到明显的抑制。

在本研究中，金钱鱼雄性连锁图上的标记数量多于雌性连锁图，但是其遗传长度却小于雌性连锁图，二者的总图距相差 410.33cM，雌性、雄性连锁图长度比为 1.22：1（表 2-2-3）。利用共享标记估算的雌性连锁图的图距为 1887.63cM，雄性连锁图为 1637.64cM，雌性、雄性连锁图的重组率比为 1.18：1（表 2-2-6）。这表明金钱鱼雌性重组率总体上高于雄性，但差异的程度并不太大，雌性、雄性连锁图遗传重组率的差异可能主要是由亲本共享作图标记引起的。在重组率较低的性别中，标记-QTL 的关联通常以紧密连锁的方式遗传。因此，明确性别间重组率差异对利用标记-QTL 相关性进行分子育种具有积极的指导意义。

第三节　金钱鱼微卫星多态标记开发

微卫星标记亦称简单重复序列（SSR）标记，是遗传连锁图构建、遗传多样性与遗传结构分析、物种/种质鉴定、系统进化分析和亲缘关系鉴定等方面重要的研究工具。SSR 标记的开发需要确切知道 SSR 位点保守的侧翼序列,才能进行引物设计。但由于许多物种基因组非编码区的序列信息十分匮乏,使 SSR 标记的开发受到限制。传统的 SSR 标记开发方法有文库法、富集法、省略筛库法和种间共用引物法等。但这些方法操作过程较为烦琐,实验周期长,所开发的微卫星标记有效性及多态性偏低。第二代测序技术(NGS)的发展,极大地促进了非模式生物基因组和转录组信息的增加,使得批量开发 SSR 标记成为现实。基于基因组测序结果筛选出的 SSR 标记数量多,稳定性好,重复类型多,已经成功应用于日本竹荚鱼(*Trachurus japonicus*)和松江鲈(*Trachidermus fasciatus*)等多种鱼类 SSR 标记的批量开发。

目前对于金钱鱼分子标记开发等工作研究较少,使金钱鱼 SSR 标记资源稀少,难以支撑种群遗传学的深入研究。通过开展金钱鱼基因组 survey 测序,构建基因组文库,分析基因组微卫星标记分布特征及寻找 SSR 位点,以开发类型丰富且多态性高的 SSR 标记。研究结果可为金钱鱼群体遗传学研究提供多样化和高分辨率的分子标记,对金钱鱼种质资源保护和利用具有重要意义。

一、微卫星多态标记开发

1. 金钱鱼基因组微卫星各重复类型总体分布特征

对金钱鱼基因组总计 335 162 条 scaffold 进行分析,有 93 195 条 scaffold 含有 SSR 位点,其中 46 043 条 scaffold 含有一个以上 SSR 位点。金钱鱼基因组总共挖掘了 390 967 个 SSR 位点(表 2-3-1)。在不同重复类型中,二碱基重复类型最多,共计 205 789 个,占比最高(52.64%),其次是单碱基(141 065 个,36.08%)、三碱基(31 228 个,7.99%)、四碱基(10 370 个,2.65%)、五碱基(2089 个,0.53%),六碱基重复类型占比最少(426 个,0.11%)(图 2-3-1)。

表 2-3-1 金钱鱼 SSR 检测结果

检索类型	总计	检索类型	总计
序列总数	335 162	包含 SSR 位点的序列数	93 195
SSR 标记总数	390 967	包含 1 个以上 SSR 位点的序列数	46 043

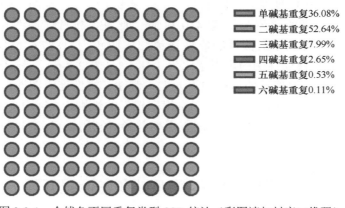

图 2-3-1 金钱鱼不同重复类型 SSR 统计(彩图请扫封底二维码)

2. 不同重复类型微卫星核心区序列拷贝数分布

金钱鱼基因组中不同类型的微卫星标记核心区拷贝数变化范围为 5～82 次不等，拷贝数主要集中在 5～24 次，占全部拷贝数范围的 98.84%。10 拷贝的 SSR 数目最多，其次为 6 拷贝（图 2-3-2）。

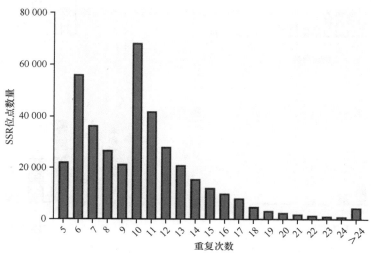

图 2-3-2　金钱鱼基因组中微卫星拷贝数分布

单碱基微卫星核心区重复拷贝数集中在 10～35 次，占单碱基微卫星标记的 96.27%，最高拷贝数为 82 次，拷贝数为 10 的标记数目最多，共计 51 240 个；二碱基微卫星核心区拷贝数集中在 6～21 次，占二碱基微卫星标记的 97.94%，最高拷贝数为 68 次，拷贝数为 6 的标记数目最多，共计 46 343 个；三碱基微卫星核心区拷贝数集中在 5～12 次，占三碱基微卫星标记的 99.17%，最高拷贝数为 28 次，拷贝数为 5 的标记数目最多，共计 14 700 个；四碱基微卫星核心区拷贝数集中在 5～10 次，占四碱基微卫星标记的 98.24%，最高拷贝数为 25 次，拷贝数为 5 的标记数目最多，共计 6041 个；五碱基微卫星核心区拷贝数集中在 5～8 次，占五碱基微卫星标记的 95.02%，最高拷贝数为 24 次，拷贝数为 5 的标记数目最多，共计 1176 个；六碱基微卫星核心区拷贝数集中在 5～7 次，占六碱基微卫星标记的 97.65%，最高拷贝数为 12 次，拷贝数为 5 的标记数目最多，共计 302 个（图 2-3-3）。

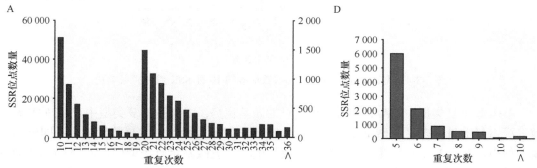

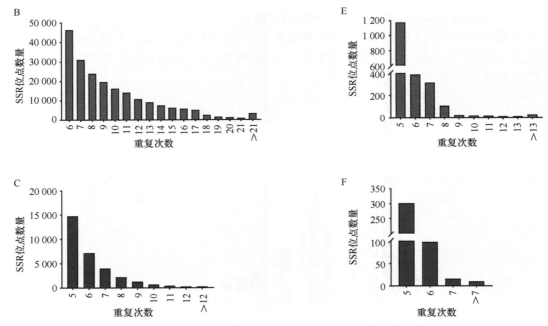

图 2-3-3　金钱鱼基因组中各类型微卫星不同拷贝数分布

A. 单碱基重复类型；B. 二碱基重复类型；C. 三碱基重复类型；D. 四碱基重复类型；E. 五碱基重复类型；F. 六碱基重复类型

3. 金钱鱼微卫星核心区重复碱基类型特征

　　金钱鱼基因组中微卫星标记最多的拷贝类别是 AC/GT，共计 155 982 个，其次是 A/T，共计 125 988 个。在前十种拷贝类别中，共有五种重复类别属于三碱基重复类型（图 2-3-4）。

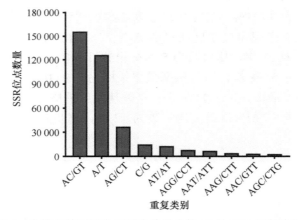

图 2-3-4　金钱鱼基因组中出现次数最多的 10 种 SSR 重复拷贝类别

　　单碱基重复类型中，A/T 类别占有绝对的碱基优势；二碱基重复类型中，AC/GT 碱基微卫星重复数目最多；三碱重复类型中，AGG/CCT 碱基微卫星重复数目最多；四碱基重复类型中，AGAT/ATCT 碱基微卫星重复数目最多；五碱基重复类型中，AGAGG/CCTCT 碱基微卫星重复数目最多；六碱基重复类型中，AATCAG/ATTCTG 碱基微卫星重复数目最多（表 2-3-2）。

表 2-3-2　金钱鱼基因组微卫星各重复类型中前 3 种优势碱基类别

SSR 类型	类别	数量	占比（%）
单碱基重复	A/T	125 988	89.31
	G/T	15 077	10.69
二碱基重复	AC/GT	155 982	75.80
	AG/CT	36 753	17.86
	AT/AT	12 911	6.27
三碱基重复	AGG/CCT	8 104	25.95
	AAT/ATT	7 115	22.78
	AAG/CTT	4 305	13.79
四碱基重复	AGAT/ATCT	2 112	20.37
	AAAT/ATTT	1 448	13.96
	ACAG/CTGT	1 313	12.66
五碱基重复	AGAGG/CCTCT	317	15.17
	AAAAC/GTTTT	202	9.67
	AAGAG/CTCTT	186	8.90
六碱基重复	AATCAG/ATTCTG	161	37.79
	AACCCT/AGGGTT	35	8.22
	AAGAGG/CCTCTT	10	2.35

4. 金钱鱼微卫星标记多态性检验

对文献报道的 12 个标记进行多态性验证，发现 SCAR-2608、SCAR-3306、SCAR-4116、SCAR-7764、SCAR-9944 这 5 个标记多态性好，在所选验证群体中扩增稳定（图 2-3-5），可用于后续分析。

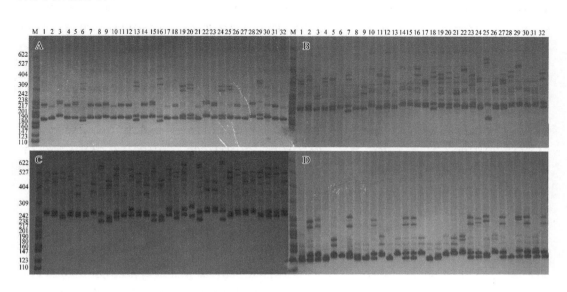

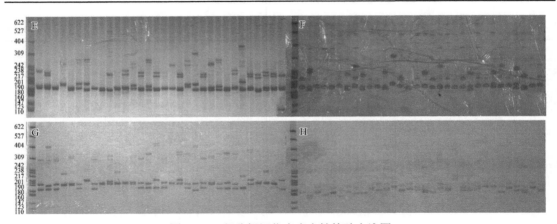

图 2-3-5　部分标记位点多态性检验电泳图

M. marker（bp）；A. SCAR-2608；B. SCAR-3306；C. SCAR-4116；D. SCAR-7764；E. SCAR-9944；F. SA-SV-5；G. SA-SV-24；
H. SA-SV-25

随机选择 50 个 SSR 位点发现其中 23 个位点扩增产物具有多态性，GenBank 登录号为 MT110197～MT110219（表 2-3-3）。对经筛选后的标记中选择 7 个标记与复筛的 5 个标记添加荧光接头后在 30 个基因组样本中扩增，扩增产物送至上海翼和应用生物技术有限公司经毛细管电泳分型后用于后续分析（表 2-3-4）。

表 2-3-3　金钱鱼 23 个多态微卫星标记信息

位点	GenBank 登录号	重复单元	正向引物（5′→3′）	反向引物（5′→3′）
SA-SV-1	MT110197	(TAGA)₁₁	CACTGTTCAGCGAGAAAGCA	CTTGAATTCCCCTCATCATCA
SA-SV-2	MT110198	(TGTC)₅	TCAGCATCAGCTGGTGAGAC	GCGCTGTGATACGACACATT
SA-SV-3	MT110199	(TG)₁₈	CATAGCTGCGCATCTCAAAG	TGTGCCCCATTACTAGGAGG
SA-SV-4	MT110200	(GAA)₅	ACGTACATGGCGGACTTTTC	GACCGAACGGTAAAAACCTG
SA-SV-5	MT110201	(GGC)₆	TGGGAGTGTGTGAGTTTCCA	ACACACATGCATCATGTCCC
SA-SV-6	MT110202	(AC)₁₁	AATGCATTGGCACATAGCAG	CCAGAAATTCTTCACCCCAA
SA-SV-7	MT110203	(AC)₁₄	TGCAGAGTTCAGCAGTGACC	TCCCGTACCATACCTACGAA
SA-SV-8	MT110204	(GT)₁₀	CATCAGCAAGAAGACAGGCA	CACCATTAATGACGAAGGGG
SA-SV-9	MT110205	(AC)₁₁	TTTCCTACTGGGCAACAACC	GCAAATGTTTGTGGCAAATG
SA-SV-10	MT110206	(TG)₁₄	TACTGACTGAGGCTGGGCTT	GCAGCTTGGTCTGCACAGTA
SA-SV-11	MT110207	(GT)₁₁	TGCACTCCTTAGCTGCCTTT	GAGCTCTGTGGGAGGCAATA
SA-SV-12	MT110208	(GT)₁₀	CACGAGTTGACACATTTCCG	GACCAGAGGAAGACATGCGT
SA-SV-13	MT110209	(AC)₁₅	ACACAGGGAAGCCATTTGTC	GTCCTTGTGGAGGGATTTCA
SA-SV-14	MT110210	(TTG)₅	GGACTGACAAAGATGGGCTC	TTGAGGCCCCAGAATGATAA
SA-SV-16	MT110211	(CAGA)₆	GTCACCCAGGATGGTGATCT	CTTTCACAGCTCCGTCCTTC
SA-SV-18	MT110212	(TG)₁₇	TGAAACCAGGTCAGCCTTTT	AGGGGAGGACACACACAAAG
SA-SV-19	MT110213	(TAA)₈	GACTGCTCCTTGCCTGACTC	ACGTTCTCATTGGGACAAGC
SA-SV-20	MT110214	(AC)₂₂	GAAGTACTGAGCGGACTGGC	TGGGGTCAGGGTCAGATAAG
SA-SV-21	MT110215	(CATC)₉	TGGGCCTTCAAATGAACTG	GGACACCCTGGAGGGACTAT

续表

位点	GenBank 登录号	重复单元	正向引物（5′→3′）	反向引物（5′→3′）
SA-SV-22	MT110216	(TGTA)$_8$	CTGTCAGCATCTTCCCCATT	GATGCCCCTCGAGTGTATGT
SA-SV-24	MT110217	(AC)$_{18}$	TCAACACCTCTCCCACACAA	TCCTTGCAACAGAGAGACCA
SA-SV-25	MT110218	(AAC)$_7$	CAGAGGCTCAGGTGTGTTCA	ATTAGAGCCAGATGCTGGGA
SA-SV-26	MT110219	(CA)$_{21}$	GAGCGCCCTTGCTTAATGTA	TGACATGTGGAGAGTCAGCC

表 2-3-4　金钱鱼多态微卫星标记位点的遗传学特征

位点	长度（bp）	T_m（℃）	荧光	N_A	H_O	H_E	PIC	HWE	F_{IS}	F_{UA}
SA-SV-1	216～284	55	NED	11	0.829	0.806	0.773	0.7593	−0.0282	−0.0178
SA-SV-2	232～260	55	NED	4	0.417	0.431	0.389	0.5215	0.0340	0.023
SA-SV-3	188～222	55	NED	8	0.303	0.599	0.537	0.0000*	0.4980	0.2981
SA-SV-4	180～222	55	FAM	9	0.833	0.810	0.773	0.4889	−0.0294	−0.0279
SA-SV-5	156～232	55	FAM	8	0.694	0.822	0.783	0.0007*	0.1566	0.0721
SA-SV-24	134～176	60	FAM	10	0.861	0.859	0.830	0.5424	−0.0023	−0.0071
SA-SV-25	147～195	60	FAM	8	0.694	0.724	0.670	0.1339	0.0416	0.0123
SCAR-2608	167～185	50	FAM	8	0.639	0.710	0.668	0.218	0.1021	0.0449
SCAR-3306	181～202	55	FAM	10	0.861	0.796	0.754	0.859	−0.0828	−0.0482
SCAR-4116	254～266	55	NED		0.750	0.777	0.734	0.388	0.0347	0.0099
SCAR-7764	126～150	55	FAM	7	0.667	0.713	0.667	0.314	0.0661	0.0306
SCAR-9944	165～195	57	FAM	9	0.800	0.835	0.801	0.422	0.0423	0.0154

注：T_m. 退火温度；N_A. 等位基因数；H_O. 观测杂合度；H_E. 期望杂合度；PIC. 多态信息含量；HWE. 哈德-温伯格平衡；F_{IS}. 近交系数；F_{UA}. 无效等位基因频率；FAM. 6 羧酸荧光素；NED. 6-NED 琥珀酰亚胺酯

* 经 Bonferroni 校正后显著偏离哈德-温伯格平衡（$P=0.05$）

二、综合分析

1. 金钱鱼基因组微卫星分布特征规律

王耀嵘等（2020）利用生物信息学方法统计并分析了金钱鱼基因组中各类微卫星数量及分布规律，共检测到 390 967 个微卫星标记。在金钱鱼 6 个完整的微卫星类型中，二碱基重复类型最多，占微卫星总数的 52.64%，其次是单碱基重复类型，占总数的 36.08%，其余 4 种重复类型占比较低，含量较少。这与同为水生生物的红鳍东方鲀、大菱鲆和日本囊对虾（*Marsupenaeus japonicus*）相似，而与在美丽硬仆骨舌鱼（*Scleropages formosus*）及部分鲀类中的结果有所差异，这些鱼类中均在单碱基重复类型微卫星数目中占优势。在原核生物和酵母的基因组中，处于优势的重复序列类型是三碱基。而在水生生物中，未见有其他重复类型占优势的报道，这可能是因为物种的进化使高等生物基因组中的微卫星更倾向单碱基或二碱基重复类型。

在单碱基重复类型中，A 碱基的占比在金钱鱼微卫星碱基组成中占有绝对优势。在二碱基重复类型中，AC、AG、AT 是二碱基重复类型中含量最高的 3 个类别，这与红鳍东方鲀及人类二碱基重复类型中排序一致。在三碱基重复类型中，AGG、AAT、AAG 是占比最高的 3 个类别，其中 AGG 在三碱基重复类型中出现频率最高，与红鳍东方鲀、菊黄东方鲀（*Takifugu flavidus*）、双斑东方鲀（*Takifugu bimaculatus*）和黑青斑河鲀相一致。在其他高等脊椎动物中也有类似报道，但在鱼类中这种分布特征并不常见。先前的研究表明（涂飞云等，2015；黄杰等，2017），AGG 是参与生物早期生长和发育的转录因子的结合位点。因此，AGG 类别的高频率分布可能在金钱鱼早期生长调控、性别决定与分化中发挥重要作用。值得注意的是，在五碱基重复类型中，AGAGG 是占比最高的类别。这与红鳍东方鲀基因组微卫星统计分析结果一致，而与其他鱼类有较大差异。推测 AGAGG 类别可能在金钱鱼进化及环境适应中有一定的作用，并且与鲀类多种相似的重复类别也预示了金钱鱼可能与红鳍东方鲀有较近的亲缘关系。所有类型的微卫星标记中的优势碱基均表明，金钱鱼基因组微卫星标记偏向 A+T 碱基组合，这一结果与诸多水生生物相同。研究表明，物种基因组中微卫星标记数越多，A 和 T 碱基所占比例越高，而对于这一现象，Schlötterer 等（1992）认为，基因组 DNA 由于甲基化的发生，胞嘧啶 C 容易脱氨基转变成胸腺嘧啶 T，并且基因组内 GC 含量少也是维持 DNA 热力学稳定性的必要条件之一。

金钱鱼基因组微卫星核心区重复次数在 5～82 次不等，但主要集中在 5～24 次，并且随着拷贝数的增加，各类别微卫星数目逐渐减少。这种现象普遍存在于多种生物的基因组微卫星中。这种现象的发生一方面可能是由于微卫星长度的增加，其稳定性降低；另一方面也可能是微卫星重复拷贝数越高，突变率就越高。

2. 金钱鱼基因组微卫星标记的开发

金钱鱼基因组中共获得 237 017 个（94.84%）短碱基 SSR（二碱基和三碱基），12 885 个（5.16%）长碱基 SSR（四至六碱基）。Liu 等（2013）利用金钱鱼转录组文库筛选到 5676 个短碱基 SSR 标记以及 258 个长碱基 SSR 标记；梁镇邦等（2019）利用 SLAF-Seq（specific-locus amplified fragment sequencing）技术，在日本竹荚鱼基因组中共获得 39 080 个短碱基 SSR 以及 4184 个长碱基 SSR；本实验室早期通过磁珠富集法从金钱鱼基因组中得到 65 条微卫星序列。由此可见，通过基因组 survey 测序筛选的 SSR 标记数量和类型更加丰富，表明基于第二代测序的基因组 survey 测序是更为快捷、高效的 SSR 标记分离方法。

挑选的 50 个 SSR 位点中，有 41 个（82%）位点可扩增出 1 条以上的特异性条带，有 23 个（46%）位点可扩增出 3 条或以上特异性条带，表明金钱鱼 SSR 标记开发成功率较高，本研究所获取的 249 902 个二至六碱基 SSR 标记有较高开发潜力，为金钱鱼高多态性 SSR 标记的开发提供丰富的遗传物质资源。

3. 微卫星标记的多态性及其遗传学特征

选取的 12 个 SSR 标记位点在 30 个金钱鱼样品中共检测到 101 个等位基因，平均等位基因数为 8.42，高于 Liu 等（2013）报道的金钱鱼 SSR 标记平均等位基因数（4.17）。Botstein 等（1980）认为，多态性信息含量高于 0.5 的标记可被认定为高多态性标记；小于 0.5 但高于 0.25 的被认定为中度多态性标记；小于 0.25 的标记为低度多态性标记。选取的 7 个标记中，仅有 SA-SV-2 为中度多态性标记，其余 6 个标记均为高度多态性标记。综上所述，选取的微卫星标记具有高多态性，蕴含丰富的遗传信息，在金钱鱼群体遗传研究中能为种质评估及种群遗传多样性水平鉴定提供良好的评价工具。

基因多样性是评价群体遗传变异的最适参数。群体的期望杂合度（H_E）范围是 0.431～0.859，平均值为 0.722；观测杂合度（H_O）范围是 0.417～0.861，平均值为 0.662。均高于

Liu 等（2013）统计的金钱鱼群体平均 H_O（0.387）和 H_E（0.398）以及 DeWoody 和 Avise（2000）统计的鱼类微卫星标记的平均 H_O（0.63），表明所选的金钱鱼群体具有较高的遗传变异。经 Bonferroni 校正后，SA-SV-3 和 SA-SV-5 两个位点仍偏离哈德-温伯格平衡，显示出杂合子缺失的现象。而这两个位点较高的近交系数（分别为 0.4980 和 0.1566）和无效等位基因频率（分别为 0.2981 和 0.0721），表明群体中存在的近交和无效等位基因频率是导致这两个位点偏离哈德-温伯格平衡的主要原因。根据 Chapuis 和 Estoup（2007）提出的参照无效等位基因频率将微卫星标记划分为三类的标准，SA-SV-5 标记（$0.05 \leqslant F_{ua} < 0.2$）属于中频无效等位基因位点，该类型位点可能使受测群体表现出群体遗传多样降低并导致群体间遗传距离和遗传分化系数过高。因此，SA-SV-5 位点在后续的金钱鱼群体遗传分析运用中应谨慎使用。而 SA-SV-3 标记（$F_{ua} \geqslant 0.2$）属于高频无效等位基因位点，且显著偏离哈德-温伯格平衡，表明此位点不适用于金钱鱼后续遗传分析研究。而其余 5 个具有高多态性、高杂合度、低频无效等位基因的微卫星位点可作为金钱鱼遗传资源研究的可靠分子标记及优先选用标记。

第四节　基于 SSR 标记的金钱鱼种群遗传分析

遗传多样性是一个物种生存和延续以及适应承受不同环境压力的先决条件之一。高遗传多样性可以提高个体的生存能力并增加物种生存的可能性。遗传多样性是染色体基因座中等位基因数量和类型的差异，是种群评估计划中至关重要的参数。微卫星标记（SSR）是最常用于评估群体遗传结构的有效工具之一。

金钱鱼营养价值高，味道鲜美，且食性广，抗病抗逆性强，盐度适应范围广，是具有较高经济价值的名特优养殖品种。随着人工养殖的快速发展，且受过度捕捞、环境污染、气候变化等因素的影响，我国金钱鱼自然种群资源逐年减少，因此加强种质资源开发与保护是保障金钱鱼养殖业可持续发展的有效途径之一。由此，利用 11 个 SSR 标记对三亚（SY）、海口（HK）、北海（BH）、湛江（ZJ）、珠海（ZH）、高雄（TW）、漳浦（ZP）、罗源（LR）以及乐清（YQ）9 个野生群体进行遗传多样性研究，为我国金钱鱼养殖与人工选育提供科学指导。

一、遗传多样性分析

11 个 SSR 标记在 9 个金钱鱼群体中共计检测到 149 个等位基因，平均等位基因数（N_A）是 13.545 个，其中 SA-SV-24、SA-SV-1 两个位点检测到的等位基因数目最多（17 个），SCAR-3306 位点最少（10 个）（表 2-4-1）。观测杂合度（H_O）和期望杂合度（H_E）的范围分别是 0.5356~0.8528 和 0.7415~0.8799。在所有群体中均显示出平均观测杂合度比平均期望杂合度低的情况，这一结果暗示了金钱鱼野生群体中存在杂合子缺失的现象。香农指数（I）的范围是 1.6289~2.2940。多态信息含量（PIC）范围为 0.706~0.867，平均值为 0.788。当 PIC 大于 0.5 时被认为是高多态信息位点，本研究中 11 个 SSR 标记均为高多态性位点。9 个金钱鱼群体的 11 个 SSR 位点的基因流（N_m）的变化范围是 0.5705~15.5875，有且仅有 SA-SV-2 位点 $N_m < 1$，其余位点均 $N_m > 1$，表明野生金钱鱼不同地理群体之间存在较为广泛的基因交流（表 2-4-1）。

表 2-4-1　11 个微卫星标记位点在金钱鱼群体中遗传多样性分析

位点	等位基因数 N_A	有效等位基因数 N_E	观测杂合度 H_O	期望杂合度 H_E	香浓指数 I	多态信息含量 PIC	基因流 N_m
SA-SV-25	16	5.8916	0.7874	0.8316	2.1047	0.812	3.1293
SA-SV-24	17	8.2287	0.8528	0.8799	2.2940	0.867	7.8493
SCAR-2608	11	4.4329	0.7624	0.7757	1.7515	0.747	4.8503
SCAR-3306	10	4.7436	0.7508	0.7905	1.8007	0.761	4.0871
SCAR-4116	13	4.6482	0.7367	0.7862	1.8211	0.757	6.4789
SCAR-7764	12	6.2814	0.7100	0.8422	1.9549	0.821	1.9605
SCAR-9944	16	5.7964	0.8233	0.8289	1.9814	0.807	6.6854
SA-SV-2	12	3.8496	0.5356	0.7415	1.6289	0.706	0.5707
SA-SV-4	14	5.3683	0.8206	0.8151	1.9651	0.793	15.5875
SA-SV-1	17	6.1916	0.7973	0.8399	2.1770	0.823	8.1045
SA-SV-5	11	5.0586	0.6337	0.8036	1.7954	0.774	2.0849

注：N_A. 等位基因数，observed number of allele；N_E. 有效等位基因数，effective number of allele；H_O. 观测杂合度，observing heterozygosity；H_E. 期望杂合度，expected heterozygosity；I. 香浓指数，Shannon's information index；PIC. 多态信息含量，polymorphic information content；N_m. 基因流，gene flow，根据 $N_m =(1 - F_{ST})/2F_{ST}$ 计算

　　对每个野生群体遗传多样性检测发现，9 个金钱鱼群体等位基因数（N_A）范围在 3（ZP）～15（TW），平均范围在 7.636（LR）～9.091（TW）（表 2-4-2）。观测杂合度（H_O）范围在 0.355（LR）～0.971（TW），平均范围在 0.713（SY）～0769（LR）（表 2-4-3）。9 个群体金钱鱼群体期望杂合度（H_E）范围在 0.431（ZJ）～0.899（TW），平均范围在 0.753（ZJ）～0.781（TW）（表 2-4-4）。近交系数表明 BH、HK、LR 三个群体不存在近交现象，而其余六个群体存在一定的自交现象（表 2-4-5）。

表 2-4-2　11 个微卫星标记位点在金钱鱼群体中的等位基因数（N_A）

位点	BH	HK	LR	SY	TW	YQ	ZH	ZJ	ZP
SA-SV-25	9	9	7	10	9	8	8	8	8
SA-SV-24	9	9	9	9	15	11	11	10	10
SCAR-2608	7	8	7	7	9	7	7	8	7
SCAR-3306	7	7	6	8	7	9	7	10	8
SCAR-4116	8	7	9	6	11	11	8	9	8
SCAR-7764	5	5	6	6	6	7	6	7	6
SCAR-9944	9	8	9	8	10	8	10	9	8
SA-SV-2	4	4	4	4	4	6	5	4	3
SA-SV-4	8	9	10	10	11	9	8	9	11
SA-SV-1	12	14	11	12	11	12	13	11	13
SA-SV-5	7	6	6	6	7	7	6	8	6
平均	7.727	7.818	7.636	7.818	9.091	8.636	8.091	8.455	8.000

表 2-4-3　11 个微卫星标记位点在金钱鱼群体中的观测杂合度（H_O）

位点	BH	HK	LR	SY	TW	YQ	ZH	ZJ	ZP
SA-SV-25	0.833	0.781	0.897	0.719	0.857	0.743	0.871	0.694	0.714
SA-SV-24	0.857	0.844	0.871	0.781	0.882	0.879	0.871	0.861	0.829
SCAR-2608	0.917	0.781	0.903	0.625	0.771	0.657	0.806	0.639	0.771
SCAR-3306	0.639	0.677	0.774	0.677	0.714	0.829	0.774	0.861	0.800
SCAR-4116	0.583	0.800	0.742	0.774	0.971	0.686	0.645	0.750	0.686
SCAR-7764	0.722	0.781	0.742	0.733	0.629	0.657	0.733	0.667	0.743
SCAR-9944	0.833	0.742	0.935	0.875	0.743	0.853	0.806	0.800	0.829
SA-SV-2	0.611	0.607	0.533	0.419	0.588	0.500	0.548	0.417	0.600
SA-SV-4	0.889	0.906	0.871	0.903	0.800	0.647	0.710	0.833	0.829
SA-SV-1	0.833	0.875	0.839	0.710	0.743	0.771	0.742	0.829	0.829
SA-SV-5	0.722	0.656	0.355	0.625	0.657	0.771	0.742	0.694	0.457
平均	0.767	0.768	0.769	0.713	0.760	0.727	0.750	0.731	0.735

表 2-4-4　11 个微卫星标记位点在金钱鱼群体中的期望杂合度（H_E）

位点	BH	HK	LR	SY	TW	YQ	ZH	ZJ	ZP
SA-SV-25	0.790	0.801	0.786	0.796	0.831	0.776	0.784	0.724	0.759
SA-SV-24	0.861	0.859	0.86	0.844	0.899	0.886	0.864	0.859	0.846
SCAR-2608	0.777	0.757	0.792	0.704	0.746	0.765	0.733	0.710	0.761
SCAR-3306	0.721	0.760	0.731	0.750	0.778	0.751	0.732	0.796	0.779
SCAR-4116	0.679	0.751	0.782	0.749	0.878	0.773	0.751	0.777	0.767
SCAR-7764	0.773	0.758	0.773	0.797	0.723	0.776	0.762	0.713	0.736
SCAR-9944	0.827	0.767	0.834	0.800	0.758	0.807	0.829	0.835	0.834
SA-SV-2	0.496	0.562	0.445	0.527	0.597	0.547	0.539	0.431	0.544
SA-SV-4	0.826	0.821	0.843	0.836	0.827	0.761	0.756	0.810	0.839
SA-SV-1	0.838	0.837	0.848	0.774	0.789	0.831	0.883	0.806	0.834
SA-SV-5	0.743	0.693	0.662	0.724	0.770	0.702	0.766	0.822	0.667
平均	0.757	0.761	0.760	0.755	0.781	0.761	0.764	0.753	0.761

表 2-4-5　11 个微卫星标记位点在金钱鱼群体中的近交系数

位点	BH	HK	LR	SY	TW	YQ	ZH	ZJ	ZP
SA-SV-25	−0.0558	0.0252	−0.1429	0.0980	−0.0319	0.0433	−0.1126	0.0416	0.0603
SA-SV-24	0.0044	0.0182	−0.0131	0.0752	0.0193	0.0085	−0.0087	−0.0023	0.0209
SCAR-2608	−0.1822	−0.0320	−0.1429	0.1137	−0.0349	0.1425	−0.1013	0.1021	−0.0144
SCAR-3306	0.1154	0.1102	−0.0604	0.0987	0.0836	−0.1054	−0.0588	−0.0828	−0.0270
SCAR-4116	0.1429	−0.0658	0.0522	−0.0337	−0.1083	0.1145	0.1429	0.0347	0.1072
SCAR-7764	0.0671	−0.0306	0.0403	0.0814	0.1328	0.1551	0.0384	0.0661	−0.0091
SCAR-9944	−0.0072	0.0329	−0.1233	−0.0953	0.0200	−0.0575	0.0272	0.0423	0.0070

续表

位点	BH	HK	LR	SY	TW	YQ	ZH	ZJ	ZP
SA-SV-2	−0.2360	−0.0813	−0.2036	0.2065	0.0157	0.0878	−0.0169	0.0340	−0.1053
SA-SV-4	−0.0780	−0.1051	−0.0338	−0.0825	0.0335	0.1514	0.0618	−0.0294	0.0120
SA-SV-1	0.0052	−0.0464	0.0108	0.0846	0.0591	0.0723	0.1616	−0.0282	0.0065
SA-SV-5	0.0283	0.0538	0.4677	0.1383	0.1481	−0.1007	0.0316	0.1566	0.3174
平均	−0.0178	−0.0110	−0.0135	0.0623	0.0306	0.0465	0.0150	0.0304	0.0341

金钱鱼群体多态信息含量（PIC）范围在 0.387（LR）～0.876（TW），平均范围在 0.713（HK/ZJ）～0.741（TW）（表 2-4-6）。对 9 个野生群体的等位基因丰富及私有等位基因丰度分析发现，所有群体等位基因丰度（AR）范围在 3.000（ZP）～14.051（TW），平均范围在 7.458（BH）～8.705（TW），TW 群体的平均等位基因丰度最高（表 2-4-7，图 2-4-1）。私有等位基因丰度（PAR）的平均范围在 0.128（BH）～0.609（TW）（表 2-4-7）。11 个标记中，SA-SV-1 标记能鉴定到的等位基因数最多，SA-SV-2 最少（图 2-4-2）。总体来说，本研究选取的 9 个野生金钱鱼群体都具有较高的遗传多样性。

表 2-4-6　11 个微卫星标记位点在金钱鱼群体中的多态信息含量（PIC）

位点	BH	HK	LR	SY	TW	YQ	ZH	ZJ	ZP
SA-SV-25	0.752	0.760	0.739	0.754	0.796	0.729	0.741	0.670	0.710
SA-SV-24	0.831	0.828	0.827	0.810	0.876	0.860	0.834	0.830	0.814
SCAR-2608	0.735	0.710	0.752	0.662	0.705	0.721	0.684	0.668	0.722
SCAR-3306	0.667	0.706	0.676	0.697	0.738	0.699	0.672	0.754	0.733
SCAR-4116	0.632	0.699	0.741	0.702	0.852	0.737	0.708	0.734	0.717
SCAR-7764	0.724	0.709	0.721	0.749	0.669	0.730	0.719	0.667	0.691
SCAR-9944	0.791	0.726	0.798	0.757	0.712	0.768	0.793	0.801	0.799
SA-SV-2	0.430	0.481	0.387	0.478	0.525	0.490	0.486	0.389	0.469
SA-SV-4	0.792	0.786	0.808	0.803	0.797	0.726	0.711	0.773	0.805
SA-SV-1	0.806	0.808	0.815	0.738	0.758	0.796	0.856	0.773	0.807
SA-SV-5	0.693	0.628	0.587	0.670	0.723	0.642	0.712	0.783	0.613
平均	0.714	0.713	0.714	0.711	0.741	0.718	0.720	0.713	0.716

表 2-4-7　11 个微卫星标记位点在金钱鱼群体中的私有/等位基因丰度（AR）

位点	BH	HK	LR	SY	TW	YQ	ZH	ZJ	ZP
SA-SV-25	8.508	8.735	6.965	9.499	8.400	7.561	7.799	7.740	7.587
SA-SV-24	8.986	8.982	8.895	8.871	14.051	10.822	10.798	9.712	9.393
SCAR-2608	6.951	7.735	6.992	6.972	8.518	6.924	6.806	7.637	6.997
SCAR-3306	6.712	6.806	5.992	7.879	6.956	8.349	6.798	9.055	7.561
SCAR-4116	7.460	6.867	8.709	5.992	10.587	10.159	7.799	8.322	7.742
SCAR-7764	5.000	5.000	5.984	5.933	5.762	6.756	6.000	6.546	5.800
SCAR-9944	8.499	7.894	8.887	7.749	9.510	7.818	9.790	8.947	7.793

续表

位点	BH	HK	LR	SY	TW	YQ	ZH	ZJ	ZP
SA-SV-2	3.951	4.000	3.993	3.999	3.996	5.765	4.903	3.778	3.000
SA-SV-4	7.988	8.860	9.710	9.887	10.649	8.785	7.710	8.718	10.161
SA-SV-1	11.045	13.567	10.701	11.596	10.572	10.986	12.700	10.156	12.340
SA-SV-5	6.942	5.750	5.895	5.861	6.756	6.399	5.992	7.684	5.793
平均	7.458	7.654	7.520	7.658	8.705	8.211	7.918	8.027	7.652
PAR	0.128	0.165	0.219	0.230	0.609	0.303	0.166	0.150	0.208

注：PAR. 私有等位基因丰度，private allelic richness

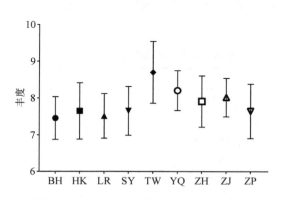

图 2-4-1　9 个野生群体平均等位基因丰度　　　图 2-4-2　11 个微卫星标记位点的平均等位基因丰度

微卫星标记为选择中性标记，不受自然选择压力的影响，因此，在理想群体（足够大的群体数量、随机交配、无突变和迁移发生）中各个位点的等位基因及基因型频率应符合哈德-温伯格平衡定律。在假设杂合子缺失（heterozygote deficiency）的情况下进行哈德-温伯格平衡检验，结果经 Bonferroni 校正后发现 9 个金钱鱼群体中均有不等数目的位点偏离哈德-温伯格平衡（$P<0.05$）。LR 群体 SCAR-7764、SA-SV-5 两个位点偏离哈德-温伯格平衡，SY、TW、YQ、ZH、ZJ、ZP 群体有且仅有一个位点显著偏离哈德-温伯格平衡，BH、HK 两个群体没有偏离哈德-温伯格平衡的位点。而无效等位基因检测结果显示，SA-SV-1 位点在 ZH 群体，SA-SV-5 位点在 LR、ZP 两个群体中检测到无效等位基因（表 2-4-8）。

表 2-4-8　11 个微卫星标记位点在金钱鱼群体中的哈德-温伯格平衡及无效等位基因检验

位点	BH	HK	LR	SY	TW	YQ	ZH	ZJ	ZP
SA-SV-25	0.474	0.064	0.961	0.104	0.609	0.447	0.968	0.134	0.053
SA-SV-24	0.648	0.380	0.649	0.273	0.480	0.480	0.475	0.542	0.422
SCAR-2608	0.992	0.518	0.989	0.189	0.750	0.108	0.923	0.218	0.513
SCAR-3306	0.168	0.132	0.850	0.268	0.115	0.882	0.662	0.859	0.712
SCAR-4116	0.144	0.624	0.423	0.818	0.989	0.195	0.094	0.388	0.199
SCAR-7764	0.246	0.647	0.025	0.182	0.076	0.001	0.084	0.314	0.255
SCAR-9944	0.369	0.746	0.975	0.915	0.116	0.808	0.034	0.422	0.621

续表

位点	BH	HK	LR	SY	TW	YQ	ZH	ZJ	ZP
SA-SV-2	0.986	0.774	0.960	0.011	0.619	0.072	0.500	0.522	0.894
SA-SV-4	0.844	0.961	0.772	0.874	0.445	0.089	0.319	0.489	0.318
SA-SV-1	0.425	0.821	0.455	0.124	0.225	0.355	0.103	0.759	0.394
SA-SV-5	0.382	0.207	0.007	0.081	0.013	0.725	0.184	0.001	0.000

注：下划线为存在无效等位基因的群体，灰色阴影为经 Bonferroni 校正后仍偏离哈德-温伯格平衡的位点

对每个群体间不同位点的连锁不平衡分析发现，9 个群体都有不同数量的位点间存在连锁不平衡关系。BH 群体有 1 个标记，LR、SY、YQ、ZJ、ZP 群体各有 2 个标记，TW、ZH 群体各有 3 个标记存在连锁不平衡现象（表 2-4-9）。

表 2-4-9   11 个微卫星标记位点在金钱鱼群体中连锁不平衡检验

群体	位点 1	位点 2	P
BH	SCAR-3306	SA-SV-2	0.0344
LR	SCAR-4116	SCAR-9944	0.0000
LR	SA-SV-25	SA-SV-1	0.0480
SY	SCAR-7764	SA-SV-1	0.0357
SY	SA-SV-4	SA-SV-1	0.0488
TW	SA-SV-24	SCAR-7764	0.0118
TW	SCAR-7764	SA-SV-2	0.0398
TW	SA-SV-25	SA-SV-4	0.0163
YQ	SA-SV-24	SCAR-7764	0.0358
YQ	SCAR-7764	SA-SV-1	0.0030
ZH	SA-SV-24	SCAR-2608	0.0198
ZH	SCAR-7764	SA-SV-1	0.0360
ZH	SA-SV-2	SA-SV-5	0.0436
ZJ	SA-SV-25	SCAR-4116	0.0269
ZJ	SA-SV-24	SCAR-9944	0.0034
ZP	SA-SV-24	SCAR-7764	0.0457
ZP	SA-SV-25	SA-SV-4	0.0254

二、遗传结构与遗传距离分析

群体间成对的遗传分化系数（F_{ST}）范围在 0.0021（HK-BH）～0.1295（LR-ZH），除了 BH-HK、ZJ-YQ 群体间的遗传分化不显著外，其他群体间的遗传分化在统计学上存在显著性差异（$P<0.01$）（图 2-4-3）。从 F_{ST} 线箱图可以看出，金钱鱼群体遗传分化的水平较低（图 2-4-4）。对群体内个体间的近交系数（F_{IS}）和总群体近交系数（F_{IT}）统计分析发现，基于 11 个 SSR 位点的平均 F_{IS} 和 F_{IT} 分别为 0.042 38 和 0.106 82（表 2-4-10）。9 个群体间的遗传一致性和遗传距离分析结果表明：群体 LR-ZH 的遗传一致性最低，HK-BH 遗传一致性最高（表 2-4-11）。

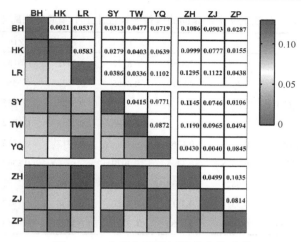

图 2-4-3　金钱鱼群体间遗传分化系数

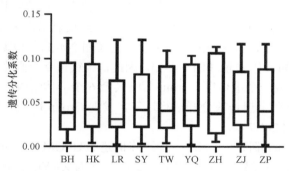

图 2-4-4　基于 11 个微卫星标记位点的金钱鱼群体遗传分化线箱图（彩图请扫封底二维码）

表 2-4-10　基于 11 个微卫星标记位点的 F 统计量

位点	群体内近交系数 F_{IS}	总近交系数 F_{IT}	遗传分化系数 F_{ST}
SA-SV-25	0.046 96	0.111 20	0.067 41
SA-SV-24	0.045 41	0.114 17	0.072 03
SCAR-2608	0.047 75	0.114 26	0.069 84
SCAR-3306	0.045 58	0.111 39	0.068 96
SCAR-4116	0.042 48	0.110 43	0.070 97
SCAR-7764	0.040 61	0.100 94	0.062 89
SCAR-9944	0.048 12	0.115 91	0.071 22
SA-SV-2	0.046 77	0.089 88	0.045 23
SA-SV-4	0.047 44	0.117 18	0.073 21
SA-SV-1	0.043 07	0.111 94	0.071 97
SA-SV-5	0.034 50	0.096 40	0.064 11
平均	0.042 38	0.106 82	0.067 29

表 2-4-11　金钱鱼 9 个群体间的遗传一致性（上）和遗传距离（下）

	BH	HK	LR	SY	TW	YQ	ZH	ZJ	ZP
BH		0.9686	0.7788	0.8769	0.8227	0.7342	0.6135	0.6902	0.8878
HK	0.0319		0.7654	0.8879	0.8465	0.7579	0.6350	0.7274	0.9268
LR	0.2499	0.2673		0.8479	0.8511	0.5725	0.5055	0.5878	0.8307
SY	0.1314	0.1189	0.165		0.8385	0.7052	0.5752	0.7322	0.9431
TW	0.1951	0.1666	0.1613	0.1762		0.6717	0.5512	0.6597	0.8089
YQ	0.3089	0.2772	0.5578	0.3493	0.3979		0.8367	0.9669	0.6939
ZH	0.4886	0.4541	0.6823	0.5530	0.5956	0.1783		0.8206	0.6342
ZJ	0.3707	0.3183	0.5314	0.3117	0.4159	0.0336	0.1977		0.7242
ZP	0.1190	0.0760	0.1855	0.0586	0.2121	0.3655	0.4553	0.3227	

　　使用 Structure 软件对 9 个金钱鱼群体共 303 个个体进行遗传结构分析。运行结束后将结果提交至 Structure Harvester 运行以获取最佳 K 值，结果显示当 K=2～5 时，随着 K 值增大，L（K）也在逐渐增大，当 K>5 后才逐渐平稳（图 2-4-5）。根据 ΔK 最大值来推测最佳 K 值，K=2 被推测为最佳 K 值（图 2-4-6）。因此，金钱鱼 9 个野生地理群体可分为两个类群。ZH、YQ、ZJ 组成一个遗传簇（Group 1），其余 6 个群体组成一个遗传簇（Group 2）。将 Group 1 和 Group 2 两个遗传簇分开进行运算，发现 Group 1 可分为四个遗传簇，Group 2 分为两个遗传簇（图 2-4-7）。

　　基于 F_{ST} 矩阵构建的邻接树及 Nei's D_A 矩阵构建的 UPGMA 树如图 2-4-8 和图 2-4-9 所示，BH-HK 群体亲缘关系最近，首先聚为一支，其次为 ZJ-YQ 群体。UPGMA 树和邻接树结果都支持 9 个野生金钱鱼群体分为两个遗传簇。

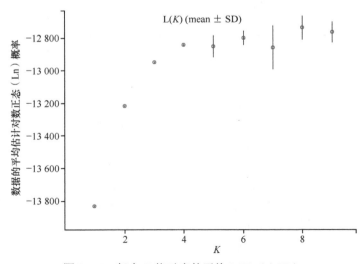

图 2-4-5　每个 K 值对应的平均 L(K)（±SD）

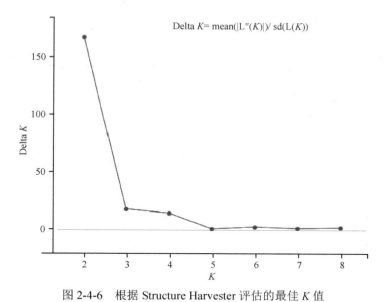

图 2-4-6 根据 Structure Harvester 评估的最佳 K 值

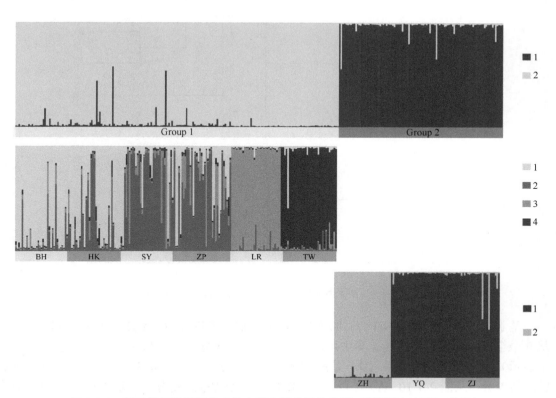

图 2-4-7 基于微卫星标记位点的金钱鱼遗传结构分析（彩图请扫封底二维码）

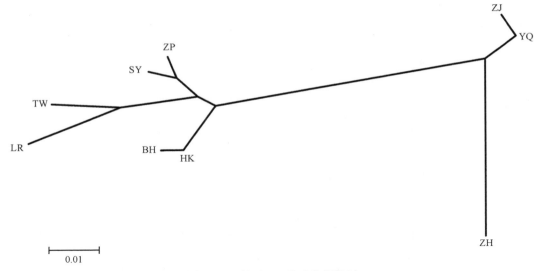

图 2-4-8　基于 F_{ST} 构建的邻接树

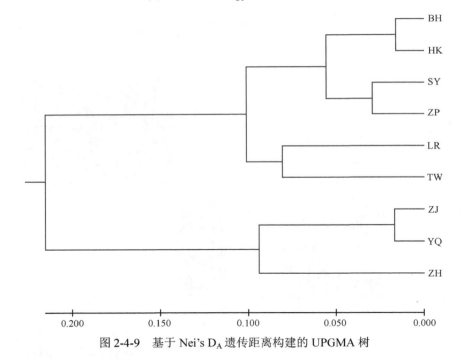

图 2-4-9　基于 Nei's D_A 遗传距离构建的 UPGMA 树

　　基于各种群间配对的 Nei's 标准遗传距离无偏估计值进行 PCoA 分析如图 2-4-10 所示：从 9 个金钱鱼野生群体遗传差异中可以提取出 3 个主成分，因子 1、因子 2、因子 3（图中未显示）；因子 1 占 54.31%、因子 2 占 14.42%、因子 3 占 11.27%，3 个因子可以解释 80% 的遗传差异。从图 2-4-10（A）可以看出，BH-HK、ZJ-YQ 遗传分化（差异）较小，但 ZH、ZJ、YQ 3 个群体和其他 6 个群体有较大的遗传差异，这一结果与 Structure 分析结果一致。依据所有群体个体间遗传距离构建的 PCoA 分析表明[图 2-4-10（B）]，从 303 个个体中可以提取 3 个主成分，因子 1、因子 2、因子 3（图中未显示）；因子 1 占其中 7.14%、因子 2

占 4.55%、因子 3 占 3.85%，3 个因子可以解释 15.54% 的遗传差异。从图 2-4-10（A）可以看出，ZH、ZJ、YQ 3 个群体与其他 6 个群体种群分化较大，两个遗传簇之间的界限并不明显，部分群体间存在一定限度的交流，并没有明显的遗传边界。

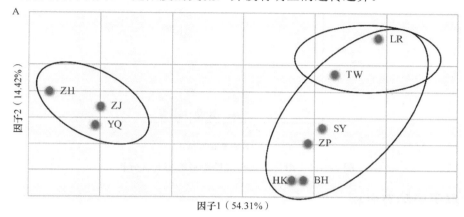

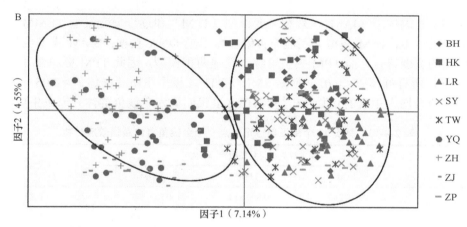

图 2-4-10　基于遗传距离的主坐标分析（彩图请扫封底二维码）

A. 基于各种群间配对的 Nei's 标准遗传距离（pairwise population matrix of Nei genetic distance）构建 PCoA；B. 基于个体间遗传距离构建 PCoA

分子方差分析（AMOVA）分析结果显示，组群间的遗传变异（6.27%）大于组群内群体间遗传变异（3.29%），表明了分组的有效性。但金钱鱼总体遗传变异主要来自个体间，占 87.65%（表 2-4-12）。

表 2-4-12　基于 11 个微卫星标记位点的分子方差分析

变异来源	自由度	平方和	变异组成	变异百分比（%）	固定指数
AG	1	98.522	0.3068	6.27	$F_{IS}=0.030\,99^{*}$
APG	7	107.616	0.1608	3.29	$F_{SC}=0.035\,05^{*}$
AIP	294	1342.055	0.1372	2.80	$F_{CT}=0.062\,67^{*}$
WI	303	1300.000	4.2900	87.65	$F_{IT}=0.123\,55^{*}$

注：AG 组群间，among groups；APG 组群内群体间，among population within group；AIP 群体内个体间，among individuals within population；WI. 个体，within individual

以经 ENA 校正后的 F_{ST} 为遗传距离，估计金钱鱼种群间地理距离与遗传距离的相关程度。结果如图 2-4-11 所示，尽管存在微弱正相关关系，但 Mantel 检验显示遗传分化与地理距离相关性不显著（Z=130.79，r=0.0303，单侧 P=0.6170）。

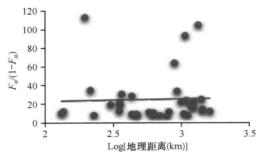

图 2-4-11　遗传距离与地理距离的相关性分析

三、种群历史动态分析

金钱鱼 9 个地理群体近期的瓶颈效应检测见表 2-4-13。研究表明：用于检测瓶颈效应的无线的等位基因模型（IAM）、双相突变模型（TPM）和逐步突变模型（SMM）这三种微卫星突变模型中，IAM 模型并不能充分解释微卫星 DNA 数据；SMM 模型也只有少数微卫星位点的突变符合，而 TPM 模型可综合其他两种模型，因此 TPM 更加合理。虽然在 IAM 模型下，所有群体 $P<0.05$。但是 SMM 和 TPM 模型下所有群体 $P>0.05$，且群体等位基因频率分布均为正常的 L 型分布。所以在这里我们认为金钱鱼群体并未发生瓶颈效应。

表 2-4-13　基于 11 个微卫星标记位点 9 个金钱鱼群体瓶颈效应分析

群体	威尔科克森符号秩检验（P 值）			模型类型
	IAM	TPM	SMM	
BH	0.000 244*	0.809 814	0.953 857	L 型
HK	0.000 610*	0.953 857	0.982 910	L 型
LR	0.000 244*	0.765 137	0.945 068	L 型
SY	0.002 319*	0.945 068	0.982 910	L 型
TW	0.005 249*	0.883 301	0.995 972	L 型
YQ	0.046 143*	0.994 751	0.999 390	L 型
ZH	0.002 319*	0.993 286	0.999 146	L 型
ZJ	0.005 249*	0.996 948	0.998 779	L 型
ZP	0.017 090*	0.924 316	0.996 948	L 型

*P 值显著表明群体经历瓶颈效应

四、综合分析

1. 遗传多样性分析

足够的样本容量是保证群体遗传学结果稳定可靠的前提。先前的研究表明，研究群体样本容量≥30 时，杂合度等指标趋于稳定且能较好地反映群体遗传多样性水平。金钱鱼 9 个地理群体样本数均>30，满足采样要求，因此实验结果可靠性较高。等位基因数、有效等位基因数、杂合度、香农指数和多态信息含量等都是反映群体遗传多样性的重要参数。我们前期对湛江（ZJ）金钱鱼群体的研究发现，雌雄平均观测杂合度（H_O）分别为 0.3833、0.3754；平均期望杂合度（H_E）分别为 0.5342、0.5408。上海海洋大学张俊彬教授团队用 12 对微卫星标记对南海野生群体金钱鱼杂合度检验结果表明，平均观测杂合度和平均期望杂合度分别为 0.387、0.425。9 个金钱鱼群体平均多态信息含量为 0.7177，平均等位基因数为 7.636，平均等位基因丰度为 7.997，平均观测杂合度和期望杂合度分别为 0.7467 和 0.7613，接近 DeWoody 和 Avise（2000）报道的海水鱼杂合度平均水平（0.790）表明所选金钱鱼群体遗传多样性丰富，选择潜力较高。TW 群体等位基因丰度与私有等位基因丰度最高，BH 群体最少，暗示了 TW 群体可能是所有群体中遗传多样性最高的群体。近交、等位基因突变、洄游等都会使群体偏离哈德-温伯格平衡状态。此外 SCAR-7764、SCAR-9944、SA-SV-2、SA-SV-5 四个位点偏离哈德-温伯格平衡。偏离哈德-温伯格平衡最主要的原因可能是这四个位点都存在无效等位基因。在所分析的 9 个群体中，只有 BH、HK 和 LR 3 个群体观测杂合度大于期望杂合度，其余 6 个群体观测杂合度小于期望杂合度。这可能与这些群体迁移速率高并存在一定的近亲繁殖现象有关。

2. 遗传结构分析

遗传分化系数（F_{ST}）是反映群体间遗传分化程度的重要参数，根据 Wright 对遗传分化水平所定的标准来判断，当 $F_{ST}<0.05$ 时，群体间遗传分化很小；当 $0.05 \leqslant F_{ST}<0.15$ 时，群体间遗传分化处于中等水平；当 $0.15 \leqslant F_{ST}<0.25$ 时，群体间遗传较大；当 $F_{ST} \geqslant 0.25$ 时，群体间遗传分化极大。结果表明，9 个群体间的 F_{ST} 为 0.0021～0.1295，群体间遗传分化处于中等偏下水平。遗传距离和遗传相似度很好地阐述了群体间遗传关系的远近。本研究中 HK 和 BH 群体遗传相似度最高（0.9686），表明两个群体亲缘关系非常近；ZH 和 LR 群体有最远的遗传距离与最低的遗传相似度，亲缘关系较远。UPGMA 树、邻接树、PCoA 与 Structure 对金钱鱼遗传结构具有相同的划分，结果表明 9 个地理群体被分成两个遗传簇：ZH、ZJ、YQ 群体为一个遗传簇，其他 6 个群体为一个遗传簇，两个遗传簇之间并没有明显的遗传多样性差异。金钱鱼群体遗传分化与群体地理距离的 Mantel 检验结果显示二者并没有关联，表明该物种中的基因流水平较高。这类种群结构模式在海水鱼类中很常见，可能主要是由于在开放的海洋环境中缺乏地理障碍。全球气候周期性波动的更新世时期，严重改变了海洋生物的分布格局及生物量。更新世冰盛期海平面下降，南海变为袋状海湾，成为近海海洋生物的冰期避难所，大量鱼类的孑留群体得以保留，但是大陆和台湾岛之间所形成的陆桥阻碍了东海和南海两个冰期避难所海洋生物的基因交流，群体异域分化逐渐产生。后来环境好转，海平面上升，孑留群体有极大的可能性重新殖化使分化的群体重新获得基因的交流。金钱鱼可能正是由于这一原因，使其虽然有两个遗传簇但群体遗传分化水平并不高。

3. 金钱鱼种质资源

水产种质资源是指具有较高经济和遗传育种价值，能被捕捞业、养殖业等生产实践活动所开发利用的水生生物资源。遗传多样性越高的群体，变异来源越广泛，筛选出优良种质的概率越大，因为高水平的遗传变异与适应性有关，可以为生物体在人工和自然选择的压力下生存提供更多的机会。利用 11 对微卫星标记探讨金钱鱼 9 个野生群体遗传多样性与遗传结构，结果表明 11 对标记均为高多态性标记，所选金钱鱼群体具有较高的遗传多样性且没有经历种群瓶颈效应，各群体之间遗传分化比较低，可以为金钱鱼育种和品种改良提供良好的种质资源。

第五节 基于线粒体标记的金钱鱼群体遗传分析

线粒体 DNA（mitochondrial DNA，mtDNA）在真核生物总 DNA 中占比不足 1%，但其有效群体大小仅有微卫星标记的 1/4，因此更容易发现遗传漂变及瓶颈效应。除此以外，线粒体 DNA 还具有半自主性并严格遵循母系遗传、结构保守、进化速率适中、遗传稳定、能避免核基因的偏向性等优点，已广泛应用于鱼类遗传多样性评估、遗传结构与历史动态解析、地理群体识别与生物进化及系统发生等领域。

细胞色素 b（cytochrome b，Cyt b）基因是线粒体 13 个编码基因之一，进化速率适中，在一定进化尺度下不受饱和效应影响，被认为是探讨种群遗传多样性及遗传结构最为可靠的分子标记之一。线粒体控制区（control region displacement loop，D-loop）基因位于非编码区，不受自然选择的影响，进化速率较快，容易积累更多变异信息。本节论述采用金钱鱼线粒体 Cyt b、D-loop 及其联合序列分析 9 个野生金钱鱼群体遗传多样性与种群历史动态，提供金钱鱼渔业环境适应与区系划分的生物学信息，为制定科学的金钱鱼种质资源保护与开发策略提供理论支撑。

一、种群遗传多样性

在上述的 9 个金钱鱼野生群体中共扩增了 303 条 D-loop 和 Cyt b 序列，同质性检验结果不显著（$P=0.96$），表明两条序列不存在显著的排斥，因此在两条序列的两端切齐后获得了一条长为 1567bp（D-loop 和 Cyt b）的联合序列。9 个金钱鱼群体联合序列 ATCG 四种碱基平均含量分别为 30.3%、25.1%、30.4% 和 14.3%，A+T（55.4%）含量高于 C+G（44.6%）。联合序列在 9 个金钱鱼群体中共定义了 174 个单倍型，不同群体单倍型数目为 24（TW）～34（ZJ）；单倍型多样性范围在 0.963（TW）～0.998（HK）；核苷酸多态性由大到小分别是 TW（0.038 08）＞YQ（0.013 77）＞HK（0.012 58）＞ZP（0.011 78）＞LR（0.010 26）＞ZH（0.010 06）＞ZJ（0.009 89）＞BH（0.008 81）＞SY（0.008 56）。TW 群体同时拥有最多的变异位点（182）、简约信息位点（155）及平均核苷酸差异数（58.7933）。变异位点、简约信息位点及平均核苷酸差异数最少的群体分别是 ZH、LR、SY 群体（表 2-5-1）。

表 2-5-1 基于线粒体标记金钱鱼群体遗传多样性分析

地理群体	变异位点 V	简约信息位点 Pi	单倍型数 Nhap	单倍型多样性 Hd	核苷酸多样性 π	平均核苷酸变异数 K	核苷酸组成（%）			
							A	T	C	G
BH	81	50	31	0.990	0.008 81	13.6873				
LR	95	46	29	0.996	0.010 26	15.9398				
YQ	164	56	30	0.990	0.013 77	21.2975				
ZH	71	49	26	0.989	0.010 06	15.6301				
ZJ	159	48	34	0.997	0.009 89	15.2968	30.3	25.1	30.4	14.4
ZP	92	50	30	0.987	0.011 78	18.3176				
TW	182	155	24	0.963	0.038 08	58.7933				
SY	86	50	29	0.992	0.008 56	13.3085				
HK	152	54	31	0.998	0.012 58	19.4657				

注：由于数字修约，百分比加和可能不是 100%，全书同

二、单倍型分布及遗传关系分析

1. 基于 *Cyt* b 基因金钱鱼单倍型分布及遗传关系分析

Cyt b 基因在 303 个金钱鱼个体中检测到 34 个单倍型,其中 18 个为共享单倍型,Hap1 的共享次数最多,被 166 个个体共享,是金钱鱼群体的核心单倍型;另有 16 个为私有单倍型,包括 BH(Hap6),HK(Hap8),LR(Hap11、Hap13、Hap15),TW(Hap22~27),YQ(Hap29),ZH(Hap31),ZJ(Hap32),ZP(Hap33、Hap34),仅 SY 这个群体没有检测到私有单倍型。私有单倍型在群体中出现的频次并不高,基本上为 1~2 次(表 2-5-2)。

表 2-5-2　基于 *Cyt* b 标记金钱鱼群体单倍型分布情况

单倍型	BH	HK	LR	SY	TW	YQ	ZH	ZJ	ZP	总计
Hap1	24	22	16	15	18	18	12	26	15	166
Hap2	3	4	4		3	6	4	2	5	31
Hap3	2		1	1		2	2	1	2	11
Hap4	2	1		4		2	2	1	2	14
Hap5	4	2	3	6		1	3	3	2	24
Hap6	1									1
Hap7		1			1					2
Hap8		1								1
Hap9		1		1		1	1		1	5
Hap10			1						1	2
Hap11			1							1
Hap12			1				1			2
Hap13			1							1
Hap14			1	1					1	3
Hap15			1							1
Hap16			1		1					2
Hap17				1		1				2
Hap18				1		1			1	3
Hap19				1				2		3
Hap20				1			1			2
Hap21					4			1		5
Hap22					2					2
Hap23					2					2
Hap24					1					1
Hap25					1					1
Hap26					1					1
Hap27					1					1
Hap28						1	2	1	1	5
Hap29						1				1

续表

单倍型	BH	HK	LR	SY	TW	YQ	ZH	ZJ	ZP	总计
Hap30						1	2			3
Hap31							1			1
Hap32								1		1
Hap33									1	1
Hap34									1	1

基于 K-2-P 模型构建的金钱鱼 *Cyt* b 单倍型邻接树显示，34 个单倍型被分成 3 个分支，Hap23 和 Hap26 构成一支；Hap29、Hap21、Hap25、Hap7、Hap24、Hap22、Hap27 构成一支；其余单倍型构成一支（图 2-5-1）。采用中介网络模型法构建的单倍型网络图也证实了这一结论，Hap1、Hap2、Hap4、Hap5 为核心单倍型，由 TW 群体部分单倍型构成的分支距离核心单倍型较远（图 2-5-2）。单倍型并没有展现出金钱鱼群体具有明确的地理差异，但是两个小的分支单倍型组成主要是 TW 群体，并且与核心单倍型距离较远，暗示 TW 群体与其他群体存在一定的遗传分化。

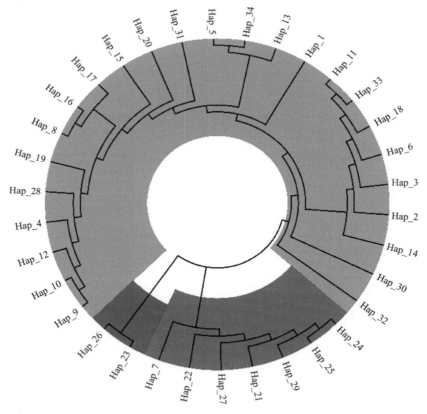

图 2-5-1　基于 K-2-P 模型的金钱鱼 *Cyt* b 单倍型邻接树（彩图请扫封底二维码）

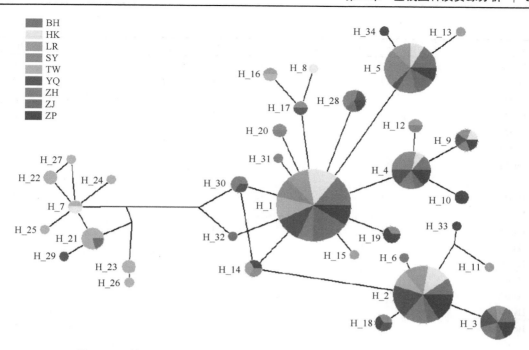

图 2-5-2 基于 *Cyt* b 基因金钱鱼单倍型网络图（彩图请扫封底二维码）

2. 基于 D-loop 基因金钱鱼单倍型分布及遗传发育关系

D-loop 基因在 303 个金钱鱼个体中检测到 162 个单倍型，其中 49 个为共享单倍型，Hap6 的共享次数最多，被 19 个个体共享；另外 113 个为私有单倍型，与 *Cyt* b 基因不同的是，所有群体均含有共享单倍型，但私有单倍型在群体中出现的频次仍然不高，基本上为 1~2 次（表 2-5-3）。

表 2-5-3 基于 D-loop 基因金钱鱼群体单倍型分布情况

单倍型	BH	HK	LR	SY	TW	YQ	ZH	ZJ	ZP	总计
Hap1	1							1		2
Hap2	1									1
Hap3	2									2
Hap4	1		1				1			3
Hap5	1									1
Hap6	3	1	2	2		3	2	2	4	19
Hap7	1									1
Hap8	2	2						1		5
Hap9	1									1
Hap10	1	1								2
Hap11	1			1			2			4
Hap12	2	1	1	1			1	1		7
Hap13	1									1
Hap14	1									1
Hap15	1							1		2
Hap16	1									1
Hap17	1					1	1			3

续表

单倍型	BH	HK	LR	SY	TW	YQ	ZH	ZJ	ZP	总计
Hap18	1									1
Hap19	1	1		2		1	2	1	1	9
Hap20	1									1
Hap21	1				1	1		1	1	5
Hap22	1									1
Hap23	1									1
Hap24	1	1								2
Hap25	1					1			1	3
Hap26	1									1
Hap27	1									1
Hap28	1					1				2
Hap29	1		1		1		1		1	5
Hap30	1				6			1		8
Hap31	1									1
Hap32		1			1					2
Hap33		1								1
Hap34		1								1
Hap35		1				1		1		3
Hap36		1	1			1				3
Hap37		1								1
Hap38		2	1			2				5
Hap39		2					1	1	2	6
Hap40		2								2
Hap41		1								1
Hap42		1								1
Hap43		1								1
Hap44		1								1
Hap45		1								1
Hap46		1								1
Hap47		1								1
Hap48		1								1
Hap49		1				1				2
Hap50		1								1
Hap51		1								1
Hap52		1								1
Hap53		1						1		2
Hap54			1						1	2
Hap55			1			1				2
Hap56			2							2
Hap57			1							1
Hap58			1							1
Hap59			1					2		3
Hap60			1							1
Hap61			1							1
Hap62			1		2					3
Hap63			1	1						2

续表

单倍型	BH	HK	LR	SY	TW	YQ	ZH	ZJ	ZP	总计
Hap64			1	3		1	1	1	1	8
Hap65			1							1
Hap66			1							1
Hap67			1							1
Hap68			1							1
Hap69			1				1			2
Hap70			1							1
Hap71			1							1
Hap72			1	1						2
Hap73			1							1
Hap74			1							1
Hap75			1				1			2
Hap76			1	1	1	1				4
Hap77				1						1
Hap78				1					1	2
Hap79				1					1	2
Hap80				1			1			2
Hap81				1						1
Hap82				1						1
Hap83				1						1
Hap84				2			3		1	6
Hap85				1	1				1	3
Hap86				1				1		2
Hap87				1				1		2
Hap88				1			1		1	3
Hap89				1			1		4	6
Hap90				1				1		2
Hap91				1						1
Hap92				1						1
Hap93				1						1
Hap94				1						1
Hap95				1						1
Hap96					3			1		4
Hap97					2					2
Hap98					2					2
Hap99					1					1
Hap100					1					1
Hap101					1					1
Hap102					2					2
Hap103					1					1
Hap104					2					2
Hap105					1					1
Hap106					1					1
Hap107					1					1
Hap108					1					1
Hap109					1					1

续表

单倍型	BH	HK	LR	SY	TW	YQ	ZH	ZJ	ZP	总计
Hap110					1					1
Hap111					1					1
Hap112						1				1
Hap113						1				1
Hap114						2				2
Hap115						1				1
Hap116						2		1	1	4
Hap117						1				1
Hap118						1				1
Hap119						1				1
Hap120						1		1		2
Hap121						1				1
Hap122						1				1
Hap123						1				1
Hap124						1				1
Hap125						1				1
Hap126						1				1
Hap127						1	2	1		4
Hap128						1				1
Hap129							1			1
Hap130							1			1
Hap131							1			1
Hap132							1			1
Hap133							1			1
Hap134							1			1
Hap135							1		1	2
Hap136							1			1
Hap137							1			1
Hap138								1		1
Hap139								1		1
Hap140								1		1
Hap141								1	1	2
Hap142								1		1
Hap143								1		1
Hap144								1		1
Hap145								1		1
Hap146								1		1
Hap147								1		1
Hap148								1		1
Hap149								1		1
Hap150								1		1
Hap151								1		1
Hap152									1	1
Hap153									1	1
Hap154									1	1
Hap155									1	1

续表

单倍型	BH	HK	LR	SY	TW	YQ	ZH	ZJ	ZP	总计
Hap156									1	1
Hap157									1	1
Hap158									1	1
Hap159									1	1
Hap160									1	1
Hap161									1	1
Hap162									1	1

　　基于 K-2-P 模型构建的金钱鱼 D-loop 单倍型邻接树显示，162 个单倍型被分成 3 个分支，Hap32 独立成一支；Hap96、Hap108、Hap118、Hap109、Hap105、Hap101、Hap106、Hap98 和 Hap104 构成一支，其余单倍型构成另一支（图 2-5-3）。采用中介网络模型法构建的单倍型网络图也证实了这一结论，Hap6、Hap12 和 Hap60 为核心单倍型，由 TW 群体部分单倍型构成的分支距离核心单倍型较远（图 2-5-4）。单倍型并没有展现出金钱鱼群体具有明确的地理差异，但是两个小的分支单倍型组成主要是 TW 群体，并且与核心单倍型距离较远，与 *Cyt* b 结果一致，暗示 TW 群体与其他群体存在一定的遗传分化。

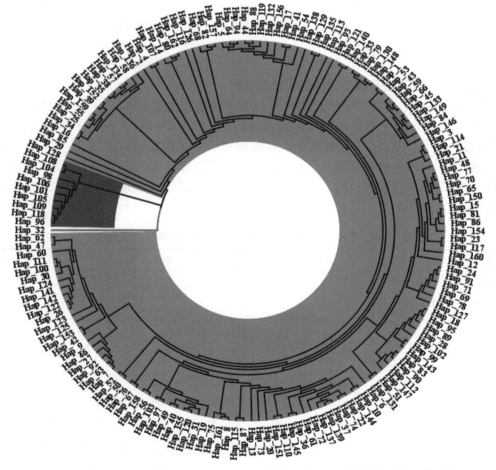

图 2-5-3　基于 K-2-P 模型的金钱鱼 D-loop 单倍型邻接树（彩图请扫封底二维码）

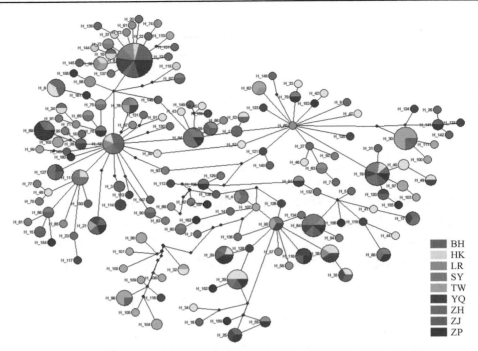

图 2-5-4　基于 D-loop 基因金钱鱼单倍型网络图（彩图请扫封底二维码）

三、群体遗传结构分析

1. 基于 *Cyt* b 基因金钱鱼群体遗传结构分析

基于 Kimura 2 参数模型构建的群体间遗传距离见表 2-5-4。*Cyt* b 基因数据显示，TW 群体具有最高的种内遗传距离，最小的是 BH 群体。TW 与 YQ、ZP 两个群体遗传距离最大，SY 与 BH 遗传距离最小。群体间遗传分化系数（F_{ST}）见表 2-5-5，TW 群体与其他群体间遗传分化系数均＞0.25，且具有统计学意义（$P<0.05$），表明 TW 群体与其他群体遗传分化极大。ZJ 与 ZP 群体也具有中等的遗传分化水平，其余群体之间没有明显的遗传分化。

表 2-5-4　基于 *Cyt* b 基因金钱鱼 9 个群体间及群体内遗传距离

群体	BH	HK	LR	SY	TW	YQ	ZH	ZJ	ZP
BH	0.0016								
HK	0.0022	0.0028							
LR	0.0020	0.0025	0.0024						
SY	0.0018	0.0023	0.0021	0.0019					
TW	0.0097	0.0098	0.0101	0.0099	0.0122				
YQ	0.0026	0.0032	0.0029	0.0028	0.0103	0.0036			
ZH	0.0021	0.0026	0.0024	0.0022	0.0102	0.0030	0.0025		
ZJ	0.0020	0.0025	0.0023	0.0021	0.0096	0.0030	0.0024	0.0023	
ZP	0.0022	0.0028	0.0025	0.0024	0.0103	0.0031	0.0026	0.0026	0.0027

注：对角线粗体字表示群体内遗传距离

表 2-5-5　金钱鱼 9 个群体间遗传分化系数（F_{ST}）

群体	BH	HK	LR	SY	TW	YQ	ZH	ZJ
HK	−0.0072							
LR	−0.0232	0.0004						
SY	0.0101	0.0107	0.0135					
TW	0.3322*	0.2610*	0.3232*	0.3336*				
YQ	−0.0112	−0.0158	−0.0081	0.0319	0.2745*			
ZH	−0.0162	0.0054	−0.0196	0.0067	0.3262*	−0.0081		
ZJ	0.0080	−0.0250	0.0203	0.0236	0.2648*	−0.0018	0.0268	
ZP	−0.0058	0.0232	−0.0164	0.0351	0.3484*	−0.0039	−0.0189	0.0502*

*表示在 0.05 水平下差异显著

对 9 个群体的分子方差分析（AMOVA）结果表明，大部分的遗传变异来自群体内不同的个体间（表 2-5-6）。

表 2-5-6　基于 Cyt b 基因的分子方差分析

变异来源	自由度	平方和	变异组成	变异百分比（%）	固定指数
AP	8	168.970	0.5603	19.82	$F_{ST}=0.198\ 19$
WP	294	666.417	2.2667	80.18	

注：AP. 群体间，among population；WP. 群体内，within population

2. 基于 D-loop 基因金钱鱼遗传结构分析

基于 Kimura 2-参数模型构建的群体间遗传距离见表 2-5-7。D-loop 基因数据显示，种内遗传距离最小的是 SY 群体，TW 群体种内遗传距离最大。TW 与 YQ、ZP 两个群体遗传距离最大，SY 与 BH 遗传距离最小，与 Cyt b 结果一致。群体间遗传分化系数（F_{ST}）见表 2-5-8。基于 D-loop 片段的 TW 群体与其他群体间遗传分化系数均大于或接近 0.25，且具有统计学意义（$P<0.05$），表明 TW 群体与其他群体遗传分化极大。ZP 群体与 ZJ、SY 群体也具有中等水平的遗传分化，其余群体之间没有明显的遗传分化。

表 2-5-7　基于 D-loop 基因金钱鱼 9 个群体间及群体内遗传距离

群体	BH	HK	LR	SY	TW	YQ	ZH	ZJ	ZP
BH	0.0182								
HK	0.0224	0.0270							
LR	0.0192	0.0235	0.0207						
SY	0.0175	0.0223	0.0190	0.0170					
TW	0.0636	0.0653	0.0645	0.0638	0.0804				
YQ	0.0235	0.0274	0.0245	0.0236	0.0664	0.0287			
ZH	0.0188	0.0231	0.0199	0.0184	0.0646	0.0239	0.0196		
ZJ	0.0194	0.0240	0.0210	0.0190	0.0634	0.0255	0.0207	0.0210	
ZP	0.0211	0.0251	0.0220	0.0210	0.0662	0.0256	0.0212	0.0234	0.0234

注：对角线粗体字表示群体内遗传距离

表 2-5-8　基于 D-loop 基因金钱鱼 9 个群体间遗传分化系数（F_{ST}）

群体	BH	HK	LR	SY	TW	YQ	ZH	ZJ
HK	−0.0025							
LR	−0.0149	−0.0124						
SY	−0.0009	0.0168	0.0103					
TW	0.2621[*]	0.2023[*]	0.2406[*]	0.2697[*]				
YQ	0.0082	−0.0186	−0.0106	0.0308	0.2114[*]			
ZH	−0.0067	−0.0085	−0.0151	0.0069	0.2546[*]	−0.0097		
ZJ	−0.0074	0.0001	0.0050	0.0013	0.2278[*]	0.0192	0.0219	
ZP	0.0157	0.0004	−0.0054	0.0438[*]	0.2580[*]	−0.0148	−0.0131	0.0514[*]

*表示在 0.05 水平下差异显著

　　对 9 个群体的分子方差分析（AMOVA）结果表明，大部分的遗传变异来自群体内不同的个体间（表 2-5-9）。

表 2-5-9　基于 D-loop 基因的分子方差分析

变异来源	自由度	平方和	变异组成	变异百分比（%）	固定指数
AP	8	574.542	1.780 50	13.00	F_{ST}=0.12997[*]
WP	294	3503.260	11.915 85	87.00	

注：AP. 群体间，among population；WP. 群体内，within population

四、群体历史动态分析

1. 基于 *Cyt* b 基因金钱鱼群体历史动态分析

　　单倍型错配分布图见图 2-5-5，SY、LR、ZP 三个群体的错配分布呈明显的单峰，预测分布与期望分布的拟合度也较好；HRI 指数及 SSD 数值均较小且不显著；同时 Tajima's D 和 Fu's Fs 检验的值也为负。虽然 SY 和 ZP 两个群体 Tajima's D 检验值并不显著，但是 Fu's Fs 检验达到显著性水平。综合两者结果推测 SY、LR、ZP 三个群体在历史上发生过群体扩张事件。YQ、ZJ、HK 三个群体单倍型错配峰图中，双峰并不明显，结合中性检验推测这三个群体可能也发生过种群扩张。根据 τ（用突变单位表示的群体扩张时间）对扩张的时间加以估算，τ（LR）=5.775 83、τ（SY）=5.105 97、τ（ZP）=4.791 11、τ（YQ）=5.377 91、τ（ZJ）=34.882 85、τ（HK）=5.647 87，K（序列中核苷酸数量）=880bp，代时取 1，并参考线粒体 *Cyt* b 基因 2% 的突变速率（Avise，2012），计算出金钱鱼各群体发生扩张事件的时间分别为 0.0820 百万年（LR）、0.0725 百万年（SY）、0.0680 百万年（ZP）、0.0764 百万年（YQ）、0.4951 百万年（ZJ）、0.0802 百万年（ZP）（表 2-5-10）。除了 ZJ 群体扩张发生在更新世中晚期，其余群体扩张处于更新世晚期。

表 2-5-10　基于 *Cyt* b 基因金钱鱼 9 个群体的中性检测及核苷酸不配对参数

群体	Tajima's D		Fu's FS		拟合优度检验				
	D	P	Fs	P	τ（95%）	SSD	P	HRI	P
BH	−0.7400	0.2550	−0.3342	0.4530	6.672 19	0.005 74	0.85	0.104 81	0.79
HK	−2.2702	0.0000	0.2509	0.5750	5.647 87	0.020 59	0.78	0.218 40	0.73
LR	−1.5024	0.0450	−3.9665	0.0270	5.775 83	0.010 84	0.80	0.050 09	0.81
SY	−1.4352	0.0600	−3.8906	0.0140	5.105 97	0.001 13	0.79	0.027 73	0.87
TW	1.2614	0.9160	3.8168	0.9440	25.607 07	0.063 02	0.25	0.155 84	0.62
YQ	−2.0638	0.0010	−0.9367	0.3520	5.377 91	0.017 32	0.77	0.071 84	0.81
ZH	−0.8462	0.2200	−3.6031	0.0380	4.449 50	0.016 45	0.30	0.050 88	0.35
ZJ	−2.3993	0.0010	−0.9367	0.3520	34.882 85	0.007 31	0.62	0.130 06	0.84
ZP	−1.1085	0.1460	−4.9008	0.0100	4.791 11	0.007 40	0.71	0.024 90	0.85

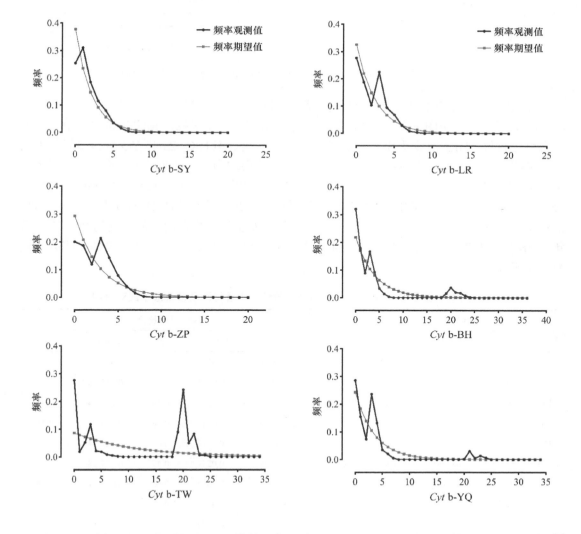

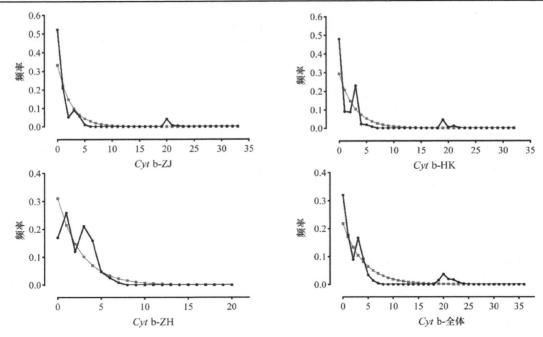

图 2-5-5　基于 *Cyt* b 基因金钱鱼群体错配分布图（彩图请扫封底二维码）

2. 基于 D-loop 基因金钱鱼群体历史动态分析

单倍型错配分布图见图 2-5-6，所有群体的错配分布呈多峰，预测分布与期望分布的拟合度也较好，HRI 指数及 SSD 数值均较小且不显著。但 HK、ZJ 和 YQ 群体多峰并不明显，并且这三个群体 Tajima's D 和 Fu's Fs 检验的结果均为显著的负值，推测此三个群体在历史上发生过群体扩张事件。根据 τ 对扩张的时间加以估算，τ（HK）=53.9586、τ（YQ）=51.4096、τ（ZJ）=39.5638，K=687bp，代时取 1，并参考线粒体 D-loop 基因 8%～10% 的突变速率（Avise，2012），计算出金钱鱼各种群发生扩张事件的时间分别为 0.1963 百万年（HK）、0.1871 百万年（YQ）、0.1440 百万年（ZJ）（表 2-5-11）。所有群体扩张处于更新世中晚期。

表 2-5-11　基于 D-loop 基因金钱鱼 9 个群体的中性检测及核苷酸不配对参数

群体	Tajima's D		Fu's FS		拟合优度检验				
	D	P	Fs	P	τ（95%）	SSD	P	HRI	P
BH	−1.0493	0.1590	−15.4543	0.0000	99.5875	0.0317	0.08	0.013 25	0.43
HK	−1.6320	0.0390	−9.1297	0.0090	53.9586	0.0363	0.17	0.012 58	0.81
LR	−1.0511	0.1520	−15.2140	0.0000	200.1956	0.0350	0.14	0.014 24	0.90
SY	−1.3547	0.0660	−12.0691	0.0000	155.6108	0.0341	0.08	0.015 86	0.81
TW	1.3938	0.9240	2.8932	0.9130	85.0110	0.0297	0.00	0.011 34	0.73
YQ	−1.5760	0.0260	−9.1086	0.0100	51.4096	0.0247	0.47	0.007 28	0.97
ZH	−0.2483	0.4640	−7.8998	0.0090	160.9463	0.0305	0.06	0.018 37	0.66
ZJ	−2.1420	0.0040	−20.8887	0.0000	39.5638	0.0460	0.13	0.012 49	0.88
ZP	−0.4819	0.3530	−7.9882	0.0130	42.2116	0.0277	0.10	0.015 83	0.68

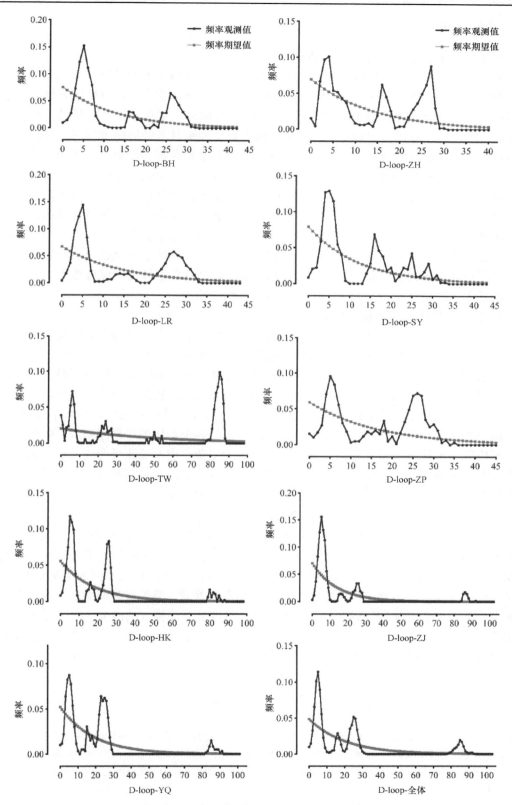

图 2-5-6　基于 D-loop 基因金钱鱼群体错配分布图（彩图请扫封底二维码）

五、综合分析

1. 基于线粒体标记的遗传多样性研究

基于线粒体 Cyt b 及 D-loop 序列的联合片段探讨了金钱鱼 9 个地理群体遗传多样性，平均单倍型多样性为 0.989，平均核苷酸多样性为 0.0138，整个金钱鱼群体表现为高单倍型多样性、高核苷酸多样性的格局（Hd＞0.5，π＞0.005），遗传多样性非常高，进化潜力巨大。一般当两个分化的亚种发生二次接触或者群体稳定且未经历瓶颈效应的时候会发生群体单倍型多样性及核苷酸多样性高的情况。这说明金钱鱼群体没有经历瓶颈效应，群体正处于一个较为稳定的状态，存在比较大的有效群体数，基于微卫星标记对金钱鱼群体历史动态分析的结果也印证了这一观点。D-loop 序列鉴定到的单倍型数量及各个群体的私有单倍型数量均高于 Cyt b 序列。这可能是由于 D-loop 为非编码基因，所受自然选择压力较小，进化速率快，因此单倍型多样性较 Cyt b 更高。两个标记鉴定结果均显示金钱鱼群体具有较高比例的私有单倍型，且大部分只存于单个个体，暗示了金钱鱼的野生群体可能面临过度捕捞的压力。但即使受到过度捕捞的威胁，金钱鱼群体仍然保持较高的遗传多样性，暗示了金钱鱼具有较高的生态适应性与种群恢复能力。

2. 基于线粒体标记的遗传结构研究

两种标记的检测结果都表明 TW 群体与其他群体有较高的遗传分化，而其他群体间并没有检测出明显的遗传分化现象。群体间遗传距离结果表明，TW 群体与 ZP、YQ 群体具有较大的遗传距离，说明他们的亲缘关系较远。除此以外，TW 群体还具有最大的种群内遗传距离。两个标记构建的单倍型网络图与单倍型系统发生树结果相近：9 个群体被分为两个谱系，小的谱系由部分来自 TW 群体的单倍型构成，而其他单倍型则构成了大的谱系。两种标记构建的单倍型网络图核心的单倍型均由来自各个群体的单倍型构成，9 个群体并没有形成明显的地理谱系。我国沿岸洋流流向较为复杂，南海暖流经台湾海峡流向东海，使得东海与南海之间存在活跃的水体交换，加上开放的海洋环境不具备较大的地理屏障，使得具有一定距离的金钱鱼群体间也能存在广泛的基因交流。

3. 基于线粒体标记的种群历史动态分析

由中性检验及核苷酸错配分布图可知，金钱鱼部分群体发生了种群扩张。基于 Cyt b 基因 LR、SY、ZP、YQ、ZJ 和 ZP 群体均发生了种群扩张，扩张时间处于更新世中晚期到晚期；而 D-loop 结果表明 HK、YQ 和 ZJ 群体发生了种群扩张，扩张时间处于更新世中期，两个标记计算结果的差异可能是由于二者进化速率的差异，但扩张时间大致一致，大约在更新世晚期。更新世晚期气候变化导致的盐度、温度及洋流模式的改变，海平面上升使得海域再次相连，即使存在一定时间地理隔离，但金钱鱼群体在相连海域发生了二次接触，这也很好地解释了所选金钱鱼群体间具有相近的遗传距离。

参 考 文 献

崔朝霞, 张岠, 宋林生, 等. 2011. 中国重要海洋动物遗传多样性的研究进展[J]. 生物多样性, 19(06): 815-833.

崔建洲, 申雪艳, 杨官品, 等. 2006. 红鳍东方鲀基因组微卫星特征分析[J]. 中国海洋大学学报(自然科学版), 36(02): 249-254.

段永楠, 刘奕, 胡隐昌, 等. 2019. 美丽硬仆骨舌鱼全基因组微卫星分布规律特征[J]. 中国农学通报, 35(23): 152-158.

桂建芳, 朱作言. 2012. 水产动物重要经济性状的分子基础及其遗传改良[J]. 科学通报, 57(19): 1719-1729.

黄杰, 原宝东, 杨承忠. 2017. 虎皮鹦鹉全基因组中微卫星分布规律研究[J]. 野生动物学报, 38(03): 422-426.

李建林, 唐永凯, 李红霞, 等. 2013. 6 个建鲤家系的遗传结构及不同亲缘关系个体间的遗传差异分析[J]. 大连海洋大学学报, 28(02): 166-170.

李玉龙. 2017. 松江鲈遗传标记开发与保护遗传学研究[D]. 中国科学院大学(中国科学院海洋研究所)博士学位论文.

梁镇邦, 吴仁协, 牛素芳, 等. 2019. 竹筴鱼微卫星标记开发及跨物种扩增[J]. 广东海洋大学学报, 39(04): 5-12.

廖德杰, 童金苟, 曹善茂, 等. 2018. 基于 mtDNA Cyt b 基因全序列探讨岩扇贝与 3 种扇贝的遗传变异水平及其亲缘关系[J]. 大连海洋大学学报, 33(02): 190-196.

牟希东, 王培欣, 胡隐昌, 等. 2010. 基于线粒体细胞色素 b 基因序列的骨舌鱼科鱼类分子系统发育的研究[J]. 华南农业大学学报, 31(02): 100-103.

沈朕, 关洪斌, 郑风荣, 等. 2017. 基于 cyt b 和 D-loop 的 4 个大泷六线鱼群体遗传多样性分析[J]. 海洋科学进展, 35(04): 524-534.

涂飞云, 刘晓华, 杜联明, 等. 2015. 大鼠全基因组微卫星分布特征研究[J]. 江西农业大学学报, 37(04): 708-711.

王耀嵘, 杨尉, 任席林, 等. 2020. 金钱鱼基因组微卫星分布特征分析及多态性标记开发[J]. 广东海洋大学学报, 40(4): 7-14.

王中锋, 陈铁妹, 郭昱嵩, 等. 2010. 军曹鱼全人工繁殖群体遗传特征的 SSR 分析[J]. 广东海洋大学学报, 30(03): 16-21.

吴仁协, 肖瑶, 牛素芳, 等. 2019. 基于 SLAF-seq 技术的黑棘鲷微卫星标记开发及其在鲷科鱼类中的通用性研究[J]. 海洋与湖沼, 50(02): 365-377.

向玲. 2015. 金钱鱼性别特异分子标记的筛选及雌雄群体遗传多样性分析[D]. 广东海洋大学硕士学位论文.

熊良伟, 王帅兵, 封琦, 等. 2018. 基于高通量测序的中华鳑鲏基因组微卫星特征分析及标记开发[J]. 江苏农业科学, 46(18): 164-168.

徐丹丹, 黄燕, 曾庆, 等. 2017. 基于 mtDNA Cyt b 基因序列的我国不同水系野生鲇种群遗传多样性与种群历史分析[J]. 水产学报, 41(10): 1489-1499.

薛丹, 章群, 邸星晨, 等. 2015. 基于线粒体控制区序列的南海北部近岸鲗的遗传多样性[J]. 中国水产科学, 22(04): 749-756.

朱滔, 梁旭方, 彭敏燕, 等. 2013. 翘嘴鳜 EST-SSR 标记的开发及 3 个群体遗传多态性分析[J]. 暨南大学学报(自然科学与医学版), 34(03): 347-352.

Ao J, Mu Y, Xiang L X, et al. 2015. Genome sequencing of the perciform fish *Larimichthys crocea* provides insights into molecular and genetic mechanisms of stress adaptation[J]. PLoS Genetics, 11(4): e1005118.

Avise J C. 2012. Molecular Markers, Natural History and Evolution[M]. Berlin: Springer Science and Business Media.

Botstein D, White R L, Skolnick M, et al. 1980. Construction of a genetic linkage map in man using restriction fragment length polymorphisms[J]. American Journal of Human Genetics, 32(3): 314.

Bouza C, Hermida M, Pardo B G, et al. 2007. A microsatellite genetic map of the turbot (*Scophthalmus maximus*)[J]. Genetics, 177(4): 2457-2467.

Chapuis M P, Estoup A. 2007. Microsatellite null alleles and estimation of population differentiation[J]. Molecular Biology and Evolution, 24(3): 621-631.

Chistiakov D A, Hellemans B, Haley C S, et al. 2005. A microsatellite linkage map of the European sea bass *Dicentrarchus labrax* L. [J]. Genetics, 170(4): 1821-1826.

Chor B, Horn D, Goldman N, et al. 2009. Genomic DNA k-mer spectra: Models and modalities[J]. Genome Biology, 10(10): R108.

DeWoody J A, Avise J C. 2000. Microsatellite variation in marine, freshwater, and anadromous fishes compared with other animals[J]. J Fish Biol, 56: 461-473.

Franch R, Louro B, Tsalavouta M, et al. 2006. A genetic linkage map of the hermaphrodite teleost fish *Sparus aurata* L. [J]. Genetics, 174(2): 851-861.

Gong G R, Dan C, Xiao S J, et al. 2018. Chromosomal-level assembly of yellow catfish genome using third-generation DNA sequencing and Hi-C analysis[J]. Gigascience, 7(11): giy120.

Grattapaglia D, Plomion C, Kirst M, et al. 2009. Genomics of growth traits in forest trees[J]. Curr Opin Plant Biol, 12: 148-156.

Gutierrez A P, Lubieniecki K P, Davidson E A, et al. 2012. Genetic mapping of quantitative trait loci (QTL) for body-weight in Atlantic salmon (*Salmo salar*) using a 6.5 K SNP array[J]. Aquaculture, 358-359: 61-70.

He F X, Jiang D N, Huang Y Q, et al. 2019. Comparative transcriptome analysis of male and female gonads reveals sex-biased genes in spotted scat (*Scatophagus argus*)[J]. Fish Physiology and Biochemistry, 45: 1963-1980.

He L, Mukai T, Chu K H, et al. 2015. Biogeographical role of the Kuroshio Current in the amphibious mudskipper *Periophthalmus modestus* indicated by mitochondrial DNA data[J]. Scientific Reports, 5(1): 1-12.

Houston R D, Bishop S C, Hamilton A, et al. 2009. Detection of QTL affecting harvest traits in a commercial Atlantic salmon population[J]. Animal Genetics, 40(5): 753-755.

Kai W, Kikuchi K, Fujita M, et al. 2005. A genetic linkage map for the tiger pufferfish, *Takifugu rubripes*[J]. Genetics, 171(1): 227-238.

Kao C H, Zeng Z B, Teasdale R D. 2004. Multiple interval mapping for quantitative trait loci[J]. Genetics, 152(3): 1987-2002.

Li J, Wang G, Bai Z. 2009. Genetic variability in four wild and two farmed stocks of the Chinese freshwater pearl mussel (*Hyriopsis cumingii*) estimated by microsatellite DNA markers[J]. Aquaculture, 287(3-4): 286-291.

Li Z Y, Tian C X, Huang Y, et al. 2019. A First insight into a draft genome of silver sillago (*Sillago sihama*) via genome survey sequencing[J]. Animals, 9: 756.

Liu H F, Li S Q, Hu P, et al. 2013. Isolation and characterization of EST-based microsatellite markers for *Scatophagus argus* based on transcriptome analysis[J]. Conservation Genetics Resources, 5: 483-485.

Liu Z, Karsi A, Li P, et al. 2003. An AFLP-based genetic linkage map of channel catfish (*Ictalurus punctatus*) constructed by using an interspecific hybrid resource family[J]. Genetics, 165(2): 687-694.

Lu X, Luan S, Kong J, et al. 2017. Genome-wide mining, characterization, and development of microsatellite markers in *Marsupenaeus japonicus* by genome survey sequencing[J]. Chinese Journal of Oceanology and Limnology, 35(1): 203-214.

Mabuchi K, Senou H, Nishida M. 2008. Mitochondrial DNA analysis reveals cryptic large-scale invasion of non-native genotypes of common carp (*Cyprinus carpio*) in Japan[J]. Molecular Ecology, 17(3): 796-809.

Marcais G, Kingsford C. 2011. A fast, lock-free approach for efficient parallel counting of occurrences of k-mers[J]. Bioinformatics, 27: 764-770.

Martinez P, Vinas A M, Sanchez L, et al. 2014. Genetic architecture of sex determination in fish: Applications to sex ratio control in aquaculture[J]. Frontiers in Genetics, 5: 340.

Mustapha U F, Jiang D N, Liang Z H, et al. 2018. Male-specific Dmrt1 is a candidate sex determination gene in spotted scat (*Scatophagus argus*) [J]. Aquaculture, 495: 351-358.

Ning Y, Liu X, Wang Z Y, et al. 2006. A genetic map of large yellow croaker *Pseudosciaena crocea*[J]. Aquaculture, 264(1): 16-26.

Parker S C J, Margulies E H, Tullius T D. 2008. The relationship between fine scale DNA structure, GC content, and functional elements in 1% of the human genome[J]. Genome Inf, 20: 199-211.

Sakamoto T, Danzmann R G, Gharbi K, et al. 2000. A microsatellite linkage map of rainbow trout (*Oncorhynchus mykiss*) characterized by large sex-specific differences in recombination rates[J]. Genetics, 155(3): 1331-1345.

Sarropoulou E, Sundaram A Y M, Kaitetzidou E, et al. 2017. Full genome survey and dynamics of gene expression in the greater amberjack *Seriola dumerili*[J]. Gigascience, 6(12): 1-13.

Schartl M, Kneitz S, Volkoff H, et al. 2019. The piranha genome provides molecular insight associated to its unique feeding behavior[J]. Genome Biology and Evolution, 11: 2099-2106.

Schlötterer C, Tautz D. 1992. Slippage synthesis of simple sequence DNA[J]. Nucleic Acids Research, 20(2): 211-215.

Seo T S, Bai X, Kim D H, et al. 2005. Four-color DNA sequencing by synthesis on a chip using photocleavable fluorescent nucleotides[J]. Proceedings of the National Academy of Sciences of the United States of America, 102(17): 5926-5931.

Shao C W, Li C, Wang N, et al. 2018. Chromosome-level genome assembly of the spotted sea bass, *Lateolabrax maculatus*[J]. Gigascience, 7(11): giy114.

Singer F, Walker C, Knauber D, et al. 1986. Segregation analyses and gene-centromere distances in zebrafish[J]. Genetics, 112: 311-319.

Skaala O Y, H O Yheim B O R, Glover K, et al. 2004. Microsatellite analysis in domesticated and wild Atlantic salmon (*Salmo salar* L.): allelic diversity and identification of individuals[J]. Aquaculture, 240(1-4): 131-143.

Suzuki A, Takeda M, Tanaka H, et al. 1988. Chromosomes of *Scatophagus argus* and *Selenotoca multifasciata* (Scatophagidae)[J]. Japanese Journal of Ichthyology, 35(1): 102-104.

Tine M, Kuhl H, Gagnaire P A, et al. 2014. European sea bass genome and its variation provide insights into adaptation to euryhalinity and speciation[J]. Nature Communications, 5: 5770.

Vilhjálmsson B J, Nordborg M. 2012. The nature of confounding in genome-wide association studies[J]. Nature Reviews Genetics, 14(1): 1-2.

Waelbroeck C, Labeyrie L, Michel E, et al. 2002. Sea-level and deep water temperature changes derived from benthic foraminifera isotopic records[J]. Quaternary Science Reviews, 21(1-3): 295-305.

Watanabe T, Yoshida M, Nakajima M, et al. 2005. Linkage mapping of AFLP and microsatellite DNA markers with the body color-and sex-determining loci in the guppy (*Poecilia reticulata*)[J]. Zoological Science, 22(8): 883-890.

Waterhouse R M, Seppey M, Simão F A, et al. 2017. BUSCO applications from quality assessments to gene prediction and phylogenomics[J]. Molecular Biology and Evolution, 35: 543-548.

Xiao S, Wang P, Zhang Y, et al. 2015. Gene map of large yellow croaker (*Larimichthys crocea*) provides insights into teleost genome evolution and conserved regions associated with growth[J]. Scientific Reports, 5: 18661.

Xu S Y, Xiao S J, Zhu S L, et al. 2018. A draft genome assembly of the Chinese sillago (*Sillago sinica*), the first reference genome for Sillaginidae fishes[J]. Gigascience, 7(9): giy108.

Yu J, Buckler E S. 2006. Genetic association mapping and genome organization of maize[J]. Current Opinion in Biotechnology, 17(2): 155-160.

Zhou B C, Shu H, Liu F, et al. 2009. Karyotypes in three marine important fish species[J]. Fisheries Science, 28: 325-328.

Zhou H, Li P, Xie W, et al. 2017. Genome-wide association analyses reveal the genetic basis of stigma exsertion in Rice[J]. Molecular Plant, 10(4): 634-644.

第三章　　金钱鱼生殖内分泌调控机制

第一节　金钱鱼促性腺激素释放激素的克隆及其在生殖调控中的功能

促性腺激素释放激素（gonadotropin-releasing hormone，GnRH）是由下丘脑分泌的一种肽类激素，与其相应的受体结合后可以促进垂体合成和释放促性腺激素（gonadotropin，GtH），GtH 包括黄体生成素（luteinizing hormone，LH）和卵泡刺激素（follicle stimulating hormone，FSH），对动物生殖具有非常重要的作用。1970 年，GnRH 首次在猪和羊中被鉴定出来，当时发现这种神经多肽可以促进 LH 的合成和释放，据此将其命名为黄体生成素释放激素（LHRH），之后的研究发现它还可以刺激 FSH 的合成和释放，此后又将其命名为 GnRH。

在硬骨鱼类中，成熟的 GnRH 在下丘脑神经元细胞中合成，暂存于其神经末梢的分泌性细胞内，释放后转移到垂体中，在垂体中与其受体结合并作用于促性腺激素细胞，引发 GtH 的合成与释放。合成的 GtH 经由血液到达性腺，在性腺中促进类固醇激素产生和配子发生。此外，GnRH 也可以对非生殖系统进行调控，但报道较少。目前，在金钱鱼中 GnRH 的研究尚属空白，其 GnRH 种类和生殖调控功能也尚未清楚。

一、金钱鱼 GnRH 的克隆及其序列分析

1. 金钱鱼 *GnRH* cDNA 的克隆

以金钱鱼脑组织提取的 RNA 为模板，根据其他鱼类 *sbGnRH* 序列，结合本实验室所获得的转录组数据进行比对，找出保守序列并设计引物，经 PCR 扩增，获得预期大小的条带。将目的片段切胶回收、连接、转化后，进行测序。

根据已获得的序列，确认金钱鱼 *sbGnRH* cDNA 序列的长度为 334bp，其可读框（ORF）为 288bp，推导出的金钱鱼 *sbGnRH* 前体多肽由 95 个氨基酸组成（图 3-1-1）；*cGnRH-Ⅱ* 基因 cDNA 序列的长度为 284bp，其中 ORF 为 258bp，推导出的金钱鱼 *cGnRH-Ⅱ* cDNA 前体多肽由 85 个氨基酸组成（图 3-1-2）；金钱鱼 *sGnRH* cDNA 序列为 288bp，其中 ORF 273bp，推导出的金钱鱼 *sGnRH* 前体多肽总共由 90 个氨基酸组成（图 3-1-3）。使用 SignalP 3.0（http://www.cbs.dtu.dk/services/SignalP/）预测，金钱鱼 *sbGnRH* 前体具有一个由 22 个氨基酸组成的信号肽，10 个氨基酸组成的核心十肽，60 个氨基酸组成的相关肽，其断裂位点位于 33～35 位置，包含 3 个氨基酸；金钱鱼 *cGnRH-Ⅱ* 前体具有一个由 23 个氨基酸组成的信号肽，10 个氨基酸组成的十肽，49 个氨基酸组成的相关肽，其在断裂位点位于 34～36 处，包含 3 个氨基酸；金钱鱼 *sGnRH* 前体具有一个由 23 个氨基酸组成的信号肽，10 个氨基酸组成的十肽，54 个氨基酸组成的相关肽，其在断裂位点在 34～36 个氨基酸处。

```
1                                                              TGCACAGAAGA
12   ATGGCTGCGTGGAGCCTGGCGCTGAGGCTGCTGCTGGTGGGGACGCTGCTGTCCCAGGGC
1    M  A  A  W  S  L  A  L  R  L  L  L  V  G  T  L  L  S  Q  G

72   TGCTGTCAGCACTGGTCTTACGGACTGAGCCCAGGAGGGAAGAGGGACCTGGACGGCCTT
21   C  C │Q  H  W  S  Y  G  L  S  P  G│ G  K  R  D  L  D  G  L

132  TCAGACTCACTGGGAAACCAGATAGATGAGGGCTTTCCACACGTGGAGACGCCCTGCAGT
41   S  D  S  L  G  N  Q  I  D  E  G  F  P  H  V  E  T  P  C  S

192  GTCCTGGGCTGTGCAGAGGACGCGTCCCTCCCCAGAATGTACAGGATGAAAGGATTCCTA
61   V  L  G  C  A  E  D  A  S  L  P  R  M  Y  R  M  K  G  F  L

252  GACCGAGTCGCCGACAGGGACGCTGGACGCAGAACGTATAAGAAATGATGGCTCTTTGAT
81   D  R  V  A  D  R  D  A  G  R  R  I  Y  K  K  *

312  TCTACAATAAATTACAATGTTAG
```

图 3-1-1　金钱鱼 *sbGnRH* cDNA 序列及其推导的氨基酸序列

sbGnRH 信号肽用单下划线表示，断裂位点 GKR 用双下划线表示，sbGnRH 十肽置于方框内，GnRH 相关肽用虚下划线表示，终止密码子用*表示

```
1                                                         AATATC
7    ATGTGTGTATCTCGGCTGGTTTTGGTGCTTGGGCTGCTTCTCTGTGTGGGGGCTCAGCTG
1    M  C  V  S  R  L  V  L  V  L  G  L  L  L  C  V  G  A  Q  L

67   TCCAACGCCCAGCACTGGTCCCACGGTTGGTACCCTGGAGGCAAGAGGGAACTGGACTCT
21   S  N  A │Q  H  W  S  H  G  W  Y  P  G│ G  K  R  E  L  D  S

127  CTTGGCATGTCAGAGATTTCAGAGGAGATTAAGTTGTGTGAGGCTGGCGAATGCAGCTAC
41   L  G  M  S  E  I  S  E  E  I  K  L  C  E  A  G  E  C  S  Y

187  TTGAGGCCCCAGAGGAGGAGCGTTCTGAGAAACATTCTTCTGGATGCCTTAGCTAGAGAG
61   L  R  P  Q  R  R  S  V  L  R  N  I  L  L  D  A  L  A  R  E

247  CTCCAGAAGAGAAAGTGACAGCCTTCTGCCCTACACTG
81   L  Q  K  R  K  *
```

图 3-1-2　金钱鱼 *cGnRH-Ⅱ* cDNA 序列及其推导的氨基酸序列

cGnRH-Ⅱ信号肽用单下划线表示，断裂位点 GKR 用双下划线表示，cGnRH-Ⅱ十肽置于方框内，GnRH 相关肽用虚下划线表示，终止密码子用*表示

```
1                                                         CAGAGCCCTA
11   ATGGAAGCGAGCAGCAGAGTGATGGTGCAGGTGTTGTTGTTGACGTTGGTGGTTCAGGTC
1    M  E  A  S  S  R  V  M  V  Q  V  L  L  L  T  L  V  V  Q  V

71   ACCCTTTCCCAGCACTGGTCCTATGGATGGCTACCAGGTGGAAAGAGAAGTGTGGGAGAG
21   T  L  S │Q  H  W  S  Y  G  W  L  P  G│ G  K  R  S  V  G  E

131  CTTGAGGCAACCATAAGGATGATGGGTACAGGAGGAGTGGTGTCTCTTCCTGAGGAGGCG
41   L  E  A  T  I  R  M  M  G  T  G  G  V  V  S  L  P  E  E  A

191  AGTGCCCAAGCCCAAGAGAGACTTAGACCATACAGTGTAATTAATGACGATTCCAGTTAT
61   S  A  Q  A  Q  E  R  L  R  P  Y  S  V  I  N  D  D  S  S  Y

251  TTTAACCGGAGAAAAGGTTTCCTAATAATTGAGGGGCCGCAGAAAGTGGAAGAAGAAA
81   F  N  R  K  K  R  F  P  N  N  *

301  GGAAGTAGAGAAGCACAGACTGCCTTTGTATCAGCATCAAGACCCGT
```

图 3-1-3　金钱鱼 *sGnRH* cDNA 序列及其推导的氨基酸序列

sGnRH 信号肽用单下划线表示，断裂位点 GKR 用双下划线表示，sGnRH 十肽置于方框内，GnRH 相关肽用虚下划线表示，终止密码子用*表示

2. 多重序列比对分析

采用 Clustal X1.83 软件将金钱鱼三种 GnRH 的氨基酸序列与其他鱼类 GnRH 的氨基酸序列进行多重序列比对，发现金钱鱼三种 GnRH 多肽序列具有典型的 GnRH 结构特征，同样分为四个部分：信号肽、GnRH 十肽、GKR 断裂加工位点和 GnRH 相关肽。三种 GnRH 十肽和 GKR 断裂加工位点序列与其他鱼类的 *GnRH* 基因一样，非常保守，但信号肽和 GnRH 相关肽的氨基酸序列则表现出较大的变异性。其中，sbGnRH 的保守性最低，仅有 23 个氨基酸与其他鱼类一致（图 3-1-4）。cGnRH-Ⅱ最为保守，36 个氨基酸与其他鱼类一致（图 3-1-5），而 sGnRH 的变异性介于两者之间，29 个氨基酸与其他鱼类一致（图 3-1-6）。

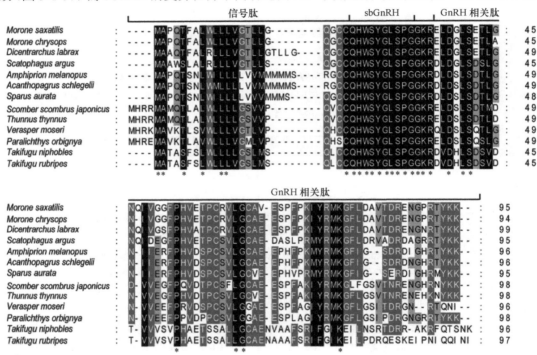

图 3-1-4　金钱鱼 sbGnRH 与部分硬骨鱼类 sbGnRH 氨基酸序列多重比对

短线表示此位置无此氨基酸；图中保守的氨基酸残基均以星号（*）标出

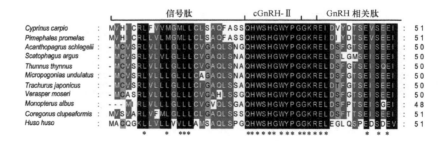

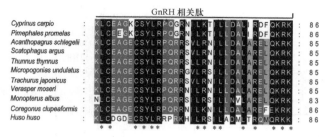

图 3-1-5 金钱鱼 cGnRH-Ⅱ与部分硬骨鱼类 cGnRH-Ⅱ氨基酸序列多重比对

短线表示此位置无此氨基酸；图中保守的氨基酸残基均以星号（＊）标出

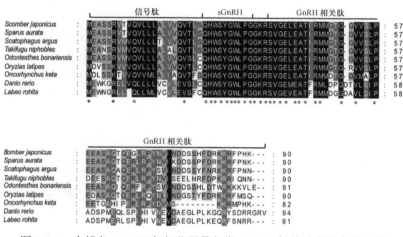

图 3-1-6 金钱鱼 sGnRH 与部分硬骨鱼类 sGnRH 氨基酸序列多重比对

短线表示此位置无此氨基酸；图中保守的氨基酸残基均以星号（＊）标出

3. 进化树分析

应用 MEGA5.1 软件的邻接法对金钱鱼三种 GnRH 氨基酸序列与其他物种进行进化树分析（图 3-1-7）。结果显示：金钱鱼 sbGnRH、cGnRH-Ⅱ和 sGnRH 均可与其他鱼类相应 GnRH 亚型聚类，且与鲈形目鱼类的亲缘关系最近。其中，sbGnRH 与真鲷（*Pagrus major*）、金头鲷（*Sparus aurata*）、黑双锯鱼（*Amphiprion melanopus*）、黑棘鲷（*Acanthopagrus schlegelii*）等亲缘关系较近；cGnRH-Ⅱ与北方蓝鳍金枪鱼（*Thunnus thynnus*）、尼罗罗非鱼、波纹绒须石首鱼（*Micropogonias undulatus*）、黑棘鲷、日本竹荚鱼、黄鳝（*Monopterus albus*）等鱼类的亲缘关系较近；sGnRH 与南极鳕（*Notothenia coriiceps*）、红鳍东方鲀、红树林鳉（*Kryptolebias marmoratus*）等鱼类的亲缘关系较近。

二、金钱鱼 *GnRH* 基因的时空表达分析

1. 金钱鱼不同组织 *GnRH* 基因的表达

GnRH 是一种具有多种生物生理学活性的神经多肽，与 GnRHR 结合可以介导多种生理学效应，在脑中广泛分布。金钱鱼三种 GnRH 在各组织（肝、卵巢、精巢、鳃、肠、肾、心脏、脑、垂体、脾和肌肉）中表达模式分析结果显示，*sGnRH* 和 *cGnRH-Ⅱ* 只在雌雄鱼的性腺和脑中有表达；*sbGnRH* 则在金钱鱼所有组织中都有表达，表现出广泛的组织分布模式；三种 *GnRH* 基因在雌雄金钱鱼脑中表达量均最高（图 3-1-8）。

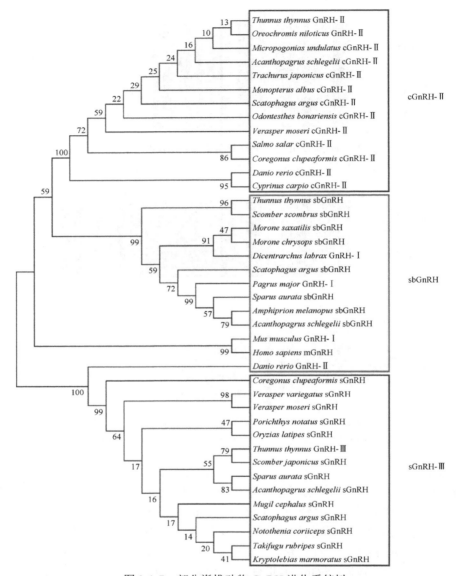

图 3-1-7　部分脊椎动物 GnRH 进化系统树

不同物种 GnRH 在基因库中的链接号如下：北方蓝鳍金枪鱼 *Thunnus thynnus* GnRH-Ⅱ（ABX10869.1）、尼罗罗非鱼 *Oreochromis niloticus*（Nile tilapia）GnRH-Ⅱ（XP_003442745.1）、波纹绒须石首鱼 *Micropogonias undulatus* cGnRH-Ⅱ（AAQ16502.2）、黑棘鲷 *Acanthopagrus schlegelii* cGnRH-Ⅱ（ABU92552.1）、日本竹荚鱼 *Trachurus japonicus* cGnRH-Ⅱ（AGP75910.1）、黄鳝 *Monopterus albus* cGnRH-Ⅱ（AAV41875.1）、银汉鱼 *Odontesthes bonariensis* cGnRH-Ⅱ（AAU94307.1）、鲽科的条斑星鲽 *Verasper moseri* cGnRH-Ⅱ（BAB83983.1）、大西洋鲑 *Salmo salar* cGnRH-Ⅱ（ACI68188.1）、鲱形白鲑 *Coregonus clupeaformis* cGnRH-Ⅱ（AAP57219.1）、斑马鱼 *Danio rerio* cGnRH-Ⅱ（NP_852104.3）、鲤 *Cyprinus carpio* cGnRH-Ⅱ（AAN64351.3）、北方蓝鳍金枪鱼 *Thunnus thynnus* sbGnRH（ABX10867.1）、日本花鲭 *Scomber scombrus* sbGnRH（ADP89591.1）、条纹鲈 *Morone saxatilis* sbGnRH（AAD03817.1）、金眼狼鲈 *Morone chrysops* sbGnRH（AAY17516.1）、欧洲鲈 *Dicentrarchus labrax* GnRH-Ⅰ（Q9IA10.1）、真鲷 *Pagrus major* GnRH-Ⅰ（P70074.1）、金头鲷 *Sparus aurata* sbGnRH（AAA75469.1）、黑双锯鱼 *Amphiprion melanopus* sbGnRH（AEK70411.1）、黑棘鲷 *Acanthopagrus schlegelii* sbGnRH（ABU92553.1）、小家鼠 *Mus musculus* GnRH-Ⅰ（NP_032171.1）、人 *Homo sapiens* mGnRH（NP000816）、星点东方鲀 *Takifugu niphobles* sbGnRH（BAJ07188.1）、斑马鱼 *Danio rerio* GnRH-Ⅱ（NP_878307.2）、日本鲭 *Scomber japonicas* sGnRH（ADP89593.1）、青鳉 *Oryzias latipes* sGnRH（BAD02405.1）、金头鲷 *Sparus aurata* sGnRH（AAA98845.1）、红鳍东方鲀 *Takifugu rubripes* sGnRH（BAV10392.1）、圆斑星鲽 *Verasper variegatus* sGnRH（ADJ18212.1）、斑光蟾鱼 *Porichthys notatus* sGnRH（AAC59754.1）、北方蓝鳍金枪鱼 *Thunnus thynnus* GnRH-Ⅲ（ABX10868.1）、条斑星鲽 *Verasper moseri* sGnRH（BAB83982.1）、鲱形白鲑 *Coregonus clupeaformis* GnRH-Ⅲ（AP57220.1）、黑棘鲷 *Acanthopagrus schlegelii* sGnRH（ABV03808.1）、红树林鳉 *Kryptolebias marmoratus* GnRH-Ⅲ（XP_017287543.1）、南极鳕 *Notothenia coriiceps* GnRH-Ⅲ（XP_010782456.1）、鲻 *Mugil cephalus* sGnRH（AAQ83268.1）

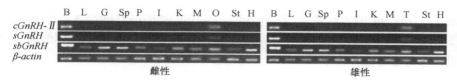

图 3-1-8 金钱鱼不同组织 *GnRH* 的表达

β-actin 作为阳性对照。B. 脑；L. 肝；G. 鳃；Sp. 脾；P. 垂体；I. 肠；K. 肾；M. 肌肉；O. 卵巢；St. 胃；H. 心脏；T. 精巢

2. 金钱鱼胚胎发育过程 *GnRH* 基因的表达

在金钱鱼胚胎发育的过程中，*sbGnRH* 在原肠胚早、中、晚期以及眼囊期的表达量较高，而其他胚胎发育时期表达量相对较低（图 3-1-9A）。*sGnRH* 随着原肠胚期的发育，其表达量逐渐升高，并在原肠胚晚期时的表达量达到最高（图 3-1-9B）。*cGnRH-II* 则在原肠胚早、中和晚期高表达，且早、中和晚三个时期表达量无显著性差异（图 3-1-9C）。

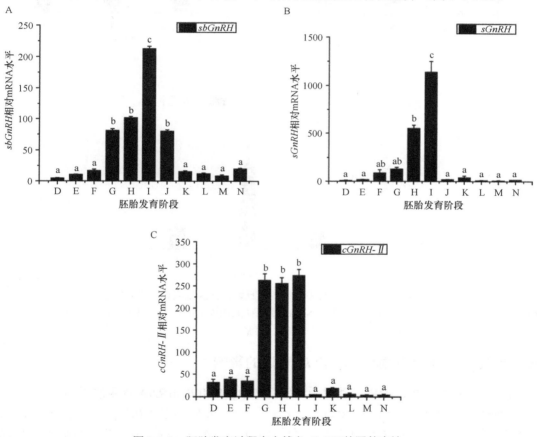

图 3-1-9 胚胎发育过程中金钱鱼 *GnRH* 基因的表达

A、B、C 分别表示胚胎发育过程中 *sbGnRH*、*sGnRH*、*cGnRH-II* 的基因表达图。横坐标中的 D、E、F、G、H、I、J、K、L、M、N 分别表示 4 细胞期；高囊胚期；低囊胚期；原肠胚早期；原肠胚中期；原肠胚晚期；眼囊期；耳囊期；心脏搏动期；孵化前期；仔鱼孵出。柱上不同字母表示组间存在显著性差异，后同

3. *GnRH* 基因在不同性腺发育时期中的表达

经组织切片及苏木精-伊红染色，将收集到的金钱鱼卵巢分成三个发育时期：二期、三期和四期，并检测不同性腺发育时期的 *GnRH* mRNA 的表达变化。结果显示，随性腺发育

成熟，*sbGnRH* mRNA 的表达量逐渐升高（图 3-1-10A）；*sGnRH* mRNA 在性腺发育过程未呈现显著的表达差异（图 3-1-10B）；*cGnRH-Ⅱ* mRNA 的表达在三期达到最高，而在成熟期（四期）的变化量显著性下降（图 3-1-10C）。

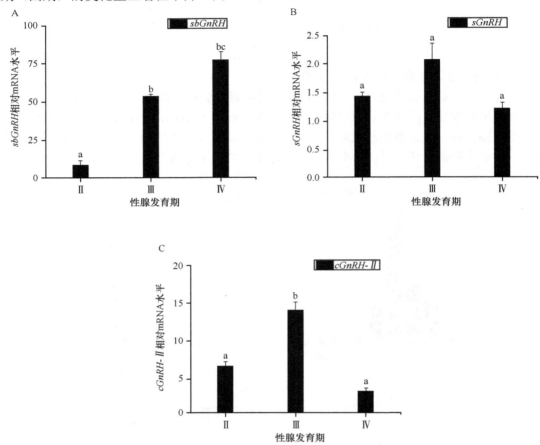

图 3-1-10　性腺发育过程中金钱鱼下丘脑促性腺激素释放激素的表达

B 和 C 分别表示 *sbGnRH*、*sGnRH* 和 *cGnRH-Ⅱ* mRNA 在性腺发育过程中的表达图。数据被展示使用平均值±标准误，每组有三个重复

三、金钱鱼 GnRH 对垂体 *fsh* 和 *lh* 表达的影响

1. 腹腔注射不同 GnRH 多肽对金钱鱼垂体中 *fsh* 和 *lh* mRNA 水平的影响

金钱鱼腹腔注射不同剂量（0.001μg/g 体重、0.01μg/g 体重和 0.1μg/g 体重）sbGnRH，3h 和 6h 后，三种剂量的 sbGnRH 均可显著促进 *fsh* mRNA 表达；此外，低和中剂量（0.001μg/g 体重、0.01μg/g 体重）的 sbGnRH 可促进 *lh* mRNA 的表达，但高剂量（0.1μg/g 体重）sbGnRH 处理对 *lh* mRNA 表达无显著影响（图 3-1-11）。低、中剂量 sGnRH 对 *fsh* 和 *lh* mRNA 表达无显著影响，而高剂量 sGnRH 可显著促进 *fsh*（3h、6h）和 *lh*（3h）mRNA 的表达，但对 6h 的 *lh* mRNA 表达无影响（图 3-1-12）。与 sGnRH 作用类似，低、中剂量 cGnRH-Ⅱ 对 *fsh* 和 *lh* mRNA 表达无显著影响，处理 3h 后高剂量 cGnRH-Ⅱ 显著促进 *fsh* 和 *lh* mRNA 的表达，但处理 6h 后则没有影响（图 3-1-13）。

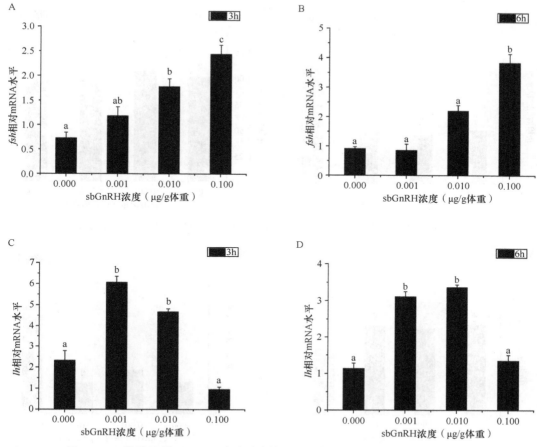

图 3-1-11 腹腔注射 sbGnRH 多肽对金钱鱼垂体中 *fsh* 和 *lh* mRNA 水平的影响

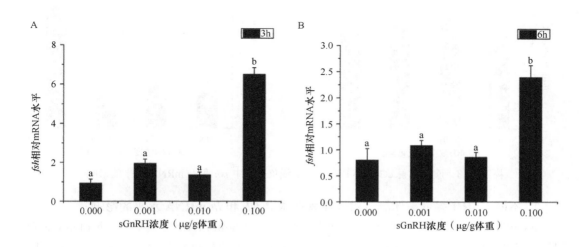

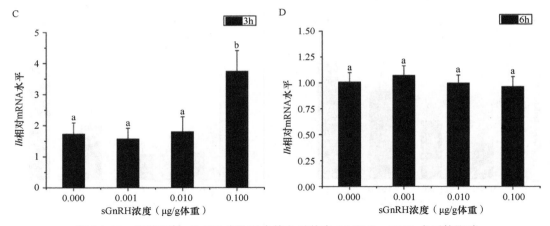

图 3-1-12 腹腔注射 sGnRH 多肽对金钱鱼垂体中 *fsh* 和 *lh* mRNA 水平的影响

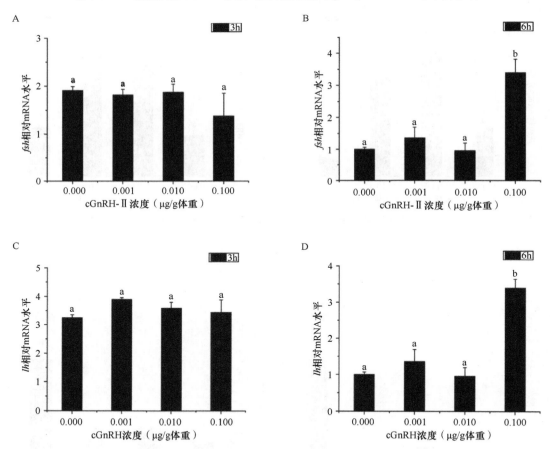

图 3-1-13 腹腔注射 cGnRH-Ⅱ多肽对金钱鱼垂体中 *fsh* 和 *lh* mRNA 水平的影响

2. 不同 GnRH 多肽离体孵育对金钱鱼垂体中 *fsh* 和 *lh* mRNA 水平的影响

　　sbGnRH 在孵育垂体 3h 和 6h 后，均能在高浓度（10μmol/L）下显著促进 *fsh* 和 *lh* mRNA 的表达（$P<0.05$），但低（0.1μmol/L）、中（1μmol/L）浓度则对其没有影响（图 3-1-14）；高浓度（10μmol/L）sGnRH 仅在处理 3h 后显著促进 *fsh* mRNA 的表达，处理 6h 则不影响

fsh mRNA 的表达，sGnRH 对 *lh* mRNA 的表达则始终没有影响（图 3-1-15）。高浓度（10μmol/L）cGnRH-Ⅱ仅在处理 6h 后显著促进 *fsh* mRNA 的表达，处理 3h 则不影响 *fsh* mRNA 的表达，cGnRH-Ⅱ对 *lh* mRNA 的表达则始终没有影响（图 3-1-16）。

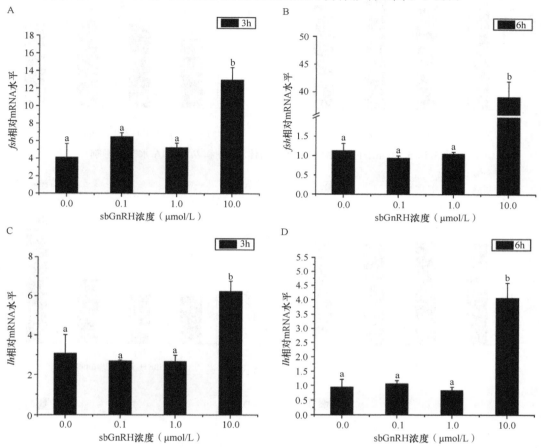

图 3-1-14　sbGnRH 离体孵育金钱鱼垂体对 *fsh* 和 *lh* mRNA 水平的影响

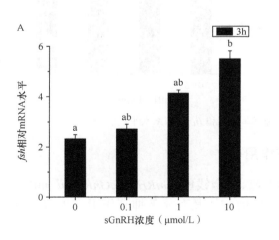

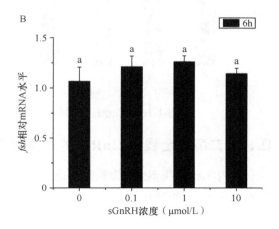

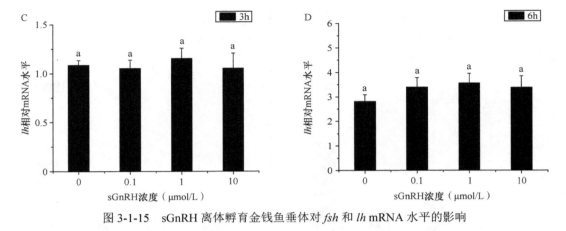

图 3-1-15　sGnRH 离体孵育金钱鱼垂体对 *fsh* 和 *lh* mRNA 水平的影响

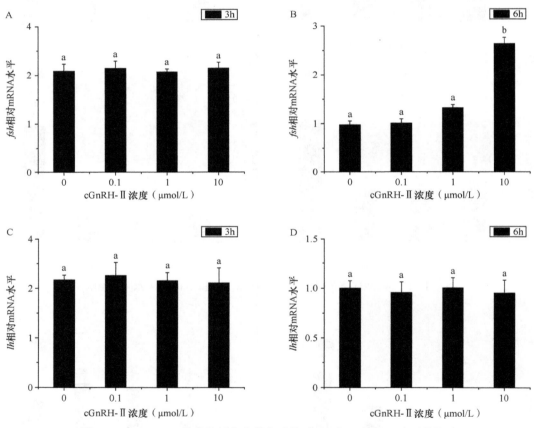

图 3-1-16　cGnRH-Ⅱ 离体孵育金钱鱼垂体对 *fsh* 和 *lh* mRNA 水平的影响

四、雌二醇对金钱鱼 GnRH 的反馈调节作用

体内实验结果显示，腹腔注射雌二醇（E_2）对雌、雄金钱鱼 *sGnRH* 和 *cGnRH-Ⅱ* mRNA 的表达无明显抑制作用，但对 *sbGnRH* mRNA 的表达具有显著抑制作用（$P < 0.05$）（图 3-1-17）。

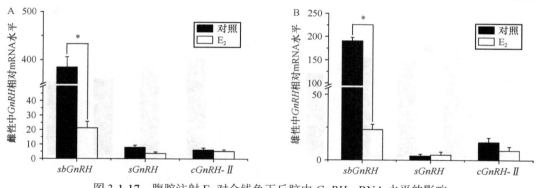

图 3-1-17　腹腔注射 E$_2$ 对金钱鱼下丘脑中 *GnRH* mRNA 水平的影响

体外实验结果显示，在 E$_2$ 处理 3h、6h 和 12h 后，随着浓度的增加，E$_2$ 以剂量依存的方式抑制 *sbGnRH* mRNA 的表达（$P<0.05$），抑制作用十分明显（图 3-1-18），但是对 *sGnRH* 和 *cGnRH-II* mRNA 的表达量却没有影响（图 3-1-19，图 3-1-20）。

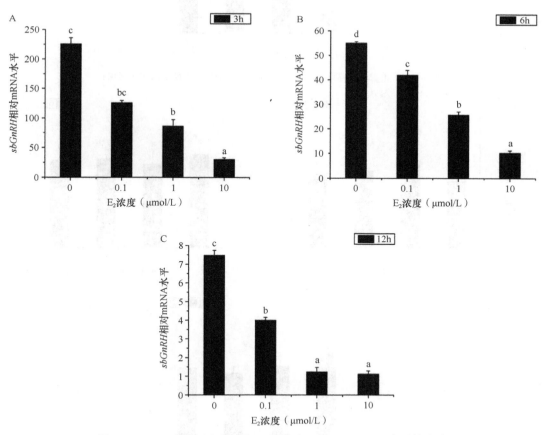

图 3-1-18　E$_2$ 离体孵育金钱鱼下丘脑对 *sbGnRH* mRNA 水平的影响

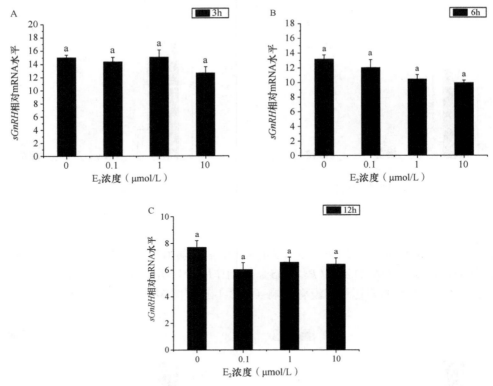

图 3-1-19　E₂ 离体孵育金钱鱼下丘脑对 *sGnRH* mRNA 水平的影响

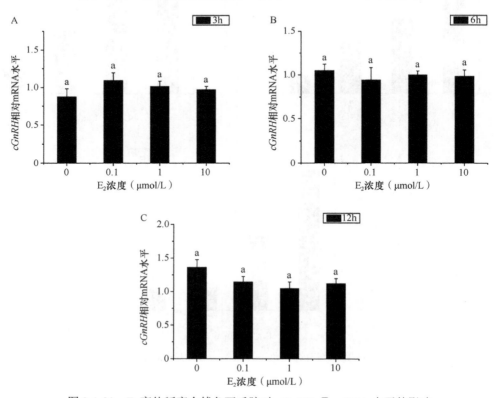

图 3-1-20　E₂ 离体孵育金钱鱼下丘脑对 *cGnRH-Ⅱ* mRNA 水平的影响

五、综合分析

在金钱鱼中鉴定出三种 GnRH 亚型，且所有 GnRH 亚型都具有典型的 GnRH 结构特征，如信号肽的特定区域、GnRH 核心肽和酶加工位点等。10 氨基酸 GnRH 核心肽在所有脊椎动物中是保守的，而 GnRH 相关肽的同源性较低，与其他鱼类的研究结果相似。

三种 GnRH 亚型组织分布结果显示，sGnRH 和 cGnRH-II 在两性中具有相同的组织表达模式，组织特异性明显，仅在大脑和性腺中可检测到。而 sbGnRH 各组织广泛分布，表明其具有多种生理作用，与之前在其他鱼类中的报道相似。在脑中，sbGnRH 的高表达预示着它可能是促进 GtH 合成和释放的主要 GnRH 亚型。cGnRH-II 在金钱鱼脑中的高表达，表明 cGnRH-II 可能是一种神经调节剂或神经递质，类似于在美洲拟鲽（*Pseudopleuronectes americanus*）和虹鳟中的报道。据报道，sGnRH 神经元与 sbGnRH 重叠或共定位，在调节 GtH 合成和释放中发挥重要作用，尤其是在没有 sbGnRH 的物种中。GnRH 在脑和性腺中均有较高表达，与之前的报道一致。性腺 GnRH 被证实参与卵泡形成、精子形成、早期性别改变或其他性腺发育过程。

三种 GnRH 亚型在金钱鱼卵巢发育过程中具有不同的表达模式。sbGnRH 表达逐渐增加，并与性腺成熟度相关，与纵痕平鲉（*Sebastes rastrelliger*）、虹鳟、金头鲷、大菱鲆的研究结果相一致，这表明 sbGnRH 可能是参与金钱鱼生殖调控的主要 GnRH 亚型。此外，体内实验表明，几种 GnRH 均能促进金钱鱼垂体中 FSH 和 LH 的表达，但存在差异。高浓度的 cGnRH-II 和 sGnRH 可以刺激垂体中 FSH 和 LH 的表达，而低浓度 sbGnRH 对 LH 的表达更有效。此外，在体外实验中，不同浓度的 sbGnRH 可以诱导 FSH 和 LH 的表达，而 cGnRH-II 和 sGnRH 只能在高浓度下促进 FSH 的表达。研究结果有力地表明，在金钱鱼的繁殖中 sbGnRH 起着关键作用，与鲑、金头鲷、条纹鲈、鲤、石斑鱼、尼罗罗非鱼和鲶的研究结果相一致。与对照组相比，两种较低剂量的 sbGnRH 在 3h 和 6h 后，能促进 LH 表达显著增加，但在最高剂量时未观察到 sbGnRH 表达增加，进一步暗示了高浓度 sbGnRH 对垂体 LH 的表达没有显著性影响，可能是由于受体表达的下调导致，这在其他脊椎动物中已获得证明。因此，nRH 或 GnRH 类似物注射剂量是影响金钱鱼人工繁殖成败的重要因素。

虽然 E_2 对 GnRH 的反馈调节作用已被广泛报道，但其机制仍存在着争议。在金钱鱼中，E_2 能显著抑制 sbGnRH 的表达，并呈剂量和时间依赖效应，但不影响 sGnRH 和 cGnRH-II 的表达。结果表明 E_2 对 GnRH 发挥着负反馈作用，sbGnRH 是参与 E_2 负反馈调节的主要 GnRH 亚型。在各种硬骨鱼中，也有类似的现象，包括鲑、鲤科鱼类、鲶和鲈。此外，E_2 对金钱鱼 sbGnRH 的负反馈调控被雌激素受体 α（ERα）特异性拮抗剂消除，表明 ERα 是 E_2 负反馈调控的主要受体。已有研究表明，哺乳动物的 GnRH 神经元中不存在 ERα，因而 E_2 可能通过直接作用于 GnRH 调节因子（如 kisspeptin、多巴胺和雄激素抑制反馈）并协同表达而间接调节 GnRH。然而，对硬骨鱼类的研究表明，ER（包括 ERα）高表达于视前区和下丘脑内侧基底部，这是 sbGnRH 神经元的主要位置，因而在鱼类，E_2 可能通过 ER 直接介导 GnRH 神经元。

综上，在金钱鱼中鉴定出三个不同的促性腺激素释放激素亚型（sbGnRH、sGnRH 和 cGnRH-II），sbGnRH 是在金钱鱼生殖调控中的主要 GnRH 亚型，E_2 通过 ERα 受体发挥对 sbGnRH 的负反馈调节。

第二节　金钱鱼促黑素受体 4 的克隆及其在生殖调控中的功能

促黑素（melanocortin，MC）是由阿黑皮素原（proopiomelanocortin，POMC）经过翻译后加工而得到的一系列肽类物质，MC 与相应的促黑素受体（melanocortin receptor，MCR）结合可产生广泛的生物学效应，包括激素合成、饮食调节、抗炎、色素沉着、能量稳态及影响性行为等。早前的研究表明，促黑素受体 4（MC4R）参与了哺乳动物的生殖调控，然而 MC4R 是否参与鱼类的生殖调控，以及其如何发挥作用的研究仍很缺乏。在金鱼脑室内注射 GnRH-Ⅱ 可降低下丘脑中促食欲素（orexin）的表达，同时在脑室内灌注促食欲素出现 GnRH-Ⅱ 表达下调，且抑制金鱼的排卵行为；Tsutsui 等（2008）对鸡的研究也发现，促性腺激素抑制激素（gonadotropin-inhibitory hormone，GnIH）可以促进摄食。这些研究表明摄食与生殖调控之间有着重要的联系。在金钱鱼和条斑星鲽（*Verasper moseri*）的脑和性腺中，以及齐口裂腹鱼（*Schizothorax prenanti*）与蛇皮丝足鱼（*Snakeskin Gourami*）的脑、垂体和性腺中，也发现 *mc4r* 基因的表达，暗示 *mc4r* 基因参与了鱼类的生殖调控过程。Zhang 等（2012）发现胚后 5 天的斑马鱼，其下丘脑中刺鼠色相关蛋白（agouti related peptide，AgRP）和 α 黑素细胞刺激素（α-melanocyte-stimulating hormone，α-MSH）免疫反应阳性纤维伸向可合成多种激素的垂体区域，如生长激素（growth hormone，GH）、FSH、LH 和催乳素（prolactin，PRL）等合成区域；同时，在斑马鱼成鱼垂体组织中也检测到 *mc4r* 表达。值得关注的是，沉默 AgRP 表达后，导致促性腺激素 FSHb 和 LHb 表达明显降低，表明 AgRP 和 POMC 神经元不但具有促垂体作用，在硬骨鱼类早期发育过程中也共同调控多种内分泌轴的分泌活动。在剑尾鱼的研究中也发现，雄性剑尾鱼性成熟后即停止生长，因此体型上存在显著的多态性，而这种多态性由决定是否启动雄鱼性成熟的 P 位点所控制。不同体型大小的雄性剑尾鱼具有明显不同的求偶等生殖行为，且雌性剑尾鱼倾向于选择较大的雄性个体进行交配。研究发现，*mc4r* 基因序列多态性包含功能型和非信号转导型两部分，Y 染色体上 *mc4r* 基因拷贝数的变化决定了 P 位点的多态性。Y 连锁的非功能性 *mc4r* 基因拷贝显性负突变时，导致体型较大的雄性剑尾鱼推迟性成熟。因此作为一种调节机制，*mc4r* 基因拷贝数的变化赋予此系统较大的遗传可塑性，而这种可塑性在表型上产生了最大程度的变异。由于 MC4R 在体重和食欲调节中起重要作用，因此有研究认为，在控制能量平衡和生殖调节的生理系统之间必然存在某种新的联系，并推断 MC4R 决定了剑尾鱼性成熟和交配行为的启动。

金钱鱼难于实现人工诱导卵巢完全成熟，给人工繁殖带来很大困难。先前的研究表明，MC4R 广泛分布于中枢神经发生系统和外周组织，可通过调节神经内分泌因子影响哺乳动物的生殖控制。广东省南方特色鱼类繁育与养殖创新团队以金钱鱼为对象，首次在鱼类中进行 MC4R 的生殖内分泌功能研究。研究结果有助于揭示在鱼类生殖中的 MC4R 作用及其途径，为脊椎动物 MC4R 的功能研究提供重要的补充，并为 MC4R 小分子配体在金钱鱼等经济鱼类繁殖调控中的应用提供一种新的思路。

一、金钱鱼 *mc4r* 基因的克隆及序列分析

1. 金钱鱼 *mc4r* 基因的克隆

以金钱鱼脑、垂体与卵巢的混合 cDNA 为模板，利用设计的引物 cF1、cR1、3′F1、3′R1、5′F1 与 5′R1 分别进行 PCR 扩增，经两轮 PCR 后分别获得预期的条带，大小分别为

660bp、500bp 与 800bp（图 3-2-1）。将目的片段经回收、连接、转化后，送公司测序，比对分析为金钱鱼 *mc4r* 基因的部分序列。

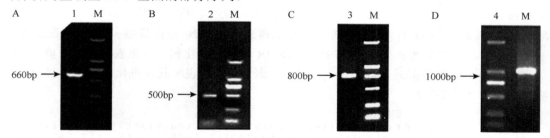

图 3-2-1　金钱鱼 *mc4r* 基因克隆电泳图

A、B、C 图分别代表 *mc4r* 中间片段、3′端片段、5′端片段 PCR 扩增电泳图；1、2、3 分别表示不同引物组合。D 图中的 4 为 *mc4r* 全长，M 为 DNA2000 分子量

　　将金钱鱼 5′端与 3′端序列依据重叠区域进行拼接，获得 *SAmc4r* 的全长为 984bp。利用已设计的引物 OF1 与 OR1 进行 PCR 扩增，获得了一条预期约为 984bp 的条带（图 3-2-1）。经测序验证，最终确认为 *SAmc4r* 的编码区序列全长，经 DNAMAN6.0 比对分析，其编码 327 个氨基酸（图 3-2-2）。

```
1     ATGAACGCCACAGATCCCCATGGATTGATCCAAGGCTACCACAACAGGAGCCAAACCTCAGGCATTTTGCCACTT
1       M  N  A  T  D  P  H  G  L  I  Q  G  Y  H  N  R  S  Q  T  S  G  I  L  P  L
76    GACAAAGACTTATCAGCGGAGGAGAAGGACTCATCAACAGGATGCTACGAACAGCTGCTGATTTCACAGAGGTT
26      D  K  D  L  S  A  E  E  K  D  S  S  T  G  C  Y  E  Q  L  L  I  S  T  E  V
151   TTCCTCACTCTGGGCATCGTCAGTCTGCTGGAGAATATCCTGGTTGTTGCTATTGTGAAAAACAAAAACCTT
51      F  L  T  L  G  I  V  S  L  L  E  N  I  L  V  V  A  A  I  V  K  N  K  N  L
226   CACTCGCCCATGTACTTTTTCATCTGTAGCCTGGCTGTTGCTGACATGCTTGTCAGTGTCTCCAACGCTTCTGAG
76      H  S  P  M  Y  F  F  I  C  S  L  A  V  A  D  M  L  V  S  V  S  N  A  S  E
301   ACGATTGTCATAGCGCTCATCAATGGAGGCAACCTAACCATCCCAGTCACGTTGATTAAAAGCATGGACAATGTG
101     T  I  V  I  A  L  I  N  G  G  N  L  T  I  P  V  T  L  I  K  S  M  D  N  V
376   TTTGACTCTATGATCTGTAGCTCTCTGTTAGCATCTATCTGCAGCTTGCTGGCCATCGCCGTTGATCGTTATATC
126     F  D  S  M  I  C  S  S  L  L  A  S  I  C  S  L  L  A  I  A  V  D  R  Y  I
451   ACCATCTTCTATGCGTTGCGATACCACAACATTGTCACCCTGCGAAGAGCATTGTTGGTCATCAGCAGCATCTGG
151     T  I  F  Y  A  L  R  Y  H  N  I  V  T  L  R  R  A  L  L  V  I  S  S  I  W
526   ACATGCTGCACTGTGTCCGGCATCCTGTTCATCATCTACTCAGAGAGCACTACAGTGCTCATCTGCCTCATCACC
176     T  C  C  T  V  S  G  I  L  F  I  I  Y  S  E  S  T  T  V  L  I  C  L  I  T
601   ATGTTCTTCACCATGCTGGTGCTCATGGCATCCCTGTACGTGCCACATGTTCCTGCTGGCACGTTTGCACATGAAG
201     M  F  F  T  M  L  V  L  M  A  S  L  Y  V  H  M  F  L  L  A  R  L  H  M  K
676   CGGATCGCAGCCCTGCCAGGAAACGCACCCATCCATCAGCGGGCCAACATGAAGGGCGCCATCACCCTCACCATC
226     R  I  A  A  L  P  G  N  A  P  I  H  Q  R  A  N  M  K  G  A  I  T  L  T  I
751   CTACTTGGGGTGTTTGTGGTGTGCTGGGCACCTTTCTTCCTCCATCTCATCCTCATGATCACCTGCCCCAGGAAC
251     L  L  G  V  F  V  V  C  W  A  P  F  F  L  H  L  I  L  M  I  T  C  P  R  N
826   CCCTACTGCACCTGTTTCATGTCCCACTTCAACATGTACCTCATCCTCATCATGTGCAACTCTGTCATCGACCCC
276     P  Y  C  T  C  F  M  S  H  F  N  M  Y  L  I  L  I  M  C  N  S  V  I  D  P
901   ATCATCTACGCTTTTCGCAGCCAAGAGATGAGAAAAACCTTCAAAGAGATTTTCTGCTGCTCATATGCGCTTTTG
301     I  I  Y  A  F  R  S  Q  E  M  R  K  T  F  K  E  I  F  C  C  S  Y  A  L  L
976   TGTGTGTGTGA
```

图 3-2-2　金钱鱼 *mc4r* 的 cDNA 序列及推导的氨基酸序列

阴影部分为典型的跨膜区

2. 金钱鱼 *mc4r* 基因的序列分析

通过对 *SA*MC4R 氨基酸序列同源性比对分析，发现 *SA*MC4R 与大黄鱼、欧洲鲈、条斑星鲽、虹鳟、人、大鼠、鸡的同源性分别为97%、95%、92%、85%、69%、68%和67%；*SA*MC4R 具有典型的 G 蛋白耦联受体的七跨膜结构，N 端在细胞外、C 端在细胞内（图3-2-3）。通过 Mega6.0 软件，构建了 MC4R 的系统进化树。结果表明：金钱鱼 MC4R 与大黄鱼和深裂眶锯雀鲷（*Stegastes partitus*）聚为一类，表明其在进化上与鲈形目鱼类亲缘关系较近（图3-2-4）。

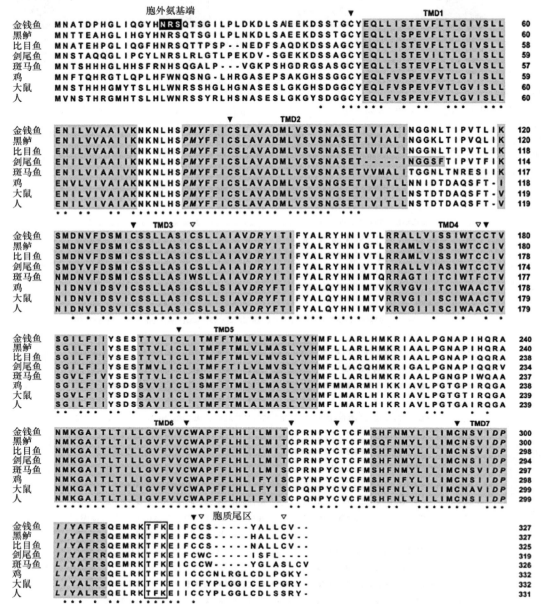

图 3-2-3　金钱鱼 MC4R 与其他脊椎动物 MC4R 氨基酸序列的比较

阴影区为 7 个跨膜区；N 端在胞外、C 端在胞内；三角符号代表保守的半胱氨酸；方格盒为潜在的磷酸化位点；加粗部分为部分结构域；黑色阴影部分为糖基化位点；星号为保守的氨基酸序列

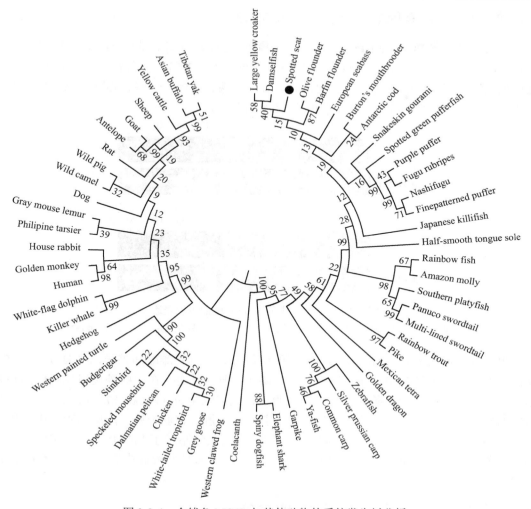

图 3-2-4 金钱鱼 MC4R 与其他动物的系统发生树分析

牦牛，Tibetan yak（ADH51715.1）；亚洲水牛，Asian buffalo（XP_006046924.1）；黄牛，yellow cattle（NP_776535.1）；绵羊，sheep（NP_001119842.1）；山羊，goat（NP_001272520.1）；瞪羚，antelope（XP_005972873.1）；大鼠，rat（NP_037231.1）；野猪，wild pig（AFK25143.1）；野骆驼，wild camel（XP_006182846.1）；犬，dog（NP_001074193.1）；倭狐猴，gray mouse lemur（XP_012638956.1）；菲律宾眼镜猴，Philippine tarsier（XP_008057860.1）；家兔，house rabbit（CCX35395.1）；金丝猴，golden monkey（XP_010362294.1）；人，human（NP_005903.2）；白鳍豚，white-flag dolphin（XP_007450183.1）；虎鲸，killer whale（XP_004268107.1）；普通刺猬，hedgehog（XP_007524082.1）；西部锦龟，western painted turtle（XP_005286507.1）；虎皮鹦鹉，budgerigar（XP_005150000.1）；麝雉，Stinkbird（XP_009934783.1）；斑鼠鸟，speckled mousebird（XP_010207099.1）；卷羽鹈鹕，Dalmatian pelican（XP_009480655.1）；鸡，chicken（BAA25252.1）；白尾鹲，white-tailed tropicbird（XP_010285586.1）；灰雁，grey goose（ABF19809.1）；非洲爪蟾，western clawed frog（XP_004915370.1）；腔棘鱼，coelacanth（XP_006014329.1）；白斑角鲨，spiny dogfish（AAO39833.1）；象鲨，elephant shark（XP_007893711.1）；雀鳝，garpike（XP_006634516.1）；齐口裂腹鱼，Ya-fish（AGF80338.1）；鲤，common carp（CBX89936.1）；银鲫，sliver prussian carp（CAD58853.1）；斑马鱼，zebrafish（NP_775385.1）；金龙鱼，golden dragon（KKW98136.1）；墨西哥脂鲤，Mexican tetra（XP_007260097.1）；梭子鱼，pike（XP_010903767.1）；虹鳟，rainbow trout（AAS45132.1）；多线剑尾鱼，multi-lined swordtail（ADO60279.1）；尼加拉瓜剑尾鱼，Panuco swordtail（ADO60278.1）；花斑剑尾鱼，southern platyfish（AHC02888.1）；亚马孙帆鳍鲈，Amazon molly（XP_007565095.1）；孔雀鱼，rainbow fish（XP_008394631.1）；半滑舌鳎，half-smooth tongue sole（XP_008306547.1）；日本青鳉，Japanese killifish（XP_004081243.1）；斑点东方鲀，finepatterned puffer（BAB71734.1）；辐斑多纪鲀，nashifugu（BAB71732.1）；红鳍东方鲀，Fugu rubripes（NP_001027732.1）；紫色东方鲀，purple puffer（BAB71733.1）；绿河豚，spotted green pufferfish（AAQ55178.1）；糙鳞毛足斗鱼，snakeskin gourami（AEL97588.1）；南极鳕鱼，Antarctic cod（XP_010788040.1）；非洲慈鲷，Burton's mouthbrooder（NP_001274332.1）；欧洲海鲈，European sea bass（CBN82190.1）；条斑星鲽，barfin flounder（BAF64434.1）；褐牙鲆，olive flounder（ADP09415.1）；深裂眶锯雀鲷，damselfish（XP_008291635.1）；大黄鱼，large yellow croaker（XP_010743320.1）

二、金钱鱼 *mc4r* 基因的时空表达及模式分析

利用实时荧光 PCR（RT-PCR）的方法，检测 *SAmc4r* 在肝、精巢、卵巢、脾、肠、肾、心脏、脑、垂体、鳃和肌肉等 11 种组织中的分布（图 3-2-5）。结果显示：*SAmc4r* 在雌、雄鱼组织中具有广泛的表达，除了均在雌、雄鱼的脑、垂体、性腺、心脏、肌肉中检测到表达外，雄鱼肾、鳃与雌鱼的脾、肠中也检测到表达。

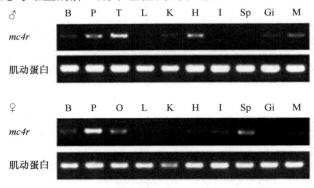

图 3-2-5　雌雄金钱鱼 *mc4r* 基因的组织表达

B. 脑；P. 垂体；T/O. 性腺（卵巢/精囊）；L. 肝；K. 肾；H. 心脏；I. 肠；Sp. 脾；Gi. 鳃；M. 肌

组织分布结果显示：MC4R 具有广泛的组织分布，具有雌雄间差异，主要分布在脑、垂体与性腺。半定量 PCR 分析表明 *SAmc4r* 除了在脑表达外，在一些外周组织也检测到表达，如心脏、肌肉、脾、肠。这与齐口裂腹鱼、蛇皮丝足鱼（*Snakeskin Gourami*）和斑马鱼中的研究结果一致。在鸡的外周组织（心脏、肾上腺、性腺、脾、脂肪与眼）中也检测到广泛的表达。总之，MC4R 在不同鱼外周组织中的表达暗示了 MC4R 与这些组织的生理功能相关。有意思的是，我们发现 *mc4r* 在鱼类的脑、垂体与性腺中表达，推测 MC4R 可能参与了金钱鱼的生殖活动。

三、金钱鱼 *mc4r* 基因的高敏感性配体的筛选

1. *SAmc4r* 真核表达载体的构建

利用金钱鱼的脑、垂体与卵巢为模板，正向引物 EF1 与反向引物 ER1 进行 PCR，结果获得一条约为 984bp 的条带（图 3-2-6）。按照 pcDNA™3.1/V5-His TOPO®TA Expression Kit 试剂盒说明书进行连接、转化，最后送公司检测。经序列比对，确为 *mc4r* 表达载体质粒序列。

图 3-2-6　金钱鱼 MC4R 表达质粒的构建

A. 为 MC4R 表达质粒；M. DNA2000 分子量

2. *SA*MC4R 配体的结合特性

利用竞争性配体结合实验结果显示，*SA*MC4R 的最大结合率 B_{max} 为（73.52±4.10）%，明显低于人 MC4R；配体 NDP-MSH 对 *SA*MC4R 的半数抑制浓度 IC_{50} 显著低于人 MC4R，然而 α-MSH 显示出二者具有相近的 IC_{50}。THIQ 在最大浓度 1mol/L 时才显示出少量的结合 *SA*MC4R。相反，对人

MC4R 的结合力存在剂量依存的关系，IC$_{50}$ 为（76.82±11.57）nmol/L（表 3-2-1，图 3-2-7）。

表 3-2-1 人 MC4R 与金钱鱼 MC4R 的配体结合性表

MC4R	B_{max}	NDP-MSH IC$_{50}$（nmol/L）	α-MSH IC$_{50}$（nmol/L）	THIQ IC$_{50}$（nmol/L）
hMC4R	100	24.47±5.02	494.83±143.18	76.82±11.57
SAMC4R	73.52±4.10[b]	5.08±0.72[a]	264.58±58.35	N/A[c]

a. 与 hMC4R 参数差异极显著，$P<0.01$

b. 与 hMC4R 参数差异极显著，$P<0.001$

c. 无法确定

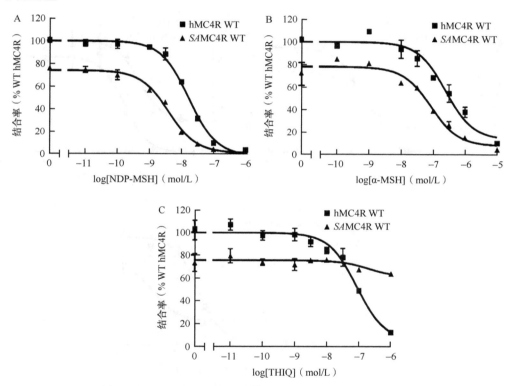

图 3-2-7 人 MC4R 配体与金钱鱼 MC4R 的配体结合性分析

3. SAMC4R 的信号转导特性

利用放免测定方法检测金钱鱼环磷酸腺苷（cAMP）生成能力，结果如表 3-2-2 与图 3-2-8 所示。以人 MC4R cAMP 基础水平[（37.59±4.85）pmol/10^6 个细胞]为基准，配体 NDP-MSH、α-MSH 与 THIQ 引起人 MC4R 的最大反应 R_{max} 分别为（2053±96.48）pmol/10^6 个细胞、（2156.00±109.36）pmol/10^6 个细胞和（2841.00±184.24）pmol/10^6 个细胞。配体 NDP-MSH 或 α-MSH 均能引起金钱鱼 cAMP 剂量依存性的增加，且引起的最大反应与人 MC4R 相近。NDP-MSH 对金钱鱼 MC4R 有效中浓度 EC$_{50}$（引起最大 cAMP 生成一半时激动剂的浓度）与人 MC4R 相当，然而 α-MSH EC$_{50}$ 却显著低于人 MC4R。THIQ 与 SAMC4R 的结合力弱，但可促进金钱鱼中 cAMP 的生成，最大反应低于人 MC4R，EC$_{50}$ 明显地高于人 MC4R。

利用不加配体来检测金钱鱼 cAMP 的生成水平，确定 SAMC4R 是否具有基础水平。

结果显示：*SA*MC4R 具有基础水平，且高于人 MC4R 约 19 倍（表 3-2-2）。

表 3-2-2 人 MC4R 与金钱鱼 MC4R 的信号转导特性表

MC4R	基准（%）	NDP-MSH		α-MSH		THIQ	
		EC_{50}（nmol/L）	R_{max}（%）	EC_{50}（nmol/L）	R_{max}（%）	EC_{50}（nmol/L）	R_{max}（%）
hMC4R	100	0.27±0.03	100	1.22±0.10	100	2.11±0.15	100
*SA*MC4R	1890.95± 181.71[b]	0.45±0.11	123.59± 12.25	0.32±0.01[b]	104.68± 11.10	51.61±9.41[a]	75.18± 1.95[a]

a. 与 hMC4R 参数差异极显著，$P<0.01$

b. 与 hMC4R 参数差异极显著，$P<0.001$

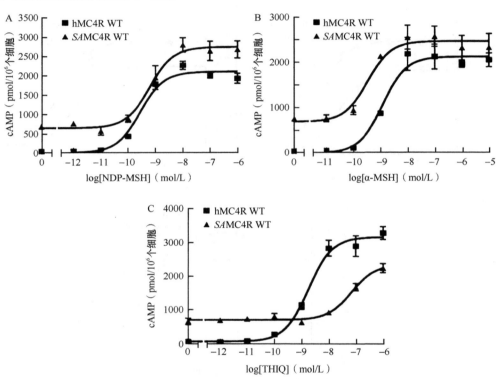

图 3-2-8　人 MC4R 配体与金钱鱼 MC4R 的信号转导特性分析

　　广谱性及特异性激动剂（NDP-MSH、α-MSH 和 THIQ）均可与金钱鱼 MC4R 竞争结合，其结合率大小为：NDP-MSH＞α-MSH＞THIQ；cAMP 生成能力大小为：α-MSH＞NDP-MSH＞THIQ。

四、MC4R 激动剂对金钱鱼 MC4R 及生殖相关基因表达的影响

　　以广谱性激动剂 NDP-MSH 和特异性激动剂 THIQ 离体孵育金钱鱼下丘脑与垂体，孵育 3h 二者均可显著促进下丘脑中 *sbGnRH* 与垂体中 *fsh*、*lh* mRNA 表达，孵育 6h 时 *sbGnRH* 及 *lh* mRNA 表达仍高于对照组，但 *fsh* 恢复正常；体内实验表明，腹腔注射 THIQ 12h 及 24h 均显著刺激下丘脑中 *mc4r*、*sbGnRH* 与垂体中 *fsh* 和 *lh* mRNA 的表达。

1. MC4R 激动剂对金钱鱼生殖相关基因的离体调控

以广谱性激动剂 NDP-MSH 和特异性激动剂 THIQ 离体孵育金钱鱼下丘脑与垂体，孵育 3h 二者均可显著促进下丘脑中 *sbGnRH* 与垂体中 *fsh*、*lh* mRNA 表达；孵育 6h 时，*sbGnRH* 及 *lh* mRNA 表达仍高于对照组，但 *fsh* 恢复正常；孵育 12h 时，NDP-MSH 可显著促进 *sbGnRH* mRNA 的表达，但 THIQ 孵育 *sbGnRH* 恢复正常（图 3-2-9～图 3-2-12）。

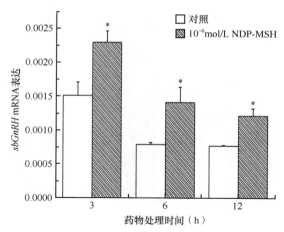

图 3-2-9　NDP-MSH 对离体金钱鱼下丘脑中 *sbGnRH* mRNA 表达的影响

*代表处理组与对照组差异性显著，后同

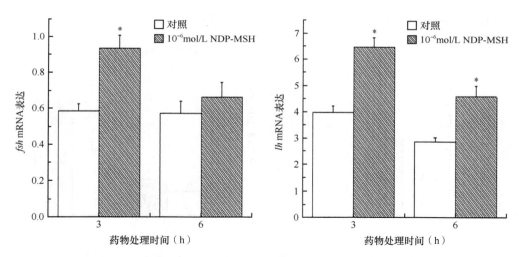

图 3-2-10　NDP-MSH 对离体金钱鱼垂体中 *fsh* 与 *lh* mRNA 表达的影响

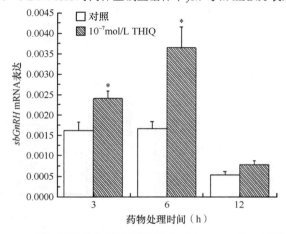

图 3-2-11　THIQ 对离体金钱鱼下丘脑中 *sbGnRH* mRNA 表达的影响

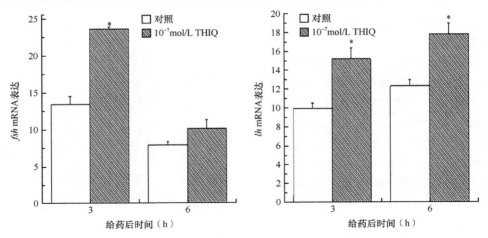

图 3-2-12　THIQ 对离体金钱鱼垂体中 *fsh* 与 *lh* mRNA 表达的影响

2. MC4R 特异性激动剂对金钱鱼生殖相关基因的体内调控

体内实验表明，腹腔注射 THIQ 12h 及 24h 均可显著刺激下丘脑中 *mc4r*、*sbGnRH* 与垂体中 *fsh* 和 *lh* mRNA 的表达（图 3-2-13 与图 3-2-14）。

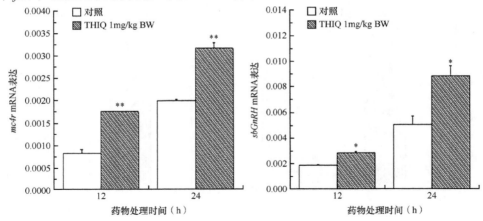

图 3-2-13　THIQ 对金钱鱼下丘脑中 *mc4r* 与 *sbGnRH* mRNA 表达的影响

**代表处理组与对照组差异性极显著，后同

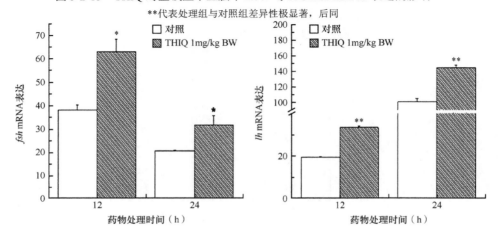

图 3-2-14　THIQ 对金钱鱼垂体中 *fsh* 与 *lh* mRNA 表达的影响

　　NDP-MSH 是一种 MC4R 广谱性激动剂，广泛应用于 MC4R 功能的研究中。Khong 等（2001）在小鼠的下丘脑 GT-1 细胞中检测到 mc4r 表达，用 NPD-MSH 刺激 GT-1 细胞后，检测到胞内 cAMP 的水平以及 GnRH 分泌增加。Chai 等（2006）发现用不同浓度 NDP-MSH 离体培养 GT-1 细胞后，促黄体激素释放激素（LHRH）的水平存在剂量依存性的增加，这些数据表明 MC4R 可能通过激活 cAMP 酶，促进 GnRH 的分泌。我们发现 NDP-MSH 可显著刺激 sbGnRH mRNA 表达，与上述研究结果一致。Limone（1997）认为 α-MSH 对正常男性的静脉注射可促进血清中 FSH 与 LH 的分泌，暗示 α-MSH 可能通过激活中枢促黑素系统而参与人的生殖活动。我们也发现用 NDP-MSH 或者 THIQ 处理后，可促进金钱鱼垂体中 FSH 与 LH 的表达，与 Limone 的研究结果一致。

　　THIQ 是一种特异性 MC4R 激动剂，是一种治疗 MC4R 剂量不足引起的肥胖症的潜在药物，经常被用来研究 MC4R 的药理学功能中。Martin 等（2002）研究发现，小鼠的阴茎组织中存在 mc4r 基因，脑室内注射 THIQ，可以明显增加小鼠阴茎勃起次数与强度，而 mc4r 敲除的小鼠无反应，表明了 MC4R 可能参与了哺乳动物的生殖活动。Lampert 等（2010）在剑尾鱼的研究中发现，Y 连锁的非功能性 mc4r 基因拷贝显性负突变时，导致较大规格的雄性剑尾鱼推迟性成熟，表明 MC4R 可能参与了在剑尾鱼的生殖调控。广谱性激动剂 NDP-MSH 与特异性激动剂 THIQ 3h 与 6h 均可显著地促进金钱鱼 mc4r、sbGnRH、FSH 与 LH 基因的表达，NDP-MSH 12h 仍可明显地促进 sbGnRH 基因表达，而 THIQ 恢复正常。这可能是由于 THIQ 与 S4MC4R 结合能力弱，并且 cAMP 的生成能力低于 NDP-MSH 的原因（见"三、金钱鱼 mc4r 基因的高敏感性配体的筛选"结果）。总之，以上数据暗示了 MC4R 可能参与了金钱鱼的生殖调控，并且是通过上调下丘脑中 sbGnRH 的水平，进而刺激脑垂体并促进 LH 基因的表达。

五、MC4R 拮抗剂对金钱鱼 MC4R 及生殖相关基因表达的影响

　　以广谱性拮抗剂 SHU9119 和特异性拮抗剂 Ipsen5i 离体孵育金钱鱼下丘脑与垂体，孵育 3h 二者均可显著抑制下丘脑中 sbGnRH 与垂体中 fsh、lh mRNA 的表达，孵育 6h 时 SHU9119 组恢复正常，但 Ipsen5i 组 sbGnRH、lh mRNA 仍显著低于对照组；腹腔注射 Ipsen5i 12h，可显著抑制金钱鱼下丘脑中 mc4r、sbGnRH 与垂体中 fsh、lh mRNA 表达，24h 下丘脑中 mc4r 和 sbGnRH mRNA 表达仍低于对照组，但垂体中 fsh、lh mRNA 恢复正常。结果表明：MC4R 主要通过刺激下丘脑中 sbGnRH，进而调节脑垂体 LH 的合成与分泌，从而参与金钱鱼的生殖调控。

1. MC4R 拮抗剂对金钱鱼生殖相关基因的离体调控

　　以广谱性拮抗剂 SHU9119 和特异性拮抗剂 Ipsen5i 离体孵育金钱鱼下丘脑与垂体：孵育 3h 二者均可显著抑制下丘脑中 sbGnRH 与垂体中 fsh、lh mRNA 表达；孵育 6h 时，SHU9119 组均恢复正常，而 Ipsen5i 组的 sbGnRH 及 lh mRNA 表达仍低于对照组，但 fsh 恢复正常；孵育 12h 时，SHU9119 可显著地抑制 sbGnRH mRNA 的表达，但 Ipsen5i 孵育 sbGnRH 恢复正常（图 3-2-15～图 3-2-18）。

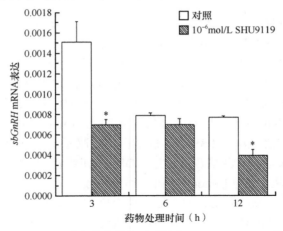

图 3-2-15 SHU9119 对离体金钱鱼下丘脑中 *sbGnRH* mRNA 表达的影响

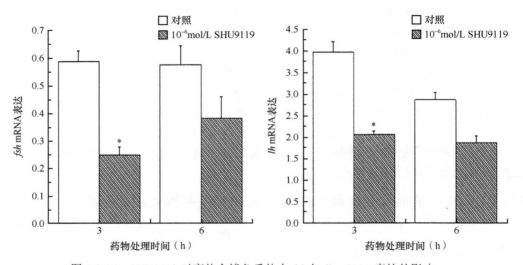

图 3-2-16 SHU9119 对离体金钱鱼垂体中 *fsh* 与 *lh* mRNA 表达的影响

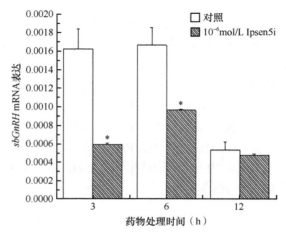

图 3-2-17 Ipsen5i 对离体金钱鱼下丘脑中 *sbGnRH* mRNA 表达的影响

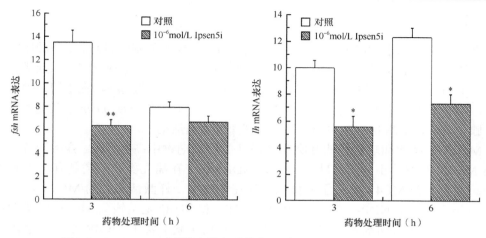

图 3-2-18　Ipsen5i 对离体金钱鱼垂体中 *fsh* 与 *lh* mRNA 表达的影响

2. MC4R 特异性拮抗剂对金钱鱼生殖相关基因的体内调控

体内实验表明：腹腔注射 Ipsen5i 12h 可显著地抑制下丘脑中 *mc4r*、*sbGnRH* 与垂体中 *fsh* 和 *lh* mRNA 的表达；24h 时，*mc4r*、*sbGnRH* 组明显低于对照组，但 *fsh* 与 *lh* 组恢复正常（图 3-2-19 与图 3-2-20）。

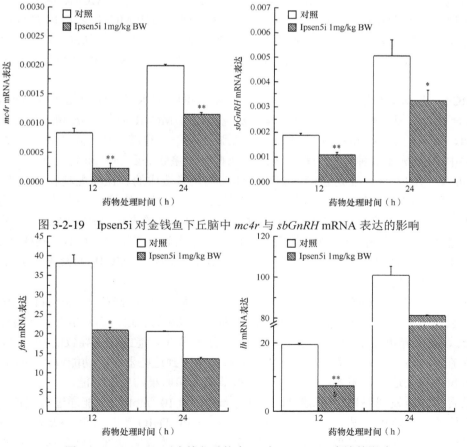

图 3-2-19　Ipsen5i 对金钱鱼下丘脑中 *mc4r* 与 *sbGnRH* mRNA 表达的影响

图 3-2-20　Ipsen5i 对金钱鱼垂体中 *fsh* 与 *lh* mRNA 表达的影响

六、综合分析

金钱鱼 *mc4r* 基因的编码区序列为 984bp，编码 327 个氨基酸残基。氨基酸序列分析表明，金钱鱼 MC4R 均含有 G 蛋白耦联受体典型的功能域，属于视紫红质家族成员；在进化关系上与同为鲈形目的大黄鱼和深裂眶锯雀鲷亲缘关系较近。*mc4r* 在不同鱼外周组织中的表达暗示了 MC4R 与这些组织的生理功能相关。并且我们发现 *mc4r* 在鱼类的脑、垂体与性腺中表达，推测 MC4R 可能参与了金钱鱼的生殖活动。

MC4R 的结构和功能在哺乳类和非哺乳类脊椎动物中高度保守。众多研究表明，为人类 MC4R 开发的小分子激动剂，例如 NDP-MSH 在哺乳类和鱼类具有相似的药理学特征。是否人类 MC4R 小分子配体也能像在哺乳类一样激活鱼类的 MC4R 信号通路？结合率分析证明了 NDP-MSH、α-MSH、ACTH 和 THIQ 是金钱鱼 MC4R 的激动剂。我们采用 MC4R 的激动剂和拮抗剂开展体外和体内实验证实了 MC4R 参与了金钱鱼生殖调控。

越来越多的证据表明，MC4R 不仅是能量平衡的代谢调节因子，同时也是正常生殖和性行为的调节因子。研究表明哺乳动物 LH 的分泌受到 α-MSH 的激活。LH 分泌受到 GnRH 的调控，而 α-MSH 通过下丘脑 MC4R 神经元调控 GnRH 的分泌。与哺乳动物相比，鱼类中 MC4R 参与生殖的证据较少。雄性剑尾鱼 Y 染色体的 *mc4r* 拷贝发挥负显性作用能延迟雄鱼青春期，且这样的个体体型较大，暗示鱼类 MC4R 也参与了生殖调控。在斑马鱼幼鱼敲除 AGRP 导致 *GnRH* 表达上调，表明 MC4R 参与鱼类 GnRH 的表达和分泌。在金钱鱼中 MC4R 广谱性和特异性激动剂都能上调 *GnRH* 的表达，而 MC4R 广谱性和特异性拮抗剂都能下调 *GnRH* 的表达。综上，鱼类 MC4R 可调节下丘脑 GnRH 分泌。

MC4R 激动剂和拮抗剂只要能影响下丘脑 GnRH 的水平，就应能间接影响 FSH 和 LH 的合成。然而，垂体离体孵育实验却发现金钱鱼 MC4R 调节 *fshb* 和 *lhb* 的表达。研究表明，大鼠的 *mc4r* mRNA 在大脑、下丘脑、脑干、脊髓表达，但不在垂体表达。而在鱼类中，*mc4r* 在多种鱼类的垂体表达，包括条斑星鲽、欧洲鲈和金钱鱼。鱼类和哺乳类 *mc4r* 表达的差异可能是它们的脑和垂体结构差异造成的。在哺乳动物中，下丘脑-垂体门脉系统通过血管连接下丘脑和垂体，而神经内分泌纤维连接了鱼类的下丘脑和垂体。我们推测鱼类垂体表达的 MC4R 可直接调节 *fshb* 和 *lhb* 的表达。MCR 激活腺苷酸环化酶活性，进而增加细胞中的 cAMP 浓度，从而激活下游通路。另外，GtH（FSH 和 LH）合成和分泌受到 cAMP 信号通路的调控。因此，我们推测鱼类 MC4R 直接通过 cAMP 信号通路调节 *GtH* 的表达。

在人类男性中，α-MSH 刺激 LH 分泌，却不能刺激 FSH 分泌（Limone et al.1997）。然而，在金钱鱼中，NDP-MSH 和 THIQ 激活 *lhb* 和 *fshb* 的表达，而对 *lhb* 上调持续时间比 *fshb* 长。这些差异可能是脊椎动物 *fshb* 和 *lhb* 表达调节和功能的分化导致的。多种鱼类 *mc4r* mRNA 在外周组织广泛的表达表明，MC4R 可能参与到这些器官的功能调控。*mc4r* mRNA 在金钱鱼性腺表达，表明 MC4R 可能直接调节精巢和卵巢的生殖功能。

结合率分析发现，只有高浓度 THIQ（10^{-7}mol/L 和 10^{-6}mol/L）才能通过金钱鱼的 MC4R 激活细胞内的 cAMP 生成。而处理实验发现，10^{-7}mol/L THIQ 能够刺激 *GnRH* 和 *GtH* 表达，表明 THIQ 仍然是一种高效的金钱鱼 MC4R 激动剂。本文首次在金钱鱼探究了 SHU9119

和 Ipsen5i 的作用，结果表明它们很可能是金钱鱼 MC4R 拮抗剂。因本研究各种药物只使用了一个浓度，因此，不同药物不同浓度的作用还有待进一步研究。

综上，金钱鱼 MC4R 刺激下丘脑 *GnRH* 表达，进而调节垂体 FSH 和 LH 的合成。此外，MC4R 可直接调节垂体 FSH 和 LH 的合成。本文确定金钱鱼 NDP-MSH 和 THIQ 能激活 MC4R 信号通路，并证明 SHU9119 和 Ipsen5i 是金钱鱼 MC4R 的拮抗剂。本文表明 MC4R 参与了鱼类生殖调控，提示 MC4R 激动剂可用于金钱鱼的人工繁殖。

第三节　金钱鱼雌激素受体基因的克隆及其在卵黄蛋白生成中的功能

雌激素是一类广泛存在于人类及其他高等动物体内的性类固醇化合物，具有十分重要的生理功能，主要参与生殖系统发育、骨骼形成、脂肪代谢、中枢神经系统形成等生理活动。雌激素在雌性生长发育中的功能已经被深入研究，并得到了广泛的证实。传统观点认为雌激素是单纯的"雌性激素"，但是近几十年的研究表明，雌激素在雄性个体的发育中也具有十分重要的作用，主要参与精子发生的过程，包括睾丸及其附属机构、睾丸间质细胞（Leydig cell）的发育和支持细胞（Sertoli cell）的增殖与分化。

雌激素在性别决定及性别控制中发挥着关键性作用。脊椎动物性别决定的机制包括基因型性别决定（genetic sex determination，GSD）和温度或环境型性别决定（temperature sex determination or environmental sex determination，TSD or ESD）。在哺乳动物中，存在由性别决定基因高度集中而形成的性染色体。在 Y 染色体上面具有 Y 染色体性别决定区（sex-determining region on the Y chromosome，SRY）基因，因此性别一旦形成，则不易发生改变。而在较低等的脊椎动物中，由于进化上的原始性，性别决定受多种因素的影响，如温度、外源性激素和酶等。通过温度改变或添加外源激素来诱导表型发生变化已经广泛应用于爬行类、鸟类及鱼类等低等脊椎动物中。姚道霞（2007）利用 20ppm[①]雌二醇处理黄颡鱼，雌性率达到 83.6%；王文达（2012）利用 300μg/g 雌二醇处理胡子鲇（*Clarias fuscus*），雌性率达到 78%。这些实验均证明了雌激素在性别决定和性别分化中的作用。雌激素多种功能的发挥主要通过雌激素受体（ER）来介导，因此对 ER 进行系统研究对于更深入地了解雌激素信号通路具有十分重要的意义。

一、金钱鱼雌激素受体的克隆及序列分析

利用巢式 PCR 方法，以金钱鱼肝和卵巢的混合 cDNA 为模板，克隆得到金钱鱼 ERα、ERβ1 和 ERβ2 的 5′端序列和 3′端序列，并依据重叠区域碱基序列进行拼接，获得金钱鱼 ERα、ERβ1 和 ERβ2 的 cDNA 全长序列分别为 1876bp、1811bp 和 2111bp。利用 DNAtool6.0 预测表明，ERα 可读框（ORF）为 1770bp，编码 589 个氨基酸残基（图 3-3-1）；ERβ1 的 ORF 为 1683bp，编码 560 个氨基酸残基（图 3-3-2）；ERβ2 的 ORF 为 1974bp，编码 657 个氨基酸残基（图 3-3-3）。

---

① 1ppm=10^{-6}

```
   1                                           CA GTA GTC AGA CCC AGG ATC AGC CCG GCT GTC TCA    35
  36  GAG CTG GAC ACC CTC TCC CCG CAA CGT CCC TCG CCT CCA CTG CGT GCC CCC CTC AGC GAT    95
  96  ATG TAC CCC GAA GAG AGC CGG GGG TCT GGA GGG GTA GCC ACT GTG GAC TTC CTG GAA GGG   155
   1   M   Y   P   E   E   S   R   G   S   G   G   V   A   T   V   D   F   L   E   G    20
 156  ACG TAC AAC TAT GCT GCC CCC ACC CCT GCC CCG ACT CCT CCT TAC AGC CAC ACC ACT CCT   215
  21   T   Y   N   Y   A   A   P   T   P   A   P   T   P   P   Y   S   H   T   T   P    40
 216  GGC TAC TAC TCA GCT CCT CTG GAC GCA CAC GGA CCA CCC TCA GAT GGC AGC CTT CAG TCT   275
  41   G   Y   Y   S   A   P   L   D   A   H   G   P   P   S   D   G   S   L   Q   S    60
 276  CTG GGC AGC GGA CCC ACC AGT CTT CTT GTG TTT GTG CCC TCC AGC CCC CGG CTC AGC CCC   335
  61   L   G   S   G   P   T   S   L   L   V   F   V   P   S   S   P   R   L   S   P    80
 336  TTT ATG CAC CCA CCC AGC CAG CAC TAT CTG GAA ACC ACC TCG ACA CCC GTC TAC AGG TCC   395
  81   F   M   H   P   P   S   Q   H   Y   L   E   T   T   S   T   P   V   Y   R   S   100
 396  AGT GTC ACA TCC AGC CAA CAG CCA GTG TCC AGA GAG GAC CAG TGT GGT ACC AGT GAC GAC   455
 101   S   V   T   S   S   Q   Q   P   V   S   R   E   D   Q   C   G   T   S   D   D   120
 456  TCC TAC AGC GTG GGG GAG TCA GGG ACT GGA GCC GGG GCC AGC GGG TTT GAG ATG GCC AAA   515
 121   S   Y   S   V   G   E   S   G   T   G   A   G   A   S   G   F   E   M   A   K   140
 516  GAG ATG CGT TTC TGT GTA TGC AGT GAC TAC GCC AGT GGG TAC CAC TAT GGG GTG TGG   575
 141   E   M   R   F   C   A   V   C   S   D   Y   A   S   G   Y   H   Y   G   V   W   160
 576  TCC TGT GAG GGC TGC AAG GCC TTC TTC AAG AGG AGC ATC CAG GGT CAC AAT GAC TAC ATG   635
 161   S   C   E   G   C   K   A   F   F   K   R   S   I   Q   G   H   N   D   Y   M   180
 636  TGC CCA GCA ACC AAT CAG TGC ATC ATT GAC AGG AAT CGG AGA AAG AGC TGC CAG GCT TGC   695
 181   C   P   A   T   N   Q   C   I   I   D   R   N   R   R   K   S   C   Q   A   C   200
 696  CGT CTA CGG AAG TGT TAC GAA GTG GGC ATG GTG AAA GGA GGT ATG CGC AAG GAC CGC GGG   755
 201   R   L   R   K   C   Y   E   V   G   M   V   K   G   G   M   R   K   D   R   G   220
 756  CGT GTT CTG CGG CGT GAC AAA CGA CGG ACT GGG CCC GGT GAC AGA GTC AAG GCT TCT AAG   815
 221   R   V   L   R   R   D   K   R   R   T   G   P   G   D   R   V   K   A   S   K   240
 816  GAC CTG GAG CAA AGA ACA GTG CCC CCT CAG GAC AGG AGG AAA CAC AGC AGC AGC AGC AGC   875
 241   D   L   E   Q   R   T   V   P   P   Q   D   R   R   K   H   S   S   S   S   S   260
 876  AGC AGC AGT ACT GGT GGT GGT GCT GCG GGA GGA AAA TCA TCA ATG ATT GGC ATG CCT CCT   935
 261   S   S   S   T   G   G   G   A   A   G   G   K   S   S   M   I   G   M   P   P   280
 936  GAC CAG GTG CTC CTC CTG CTC CAG AGT GCC GAG CCG CCG GCG CTG TGC TCC CGT CAG AAA   995
 281   D   Q   V   L   L   L   L   Q   S   A   E   P   P   A   L   C   S   R   Q   K   300
 996  ATG AGC CGA CCC TAC ACC GAG GTC ACC GTG ATG ACC CTG CTA ACC AGC ATG GCC GAC AAG  1055
 301   M   S   R   P   Y   T   E   V   T   V   M   T   L   L   T   S   M   A   D   K   320
1056  GAA CTG GTC CAC ATG ATC GCC TGG GCC AAG AAG CTT CCA GGT TTC CTG CAG CTG TCT CTC  1115
 321   E   L   V   H   M   I   A   W   A   K   K   L   P   G   F   L   Q   L   S   L   340
1116  CAC GAC CAG GTG CAA CTG CTG GAG AGC TCA TGG CTG GAG GTG CTG ATG ATC GGA CTC ATC  1175
 341   H   D   Q   V   Q   L   L   E   S   S   W   L   E   V   L   M   I   G   L   I   360
1176  TGG AGG TCC ATT CAC TGC CCC GGC AAA CTC ATC TTT GCA CCG GAC CTC ATA CTG GAC AGG  1235
 361   W   R   S   I   H   C   P   G   K   L   I   F   A   P   D   L   I   L   D   R   380
1236  AGC GAA GGC GAC TGT GTC GAA GGC ATG GCC GAG ATC TTC GAT ATG CTA CTG GCC ACC ACT  1295
 381   S   E   G   D   C   V   E   G   M   A   E   I   F   D   M   L   L   A   T   T   400
1296  GCT CGC TTC CGC ATG CTC AAA CCT GAG GAG TTC GTC TGC CTC AAA GCC ATC ATC ATC  1355
 401   A   R   F   R   M   L   K   L   K   P   E   E   F   V   C   L   K   A   I   I   420
1356  TTG CTC AAC TCT GGT GCC TTC TCT TTC TGC ACC GGC ACG ATG GAG CCC CTG CAT GAC GGC  1415
 421   L   L   N   S   G   A   F   S   F   C   T   G   T   M   E   P   L   H   D   G   440
1416  CCG GCG GTG CAG AAC ATG CTT GAC ACT ATC ACT GAT GCT CTC ATA CAT CAC ATC AGC CAA  1475
 441   P   A   V   Q   N   M   L   D   T   I   T   D   A   L   I   H   H   I   S   Q   460
1476  TCG GGA TGC TCG GCT CAG CAG CAG TCG AGG CGG CAG GCA CAG CTG CTC CTC CTG CTC  1535
 461   S   G   C   S   A   Q   Q   Q   S   R   R   Q   A   Q   L   L   L   L   L   S   480
1536  CAC ATC AGG CAC ATG AGC AAT AAA GGC ATG GAG CAC CTC TAC AGC ATG AAG TGC AAG AAC  1595
 481   H   I   R   H   M   S   N   K   G   M   E   H   L   Y   S   M   K   C   K   N   500
1596  AAA GTG CCT CTG TAC GAC CTG CTG CTA GAG ATG CTG GAC GCT CAC CAC ATC CAC CGG CCA  1655
 501   K   V   P   L   Y   D   L   L   L   E   M   L   D   A   H   H   I   H   R   P   520
1656  GAC AGA CCA GTT AAG TTC TGG TCC CAG GCC GAC AGA GAG CCT CCA TTC ACC AGC AGA AAC  1715
 521   D   R   P   V   K   F   W   S   Q   A   D   R   E   P   P   F   T   S   R   N   540
1716  AAC AGC AGC AGC AGC AGT GGC GGA GGC TCC TCT TCA GCT GGT TCC AGT TCA GGA CCA CGA  1775
 541   N   S   S   S   S   S   G   G   G   S   S   S   A   G   S   S   S   G   P   R   560
1776  CTC GGA CAC GAA TCC CTG AGC CGT GTC CCC GCA GGT CCA GGT GTC CTG CAG TAC GGA GGG  1835
 561   L   G   H   E   S   L   S   R   V   P   A   G   P   G   V   L   Q   Y   G   G   580
1836  1836 CGC TCT GAC TAC ACC CAC ATC CTA TGA GAT GGA GCA CAG
 581   P   R   S   D   Y   T   H   I   L   *
```

图 3-3-1 金钱鱼雌激素受体 ERα 的 cDNA 序列及推导的氨基酸序列

```
   1                                                                          C AAG GTT AAA AAT GAC ATG/ATC CCG GGC    28
  29  TCA TAT TCT TTG TAA ATG ATG CGG TCT GTC TAC TGG TAC TTG ATA GCA TCT GTA GTT GCG    88
  89  ATG GCC GTT GCC TCC TCT CCA GAG AAG GAT CAG CCC CTC CTC CAG CTC CAG AAG CTG GAC   148
   1    M   A   V   A   S   S   P   E   K   D   Q   P   L   L   Q   L   Q   K   V   D    20
 149  TCC AGT CGA GTT GGC TGT CGT GTC CTC TCC CCA ATC CTA AGC TCC TCC CTG GAA TCA AGC   208
  21    S   S   R   V   G   C   R   V   L   S   P   I   L   S   S   S   L   E   S   S    40
 209  CAG CCC ATC TGC ATC CCG TCC TCC TAC ACT GAC CTG GGC CAC GAG TTC ACC ACC ATA CCT   268
  41    Q   P   I   C   I   P   S   S   Y   T   D   L   G   H   E   F   T   T   I   P    60
 269  TTC TAC AGT CCA ACT ATC TTC AGC TAT GCC AGT CCT GGC ATT TCA GAC TGC CCC GCT GTC   328
  61    F   Y   S   P   T   I   F   S   Y   A   S   P   G   I   S   D   C   P   A   V    80
 329  CAT CAG TCA CTA AGC CCT TCT TTA TTC TGG CCC AGC CAT GGC CAC GTA GGG CCC TCC ATA   388
  81    H   Q   S   L   S   P   S   L   F   W   P   S   H   G   H   V   G   P   S   I   100
 389  CCC CCC CAC CAC TCC CAG ACT CGG CCT CAG CAC GGA CAG CCG ATC CAG AGT CCA TGG GAG   448
 101    P   P   H   H   S   Q   T   R   P   Q   H   G   Q   P   I   Q   S   P   W   E   120
 449  GAG CTG TCG CCG CTG GAC CAT GTG TCA GCA AGC AGT AAG AGT GCG AGG AGA CGT TCT CAG   508
 121    E   L   S   P   L   D   H   V   S   S   S   S   K   S   A   R   R   R   S   Q   140
 509  GAA AGC GAG GAA GGC GTG GTG TCA TCC GGC GGG AAA TCG GAC CTC CAC TAC TGT GCT GTG   568
 141    E   S   E   E   G   V   S   S   G   G   K   S   D   L   H   Y   C   A   V   160
 569  TGT CAC GAC TAC GCC TCA GGC TAC CAC TAT GGC GTC TGG TCA TGT GAG GGG TGT AAG GCC   628
 161    C   H   D   Y   A   S   G   Y   H   Y   G   V   W   S   C   E   G   C   K   A   180
 629  TTC TTC AAG AGG AGC ATC CAA AGA CAA AAT GAC TAC ATC TGC CCA GCA ACC AAT CAG TGC   688
 181    F   F   K   R   S   I   Q   R   Q   N   D   Y   I   C   P   A   T   N   Q   C   200
 689  ACT ATA GAC AAA AAC CGC CGT AAG AGC TGC CAG GCC TGT CGA CTC CGC AAG TGC TAT GAA   748
 201    T   I   D   K   N   R   R   K   S   C   Q   A   C   R   L   R   K   C   Y   E   220
 749  GTT GGC ATG ACC AAG TGT GGT ATG CGA AAG GAG CGT GGA AAC TAC AGG AAC CCC CAG ATG   808
 221    V   G   M   T   K   C   G   M   R   K   E   R   G   N   Y   R   N   P   Q   M   240
 809  AGG CGA GTG ACC CGT CTG TCC TCA CAG GCC AGA ACC AAC AGA CCG AGC GTG TTA ACC GCG   868
 241    R   R   V   T   R   L   S   S   Q   A   R   T   N   R   P   S   V   L   T   A   260
 869  CCA GCA GTG TGT TCG TTA AAC GCG CCC CAC CGG CCC GAG CTG ACC TCA GAG CGG CTC ATT   928
 261    P   A   V   C   S   L   N   A   P   H   R   P   E   L   T   S   E   R   L   I   280
 929  GAG CGA ATA ATG GAG GCC GAG CCG CCG GAG ATC TAC CTC ATG AAG GAC ATG AGG AGG CCG   988
 281    E   R   I   M   E   A   E   P   P   E   I   Y   L   M   K   D   M   R   R   P   300
 989  CTG ACT GAA GCA AAC ATC ATG ATG TCG CTC ACC AAC CTG GCT GAT AAG GAG CTG GTT CAC  1048
 301    L   T   E   A   N   I   M   M   S   L   T   N   L   A   D   K   E   L   V   H   320
1049  ATG ATC AGC TGG GCC AAG AAG ATT CCA GGG TTT ATA GAG CTG AGT CTC TTG GAC CAG GTG  1108
 321    M   I   S   W   A   K   K   I   P   G   F   I   E   L   S   L   L   D   Q   V   340
1109  CAC CTG TTG GAG TGC TGC TGG CTG GAG GTG CTG ATG ATC GGT CTG ATG TGG AGG TCA CAG  1168
 341    H   L   L   E   C   C   W   L   E   V   L   M   I   G   L   M   W   R   S   Q   360
1169  GAA CAT CCA GGG AAA CTT ATC TTC TCC CCC GAC CTC AGC CTG AGA AGA GGA GAG GGA AGC  1228
 361    E   H   P   G   K   L   I   F   S   P   D   L   S   L   R   R   G   E   G   S   380
1229  TGC GTC CAG GGC TTC GTG GAG ATC TTT GAT ATG CTG ATA GCT GCC ACG TCC AGA GTG AGA  1288
 381    C   V   Q   G   F   V   E   I   F   D   M   L   I   A   A   T   S   R   V   R   400
1289  GAG CTC AAA CTC CAG AGG GAG GAG TAC GTC TGT TTC AAG GCC ATG ATC CTC CTA AAC TCC  1348
 401    E   L   K   L   Q   R   E   E   Y   V   C   F   K   A   M   I   L   L   N   S   420
1349  AAC ATG TGC CTC AGC TCC TCA GAG GGC AGC GAG GAG CTG CAG AGT CGC TCC AAG CTG CTG  1408
 421    N   M   C   L   S   S   S   E   G   S   E   E   L   Q   S   R   S   K   L   L   440
1409  CGT CTT CTG GAT GCT ATA ACA GAC GCT CTG GTG TGG GCC ATC GCC AAA ACC GGC CTC ACC  1468
 441    R   L   L   D   A   I   T   D   A   L   V   W   A   I   A   K   T   G   L   T   460
1469  TTC CGC CAG CAA TAC CGC CTG GCA CAC CTG CTG ATG CTC CTG TCA CAC ATC CGC CAT  1528
 461    F   R   Q   Q   Y   R   L   A   H   L   L   M   L   L   S   H   I   R   H   480
1529  GTG AGT AAC AAG GGC ATG GAC CAC CTC CAC TGC ATG AAA ATG AAG AAC ATG GTG CCT CTG  1588
 481    V   S   N   K   G   M   D   H   L   H   C   M   K   M   K   N   M   V   P   L   500
1589  CAT GAC CTG TTG CTG GAG ATG CTG GAC GCC CAC ATC ATG CAC AGC TCC CGT CTG CCT CGC  1648
 501    H   D   L   L   L   E   M   L   D   A   H   I   M   H   S   S   R   L   P   R   520
1649  CGC CCC CCT CAG CAG GAG TCC GAA GAC CGG AGA GAG GCT TGT GCC CGA CCA CGG GGC TCC  1708
 521    R   P   P   Q   Q   E   S   E   D   R   R   E   A   C   A   R   P   R   G   S   540
1709  GAT AGC GGC CCG TCA AAC ACC TGG ACT CCC AGC AGC ACT GGA GGC GGA GGT GAA CCC CAG  1768
 541    D   S   G   P   S   N   T   W   T   P   S   S   T   G   G   G   G   E   P   Q   560
1769  TAG TCG GAT CAG AAT TCA AAT GCA GTG AAG TTT CAT AGC TTT G
 561    *
```

图 3-3-2　金钱鱼雌激素受体 ERβ1 的 cDNA 序列及推导的氨基酸序列

```
  1                                                      C TGG AAT ATG CAA TAG AGG    19
 20  AAC CAG CTG CAT CAT CAT CTT CAT CAC CGC TGT CAG CAT CCA CGG TCG ATC CCC CCT GAC    79
 80  ATG GCC TCC TCG CCC GAG GTC AAT GCT CAC CCG TTA CCC CTG CTT CAG CTC CAG GAG GTG   139
  1   M   A   S   S   P   E   V   N   A   H   P   L   P   L   L   Q   L   Q   E   V     20
140  GAC TCT AGT AAA GCC TCG GAG AGG CAG AGC TCC CCT GGA CTC CTG CCC ACC GTC TAC AGC   199
 21   D   S   S   K   A   S   E   R   Q   S   S   P   G   L   L   P   T   V   Y   S     40
200  CCT CCT CTG ACC ATG GAC AGC CAC ACC GTA TGC ATC CCC TCC CCG TAC GAC AGT AGC       259
 41   P   P   L   T   M   D   S   H   T   V   C   I   P   S   P   Y   T   D   S   S     60
260  CAC GAG TAC AAC CAC GGC CAC GGA CCT CTG ACC TTT TAT AGC CCG TCT GTG CTG AGC TAT   319
 61   H   E   Y   N   H   G   H   G   P   L   T   F   Y   S   P   S   V   L   S   Y     80
320  GCC AGG CCG CCC ATC ACT GAC AGC CCG TCA CGC TTC TGG CCC TCC CAC AGC CCC ACT       379
 81   A   R   P   P   I   T   D   S   P   S   A   F   W   P   S   H   S   L   P   T    100
380  GTG CCC TCG CTG ACT CTG CAC TGC CCT CAG CCT CTT GTC TAC AAT GAA CCC AGC CCA CAT   439
101   V   P   S   L   T   L   H   C   P   Q   P   L   V   Y   N   E   P   S   P   H    120
440  GCG CCC TGG CTG GAG TCC AAA GCC CAC AGC ATC AAC CCC AGC AGT GCC ATC AAG TCT CTG   499
121   A   P   W   L   E   S   K   A   H   S   I   N   P   S   S   A   I   K   S   L    140
500  GGG AAG AGA TCG GAG GAA GCC GAA GGC GTG AAC TCC TCC TTG TGT TCC TCT GCA GTA       559
141   G   K   R   S   E   E   A   A   E   G   V   N   S   S   L   C   S   S   A   V    160
560  GGG AAA GCC GAC ATG CAC TTC TGC GCC GTG TGC CAC GAC TAC GCC TCG GGT TAC CAC TAC   619
161   G   K   A   D   M   H   F   C   A   V   C   H   D   Y   A   S   G   Y   H   Y    180
620  GGC GTG TGG TCC TGC GAG GGC TGC AAG GCC TTT TTC AAG AGG AGC ATC CAA GGA CAC AAT   679
181   G   V   W   S   C   E   G   C   K   A   F   F   K   R   S   I   Q   G   H   N    200
680  GAC TAC ATC TGC CCT GCC ACA AAT CAG TGC ACC ATC GAC AAG AAC CGA CGT AAA AGC TGC   739
201   D   Y   I   C   P   A   T   N   Q   C   T   I   D   K   N   R   R   K   S   C    220
740  CAG GCC TGC CGC TTA CGT AAA TGC TAT GAA GTG GGC ATG ATG AAG TGT GGC GTA CGG CGT   799
221   Q   A   C   R   L   R   K   C   Y   E   V   G   M   M   K   C   G   V   R   R    240
780  GAG CGC TGC AGC TAT CGA GCT CGC CAC CGT CGT GGT GGA CTC CAA CCT CGG GAT CCT       859
241   E   R   C   S   Y   R   G   A   R   H   R   R   G   G   L   Q   P   R   D   P    260
860  ACA GGC AGA GGC GTG GTC AGG GTG GGC CCA GGT TCT CGG GCC CAG CAG CAT CTC CAC CTG   919
261   T   G   R   G   V   V   R   V   G   P   G   S   R   A   Q   Q   H   L   H   L    280
920  GAG GCT CCT CTC GCC CCC CTC CCT CAG GCG AAT CAC ACA TAC CAC TCG GCC ATG AGC CCG   979
281   E   A   P   L   A   P   L   P   Q   A   N   H   T   Y   H   S   A   M   S   P    300
980  GAG GAG TTC ATC TCC CGC ATC ATG GAG GAG CCT CCA GAG ATC TAC CTC ATG GAG GAC     1039
301   E   E   F   I   S   R   I   M   E   A   E   P   P   E   I   Y   L   M   E   D    320
1040 CTG AAG AAG CCC TTC ACC GAG GCC AGC ATG ATG ATG TCC CTC ACC AAC CTG GCA GAC AAG 1099
321   L   K   K   P   F   T   E   A   S   M   M   M   S   L   T   N   L   A   D   K    340
1100 GAG CTG GTC CTG ATC TCA TGG GCT AAA AAG ATC CCT GGC TTC GTG GAA CTG AGC TTA     1159
341   E   L   V   L   M   I   S   W   A   K   K   I   P   G   F   V   E   L   S   L    360
1160 GCC GAC CAG ATC CAC CTG CTG AAG TGC TGC TGG CTG GAG ATC CTG ATG CTG GGC CTC ATG 1219
361   A   D   Q   I   H   L   L   K   C   C   W   L   E   I   L   M   L   G   L   M    380
1220 TGG AGG TCA GTG GAT CAT CCT GGA AAA CTC ATC TTC TCT CCA GAC TTC AAG CTC AAC AGG 1279
381   W   R   S   V   D   H   P   G   K   L   I   F   S   P   D   F   K   L   N   R    400
1280 GAG GAG GGA CAG TGT GTG GGA GGC ATC ATG GAG ATC TTC GAC ATG CTG CTG GCA GCC ACC 1339
401   E   E   G   Q   C   V   E   G   I   M   E   I   F   D   M   L   L   A   A   T    420
1340 TCT CGG TTT CGT GAG CTG AAG CTT CAG AGG GAG GAG TAC GTC TGT CTG AAG GCC ATG ATC 1399
421   S   R   F   R   E   L   K   L   Q   R   E   E   Y   V   C   L   K   A   M   I    440
1400 CTC CTC AAC TCC AAT TTG TGT ACG AGC TCC CCT CAG ACG GCC GAG GAG CTG GAG AGC AGG 1459
441   L   L   N   S   N   L   C   T   S   S   P   Q   T   A   E   E   L   E   S   R    460
1460 AAC AAG CTG CTC CGT CTG CTG GAC TCG GTG ATT GAC GCT CTC GTC TGG GCC ATT TCC AAA 1519
461   N   K   L   L   R   L   L   D   S   V   I   D   A   L   V   W   A   I   S   K    480
1520 CTG GGC CTG TCG ACC CAG CAG CAG ACT CTG CGC CTG GGA CAC CTC ACC ATG CTG CTC TCC 1579
481   L   G   L   S   T   Q   Q   Q   T   L   R   L   G   H   L   T   M   L   L   S    500
1580 CAC ATC CGC CAC GTC AGT AAC GGC ATG GAC CAC CTG TCC ACC ATG AAG AGG AAG AAT     1639
501   H   I   R   H   V   S   N   K   G   M   D   H   L   S   T   M   K   R   K   N    520
1640 GTG GTG CTG GTG TAC GAC CTC CTC CTG GAG ATG CTG GAC GCC AAC ACG CCC AGC AGC AGC 1699
521   V   V   L   V   Y   D   L   L   L   E   M   L   D   A   N   T   P   S   S   S    540
1700 GGT CAG CCG CCG TCC TCG CCG ACC TCT GAC ACT TAC TCT GAC CAG CAC CAG TAC CCA CGG 1759
541   G   Q   P   P   S   S   P   T   S   D   T   Y   S   D   Q   H   Q   Y   P   R    560
1760 CCT CCG TCT CAC CTG CAG CCA GGC TCA GAC CAG ACC GCC GGC AGG CAC GTC ACC GTG     1819
561   P   P   S   H   L   Q   P   G   S   D   Q   T   A   A   G   R   H   V   T   V    580
1820 CCT CCA CAA GGG CCT CCT GAA ATT CCG ATC CTG GAC GGA CAC CTG CAG GCT CTG CCC CTC 1879
581   P   P   Q   G   P   P   E   I   P   I   L   D   G   H   L   Q   A   L   P   L    600
1880 CAG TCC TCA CCT CCA TTT CAG AGC TTA GTG GCG GCT CAC GCG GAC GCC AAT GAT TAT CCC 1939
601   Q   S   S   P   P   F   Q   S   L   V   A   A   H   A   D   A   N   D   Y   P    620
1940 CAC GCG GAG CAG TGG CCC CTG GAG GCC GGA GGT GGA GCT CCG TCA GTG GAA CCA GCA GAC 1999
621   H   A   E   Q   W   P   L   E   A   G   G   G   A   P   S   V   E   P   A   D    640
2000 TAC ATC AGC CCT GAC GGA GGT GTC ATG GAA GCC GCC TTA GCC ACA GGT CTG TAG ACG CGA 2059
641   Y   I   S   P   D   G   G   V   M   E   A   A   L   A   T   G   L   *
2060 CAG ACT GAG ACT GAA CTT GAA TGG CGT TTC ATT CCC CAA AGA TCC AGA AAA G
```

图 3-3-3　金钱鱼雌激素受体 ERβ2 的 cDNA 序列及推导的氨基酸序列

　　通过 Mega5.0 软件，构建了 ER 的系统进化树。结果显示：金钱鱼 ERα、ERβ1 和 ERβ2 都能和相应的亚型相聚类，与鲈形目鱼类亲缘关系较近（图 3-3-4）。在鲈形目鱼类中，金钱鱼 ERα 和 ERβ1 与金头鲷亲缘关系最近，而 ERβ2 与尼罗罗非鱼亲缘关系最近。通过氨基酸序列同源性比对，分析金钱鱼三种雌激素受体的氨基酸序列特征。金钱鱼的雌激素受体均有核受体的典型结构，主要具有 6 个保守的结构域（图 3-3-5）。

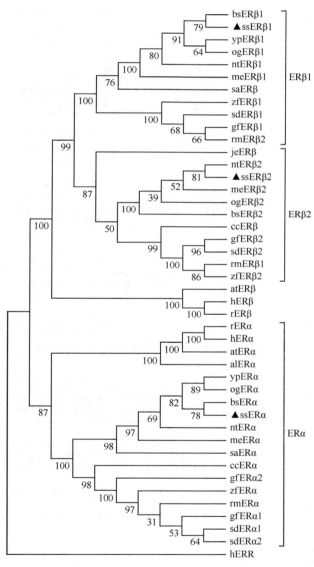

图 3-3-4　金钱鱼雌激素受体与其他鱼类的系统进化树分析

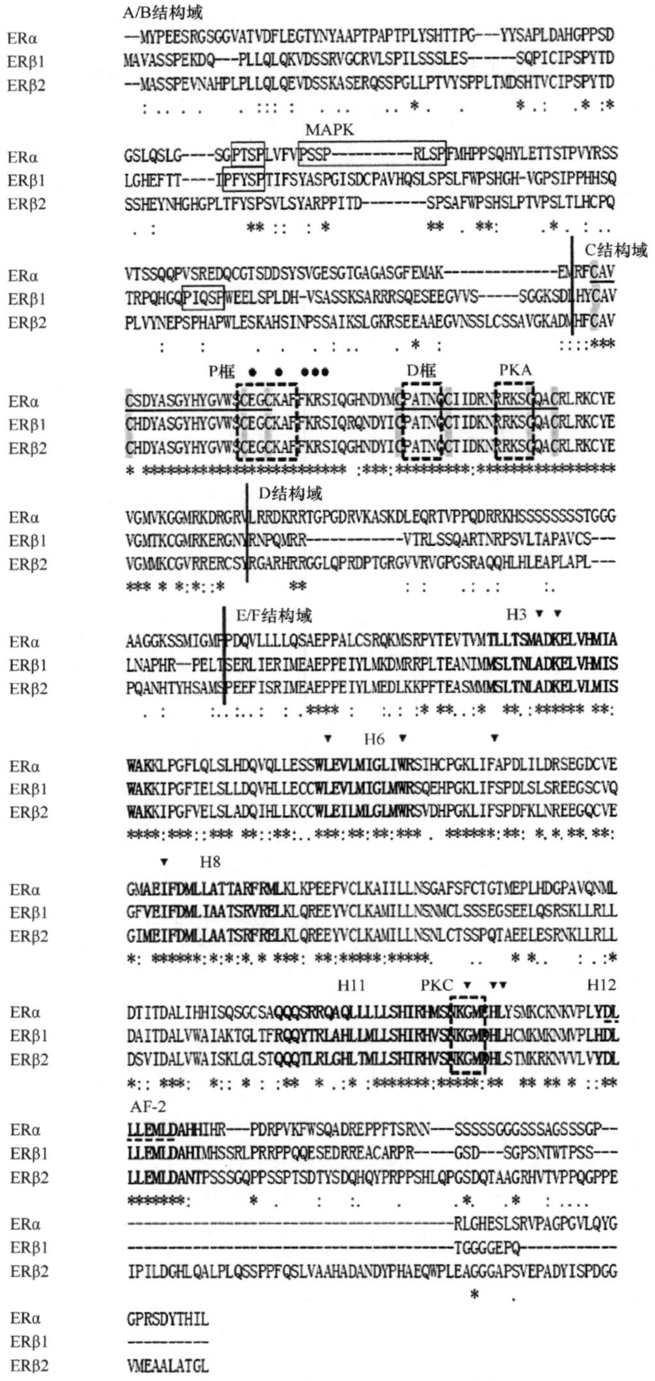

A/B结构域

```
ERα    --MYPEESRGSGGVATVDFLEGTYNYAAPTPAPTPLYSHTTPG---YYSAPLDAHGPPSD
ERβ1   MAVASSPEKDQ--PLLQLQKVDSSRVGCRVLSPILSSSLES------SQPICIPSPYTD
ERβ2   --MASSPEVNAHPLPLLQLQEVDSSKASERQSSPGLLPTVYSPPLTMDSHTVCIPSPYTD
       :.:.  .      .:::.:        *.    *.:. .* :*
```

MAPK

```
ERα    GSLQSLG--SGPTSPLVFVPSSP----------RLSPFMHPPSQHYLETTSTPVYRSS
ERβ1   LGHEFTT----IPFYSPTIFSYASPGISDCPAVHQSLSPSLFWPSHGH-VGPSIPPHHSQ
ERβ2   SSHEYNHGHGPLTFYSPSVLSYARPPITD---SPSAFWPSHSLPTVPSLTLHCPQ
       .: .      **::  *      **. *.  *.. .*
```

C结构域

```
ERα    VTSSQQPVSREDQCGTSDDSYSVGESGTGAGASGFEMAK-----------EMRFCAV
ERβ1   TRPQHGQPIQSFWEELSPLDH-VSASSKSARRRSQESEEGVVS-----SGGKSDIHYCAV
ERβ2   PLVYNEPSPHAPWLESKAHSINPSSAIKSLGKRSEEAAEGVNSSLCSSAVGKADMHFCAV
                                                        :::.::*:***
```

P框   D框   PKA

```
ERα    CSDYASGYHYGVWSCEGCKAFFKRSIQGHNDYMCPATNQCIIDRNRRKSCQACRLRKCYE
ERβ1   CHDYASGYHYGVWSCEGCKAFFKRSIQRQNDYICPATNQCTIDKNRRKSCQACRLRKCYE
ERβ2   CHDYASGYHYGVWSCEGCKAFFKRSIQGHNDYICPATNQCTIDKNRRKSCQACRLRKCYE
       * ************************* :**:*****.*  .:* :**:**:**:*****
```

D结构域

```
ERα    VGMVKGGMRKDRGRVLRRDKRRTGPGDRVKASKDLEQRTVPPQDRRKHSSSSSSSSTGGG
ERβ1   VGMTKCGMRKERGNVRNPQMRR---------VTRLSSQARTNRPSVLTAPAVCS-
ERβ2   VGMMKCGVRRERCSVRGARHRRGGLQPRDPTGRGVVRVGPGSRAQQHLHLEAPLAPL---
       *** * *:*:.*     **         ::   .:    :.
```

E/F结构域   H3 ▼ ▼

```
ERα    AAGGKSSMIGMFPDQVLLLLQSAEPPALCSRQKMSRPYTEVTVMTLLTSMADKELVHMIA
ERβ1   LNAPHR-PELTSERLIERIMEAEPPEIYLMKDMRRPLTEANIMMSLTNLADKELVHMIS
ERβ2   PQANHTYHSAMSPEEFISRIMEAEPPEIYLMEDLKKPFTEASMMMSLTNLADKELVLMIS
       .:.     *  . . *** :. **  . .:**   **** .*:*
```

▼   H6   ▼   ▼

```
ERα    WAKKLPGFLQLSLHDQVQLLESSWLEVLMIGLIWRSIHCPGKLIFAPDLILDRSEGDCVE
ERβ1   WAKKIPGFIELSLLDQVHLLECCWLEVLMIGLMWRSQEHPGKLIFSPDLSLSREEGSCVQ
ERβ2   WAKKIPGFVELSLADQIHLLKCCWLEILMLGLMWRSVDHPGKLIFSPDFKLNREEGQCVE
       ****:*** :::***::. ***:**:**:*   ******:* *. *. **.
```

▼   H8

```
ERα    GMAEIFDMLLATTARFRMLKLKPEEFVCLKAIILLNSGAFSFCTGTMEPLHDGPAVQNML
ERβ1   GFVEIFDMLLAASRVRELKLQREEYVCLKAMILLNSNMCLSSSEGSEELQSRSKLLRLL
ERβ2   GIMEIFDMLLAATSRFRELKLQREEYVCLKAMILLNSNLCTSSPQTAEELESRNKLLRLL
       *:*****:*:*:.*.  .  *:**:******:*****    .  .  *.   :::*
```

                   H11   PKC ▼ ▼▼   H12

```
ERα    DTIITDALIHHISQSGCSAQQQSRRQAQLLLLLSHIRHMSNKGMEHLYSMKCKNKVPLYDL
ERβ1   DAITDALVWAIAKTGLTFRQQYTRLAHLLMLLSHIRHVSNKKGMEHLCMKMKNMVPLHDL
ERβ2   DSVIDALVWAISKLGLSTQQQTLRLGHLTMLLSHIRHVSNKGMEHLSTMKRKNVVLVYDL
       *:: ***:  *:  * : * *: .  :*: *****:**** ** ** ** ** ::**
```

AF-2

```
ERα    LLEMLDAHHIHR---PDRPVKFWSQADREPPFTSRNN--SSSSGGGSSSAGSSSGP-
ERβ1   LLEMLDAHIMHSSRLPRRPPQQESEDRREACARPR------GSD--SGPSNTWTPSS-
ERβ2   LLEMLDANTPSSSGQPPSSPTSDTYSDQHQYPRRPSHLQPGSDQTAAGRHVTVPPQGPPE
       *******:      *   .: . .    .  .    . .   *
```

```
ERα    -----------RLGHESLSRVPAGPGVLQYG
ERβ1   -----------TGGGGEPQ
ERβ2   IPILDGHLQALPLQSSPPFQSLVAAHADANDYPHAEQWPLEAGGGAPSVEPADYISPDGG
                                          *    .
```

```
ERα    GPRSDYTHIL
ERβ1   ----------
ERβ2   VMEAALATGL
```

图 3-3-5　金钱鱼雌激素受体氨基酸多重比对

金钱鱼雌激素受体的氨基酸序列有 6 个保守的结构域（竖线隔开）。在 A/B 区中预测的 MAPK 激活通路的磷酸化位点用实线方框表示；在 DNA 结合区（C 区），保守的半胱氨酸残基和两个锌指结构分别用阴影和下划线来表示，另外其他的功能调控元件 P 框、D 框、蛋白激酶 A（PKA）和蛋白激酶 C（PKC）的位点用虚线方框来表示，雌激素应答元件（ERE）则用上标圆点来表示；在 E/F 含有 5 个短螺旋基序（CH3、H6、HS、H11 和 H12）用加粗字体表示，AF-2、基序和配体结合位点分别用虚下划线表示；星号表示该位点的氨基酸完全相同，两点表述该位点的氨基酸的同源性较高，一点表述该位置的氨基酸属于同属性氨基酸

二、金钱鱼雌激素受体基因的时空表达模式

利用 RT-PCR 半定量的方法，检测金钱鱼 ER 在肝、精巢、卵巢、脾、肠、肾、心脏、脑、垂体、鳃和肌肉 11 种组织中的分布。结果显示，ERα 主要在雌、雄鱼的性腺、脾、心脏、脑和垂体中高表达；ERβ1 具有广泛的组织分布，仅雄鱼鳃、雌鱼脾和鳃中未见表达；ERβ2 除在雌、雄鱼的性腺、脾、肠、脑、垂体和心脏中表达外，在雄鱼的肾和雌鱼的肝中也有微弱的表达（图 3-3-6）。

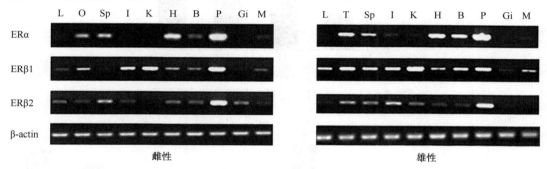

图 3-3-6　金钱鱼不同组织中雌激素受体的表达

L. 肝；O. 卵巢；T. 精巢；Sp. 脾；I. 肠；K. 肾；H. 心脏；B. 脑；P. 垂体；Gi. 鳃；M. 肌肉

通过 RT-PCR 半定量的方法，检测金钱鱼卵黄发生前和卵黄发生期肝中 ER 的分布。结果显示，卵黄发生前期肝中 ERα 和 ERβ1 表达较弱，但卵黄发生期 ERα 和 ERβ1 的表达量上升；而 ERβ2 的表达量无明显变化（图 3-3-7）。

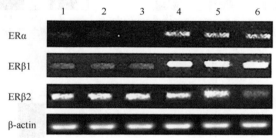

图 3-3-7　卵黄发生过程中金钱鱼肝中雌激素受体的表达

1～3 泳道样品为卵黄发生前的肝；4～6 泳道样品为卵黄发生期的肝

三、雌二醇对金钱鱼雌激素受体及卵黄蛋白原表达的影响

利用酶联免疫吸附试验（ELISA）的方法检测肝组织中卵黄蛋白原（VTG）含量，结果显示：$0.1\mu mol/L$ E_2 对组织中 VTG 含量无明显作用，但中、高浓度（$1\mu mol/L$ 和 $10\mu mol/L$）的 E_2 显著诱导 VTG 的产生（$P < 0.05$），且 E_2 与 VTG 含量存在剂量效应（图 3-3-8）。

利用实时荧光定量 PCR（qRT-PCR）的方法检测 E_2 对肝中三种 *vtg* mRNA 表达的影响。结果显示：$0.1\mu mol/L$ E_2 对 *vtg-A* mRNA 表达无明显的刺激作用，但 $1\mu mol/L$ 和 $10\mu mol/L$ E_2 显著促进 *vtg-A* mRNA 表达（$P < 0.05$）（图 3-3-9A）。E_2 对 *vtg-B* mRNA 和 *vtg-C* mRNA 的刺激作用类似，随着浓度的增加，对 *vtg-B* mRNA 和 *vtg-C* mRNA 表达的促进作用十分明显（$P < 0.05$），并存在明显的剂量依存关系（图 3-3-9B 和 C）。

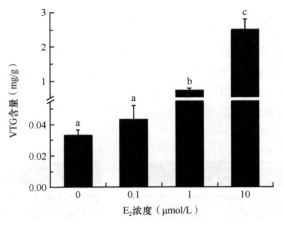

图 3-3-8　E₂ 处理对金钱鱼肝中 VTG 蛋白水平的影响

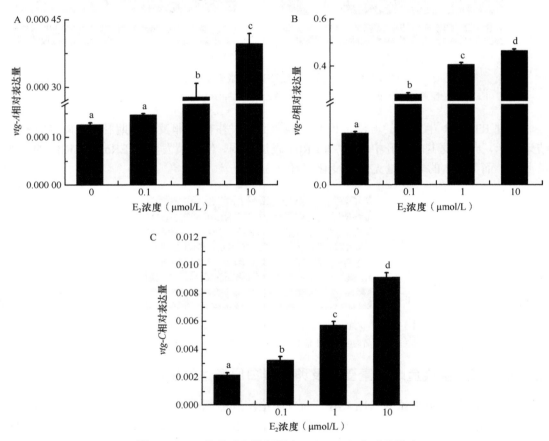

图 3-3-9　E₂ 处理对金钱鱼肝中 *vtg* mRNA 水平的影响

　　离体孵育 24h 后，中高剂量 E_2（1μmol/L 和 10μmol/L）显著促进 ERα 的表达（$P<0.05$），而低剂量 E_2（0.1μmol/L）对 *er* mRNA 的表达无明显作用（图 3-3-10A）。ERβ1 的表达量随着压浓度的增加显著上升（$P<0.05$，图 3-3-10B），而 E_2 对 *erβ2* mRNA 的表达没有影响（图 3-3-10C）。

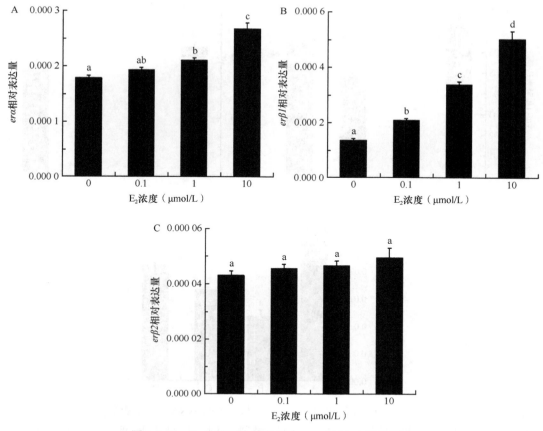

图 3-3-10 E₂ 处理对金钱鱼肝中 *er* mRNA 水平的影响

四、雌激素受体拮抗剂对金钱鱼雌激素受体及卵黄蛋白原表达的影响

雌激素受体广谱拮抗剂 ICI182780 能明显抑制肝中 VTG 蛋白的生成（图 3-3-11）。lμmol/L ICI182780 对 VTG 合成的抑制效果最强（$P < 0.05$），0.1μmol/L 和 0.01μmol/L ICI182780 次之，但是仍然显著抑制肝中 VTG 的生成（$P < 0.05$）。ICI182780 能显著抑制 *vtg* mRNA 的表达，且存在剂量依存效应（图 3-3-12）。

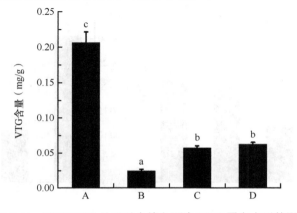

图 3-3-11 ICI182780 处理对金钱鱼肝中 VTG 蛋白水平的影响

A. 1μmol/L E₂；B. 1μmol/L E₂+1μmol/L ICI182780；C. 1μmol/L E₂+0.1μmol/L ICI182780；D. 1μmol/L E₂+0.01μmol/L ICI182780

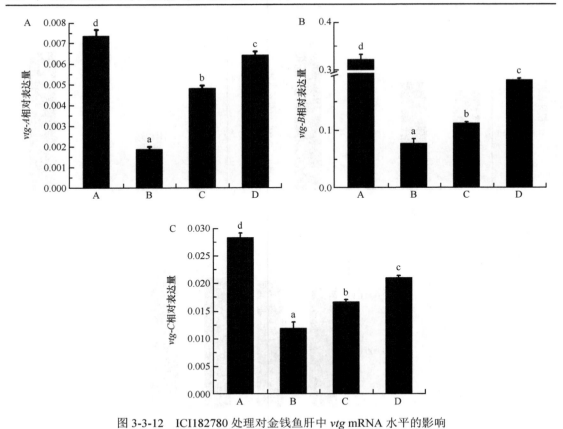

图 3-3-12　ICI182780 处理对金钱鱼肝中 *vtg* mRNA 水平的影响

A. 1μmol/L E$_2$；B. 1μmol/L E$_2$+1μmol/L ICI182780；C. 1μmol/L E$_2$+0.1μmol/L ICI182780；D. 1μmol/L E$_2$+0.01μmol/L ICI182780

ICI182780 能明显抑制 *er* mRNA 的表达。ICI182780 浓度越高，对 *erα* 和 *erβ1* mRNA 的抑制作用显著增强（$P<0.05$），且存在显著的剂量依存效应（图 3-3-13A 和 B）。1μmol/L 的 ICI182780 对 *erβ2* mRNA 抑制最明显，0.01μmol/L ICI182780 对 *erβ2* mRNA 的抑制作用与高浓度组相比显著减弱（$P<0.05$，图 3-3-13C）。

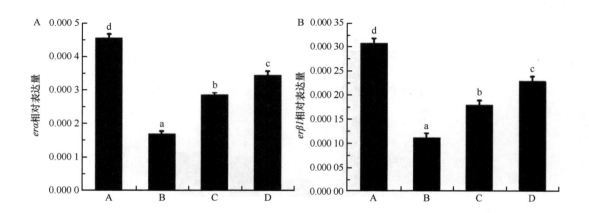

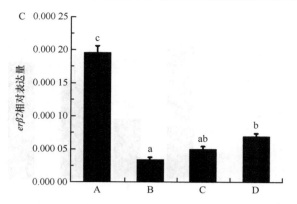

图 3-3-13　ICI182780 处理对金钱鱼肝中 er mRNA 水平的影响

A. 1μmol/L E₂；B. 1μmol/L E₂+1μmol/L ICI182780；C. 1μmol/L E₂+0.1μmol/L ICI182780；D. 1μmol/L E₂+0.01μmol/L ICI182780

从图 3-3-14 中发现，ERα 型拮抗剂 MPP 能显著抑制肝中 VTG 的产生。1μmol/L MPP 对 VTG 生成的抑制作用最强，0.1μmol/L 和 0.01μmol/L MPP 次之，但仍然能显著抑制卵黄蛋白发生（$P<0.05$）。1μmol/L 和 0.1μmol/L MPP 显著促进表达（$P<0.05$，图 3-3-15A）。MPP 能显著抑制 vtg-B 和 vtg-C mRNA 的表达。MPP 对 vtg-B mRNA 的抑制作用存在剂量依存效应（图 3-3-15B）。1μmol/L MPP 对 vtg-C mRNA 表达有显著的抑制作用（$P<0.05$），0.1μmol/L 和 0.01μmol/L MPP 次之，对照组表达最强（图 3-3-15C）。

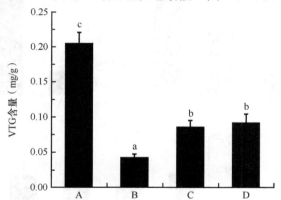

图 3-3-14　MPP 处理对金钱鱼肝中 VTG 蛋白水平的影响

A. 1μmol/L E₂；B. 1μmol/L E₂+1μmol/L MPP；C. 1μmol/L E₂+0.1μmol/L MPP；D. 1μmol/L E₂+0.01μmol/L MPP

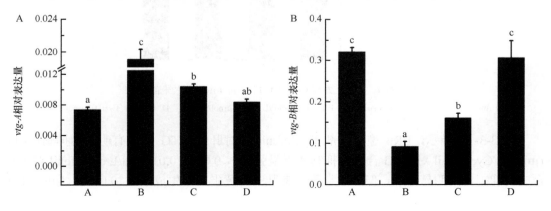

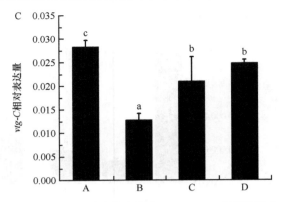

图 3-3-15　MPP 处理对金钱鱼肝中 *vtg* mRNA 水平的影响

A. 1μmol/L E₂；B. 1μmol/L E₂+1μmol/L MPP；C. 1μmol/L E₂+0.1μmol/L MPP；D. 1μmol/L E₂+0.01μmol/L MPP

由图 3-3-16 可见，MPP 能明显抑制 *erα* mRNA 的表达（$P<0.05$）；对 *erβ1* mRNA 的表达有显著的促进作用（$P<0.05$）；而对 *erβ2* mRNA 表达没有显著的影响。

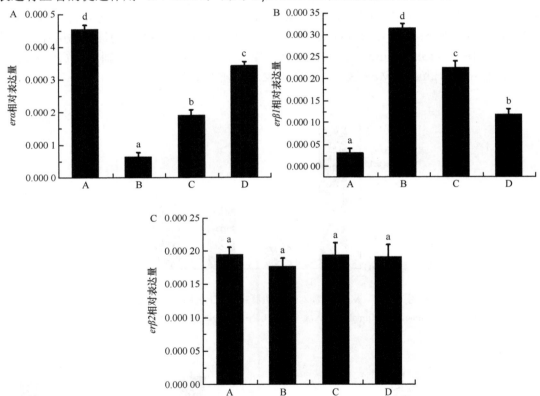

图 3-3-16　MPP 处理对金钱鱼肝中 *er* mRNA 水平的影响

A. 1μmol/L E₂；B. 1μmol/L E₂+1μmol/L MPP；C. 1μmol/L E₂+0.1μmol/L MPP；D. 1μmol/L E₂+0.01μmol/L MPP

图 3-3-17 显示，ERβ 型拮抗剂 Cyclofenil 能对肝中 VTG 生成有明显的抑制作用。1μmol/L Cyclofenil 对 VTG 合成的抑制效果最强（$P<0.05$），0.01μmol/L cyclofenil 对 VTG 合成的抑制作用明显削弱，但仍然显著抑制肝中卵黄蛋白的生成（$P<0.05$）。1μmol/L 和

0.1μmol/L Cyclofenil 显著抑制 *vtg-A* 的表达（*P*＜0.05），0.01μmol/L Cyclofenil 对 *vtg-A* 的抑制作用减弱（图 3-3-18A）。1μmol/L Cyclofenil 对 *vtg-B* mRNA 的表达有较显著的促进作用，而中、低浓度（0.01μmol/L 和 0.1μmol/L）则对 *vtg-B* mRNA 的表达无明显影响（图 3-3-18B）。Cyclofenil 对 *vtg-C* 的表达抑制作用极强，即使是低浓度也显著抑制 *vtg-C* mRNA 水平（*P*＜0.05，图 3-3-18C）。

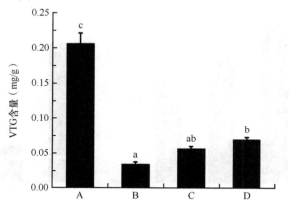

图 3-3-17 Cyclofenil 处理对金钱鱼肝中 VTG 蛋白水平的影响

A. 1μmol/L E₂；B. 1μmol/L E₂+1μmol/L Cyclofenil；C. 1μmol/L E₂+0.1μmol/L Cyclofenil；D. 1μmol/L E₂+0.01μmol/L Cyclofenil

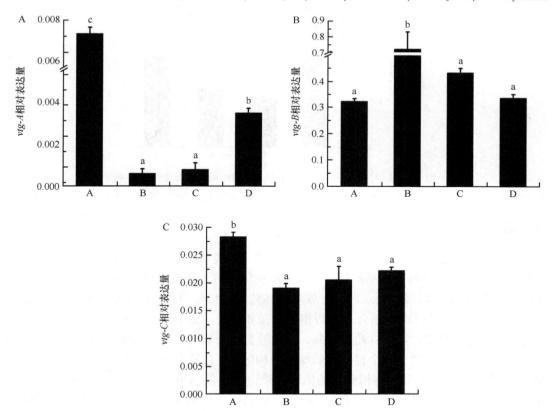

图 3-3-18 Cyclofenil 处理对金钱鱼肝中 *vtg* mRNA 水平的影响

A. 1μmol/L E₂；B. 1μmol/L E₂+1μmol/L Cyclofenil；C. 1μmol/L E₂+0.1μmol/L Cyclofenil；D. 1μmol/L E₂+0.01μmol/L Cyclofenil

Cyclofenil 对 *erα* mRNA 的表达有明显的促进作用,具有剂量依存效应(图 3-3-19A)。而 Cyclofenil 显著抑制 *erβ1* 的表达(*P*<0.05),随着 Cyclofenil 浓度的增加,*erβ1* mRNA 表达量显著下降(图 3-3-19B)。中、高浓度(1μmol/L 和 0.1μmol/L)Cyclofenil 显著抑制 *erβ2* mRNA 的表达(*P*<0.05),0.01μmol/L Cyclofenil 对 *erβ2* 的抑制作用显著减弱(*P*<0.05),但 *erβ2* 表达量仍低于对照组(图 3-3-19C)。

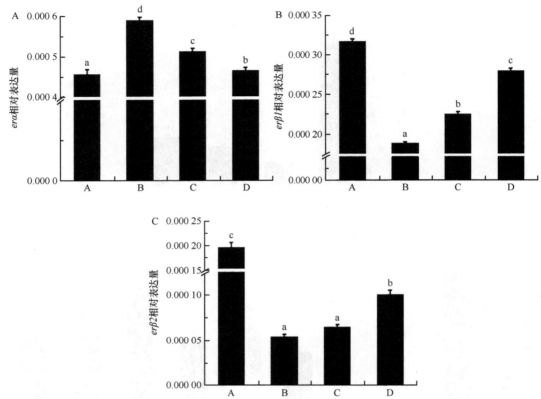

图 3-3-19 Cyclofenil 处理对金钱鱼肝中 *er* mRNA 水平的影响

A. 1μmol/L E_2;B. 1μmol/L E_2+1μmol/L Cyclofenil;C. 1μmol/L E_2+0.1μmol/L Cyclofenil;D. 1μmol/L E_2+0.01μmol/L Cyclofenil

五、综合分析

金钱鱼的 ER 具有三种亚型,和其他物种的 ER 类似,具有核受体家族的典型特征。氨基酸序列具有 6 个典型的结构域,不同的结构域具有不同的功能和结构特点。其中位于 A/B 区含有 MAPK 磷酸化位点,能介导非配体依赖性信号通路;C 区是 DNA 结合域,结构保守,并且可以与 DNA 结合及激活相关的保守元件,如 PKA、P 框和 D 框等;D 区为铰链区,保守性最低,它可以通过弯曲、转折等变化来辅助受体与 DNA 的结合;E/F 区称为配体结合区,它包含了 5 个特征性的螺旋结构区,并且具有 AF-2 基序和保守元件 PKC,AF-2 的主要功能是介导配体依赖性的信号通路。金钱鱼 A/B 区的同源性较低且长度各不相同,这一现象与斜带石斑鱼(*Epinephelus coioides*)的研究结果相似,表明不同亚型在非配体依赖性信号通路上具有种类特异性。

金钱鱼三种 ER 在所检测的组织中均有表达,说明 ER 具有广泛的生理功能,参与不同组织的生理功能调节。金钱鱼 ER 在生殖轴中有较高的表达量，与舌齿鲈、黑鲈和许氏平鲉（*Sebastes schlegelii*）的研究结果相似，表明了 ER 介导的信号通路参与调节了金钱鱼各个层次的生殖活动。金钱鱼 ER 在垂体中表达量都较高，可能与雌激素的反馈调节有关。此外，不论雌雄，在金钱鱼性腺中均检测到高表达的 ER，表明 ER 在金钱鱼性腺发育中具有重要的调节作用，可能涉及促进卵原细胞增殖发育、介导精子发生和促进支持细胞的增殖与分化等。

E_2 能显著促进金钱鱼三种 *vtg* 的表达，使肝组织 VTG 含量大幅度上升，与尼罗罗非鱼等鱼类的研究结果相似。众所周知，E_2 能促进鱼体内 *er* 的表达，从而增强雌激素信号通路的作用效应，但是在雌激素促进 VTG 合成过程中，究竟何种 ER 发挥了介导作用，不同的学者得出的结论有所不同。Soverchia 等（2005）用 E_2 和壬基酚处理金鱼发现，E_2 和壬基酚主要通过 ERβ1 促进 VTG 的合成。Leanos-Castaneda 和 Van Der Kraak（2007）在虹鳟中也得到相似的结果，但 Unal 等（2014）研究生殖抑制（RA）和生殖未抑制（RN）的雌性塔式油白鱼（*Chalcalburnus tarichi*），发现 ERα 表达量在 RA 组肝中显著低于 RN 组，而 ERβ1 表达量没有明显差异，从而认为在塔式油白鱼卵黄发生过程中，主要是 ERα 起调节作用。Sabo-Attwood 等（2004）对大口黑鲈腹腔注射 E_2（0.5mg/kg、1.0mg/kg、2.5mg/kg），发现肝中 *erα* 表达显著上升的同时，*erγ* 的表达量也明显上调，表明在大口黑鲈诱导卵黄蛋白生成过程中，ERα 和 ERγ 共同发挥作用。在金钱鱼的研究中，0.1～10μmol/L E_2 显著促进 *erβ1* mRNA 的表达，而 1μmol/L 和 10μmol/L E_2 同时促进 *erα* 和 *erβ1* 的表达，与大口黑鲈的研究结果极为相似。而在卵黄发生不同时期的金钱鱼肝中三种 *er* 表达研究也发现，卵黄发生期肝中 *erα* 和 *erβ1* 的表达量明显高于卵黄发生前期，而 *erβ1* 的表达量并无显著变化。综合上述结果，可认为，ERα 和 ERβ1 二者在卵黄蛋白发生过程中共同发挥重要的作用。

ICI182780 作为一种 ER 广谱拮抗剂，已广泛应用于 ER 功能的研究中。在金钱鱼的研究中，三种不同浓度的 ICI182780 处理被 E_2 作用的雄鱼，发现 ICI182780 对肝 *er*、*vtg* mRNA 水平及 VTG 含量均有明显的抑制作用，且 *erα*、*erβ1* 及 *vtg* mRNA 表达水平的变化趋势相同。MPP 是 ERα 拮抗剂，能特异性地抑制 ERα，阻断 ERα 介导的雌激素效应。研究发现，MPP 在抑制 *erα*、*vtg-B*、*vtg-C* mRNA 表达水平及 VTG 含量的同时，促进 *erβ1* 和 *vtg-A* 的表达。从中推测是由于 E_2 的存在，启动了合成 VTG 的信号通路，而 ERα 介导的信号通路又被抑制剂所阻断，由此 VTG 的合成只能通过 ERβ1 介导的信号通路来完成，并且在该过程中 *erβ1* 表达量增加，促进了 *vtg-A* mRNA 的表达。这说明在卵黄蛋白合成过程，当 ERα 介导的信号通路被阻断时，会启动 ERβ1 介导的雌激素信号通路补偿机制，且 ERβ1 主要调控 *vtg-A* mRNA 的表达。Cyclofenil 是 ERβ 拮抗剂，并通过离体孵育实验，发现 Cyclofenil 抑制了 *erβ1*、*erβ2*、*vtg-A*、*vtg-C* mRNA 表达水平及 VTG 含量，但却对 *erα* 和 *vtg-B* mRNA 表达水平有一定的促进作用。推测可能是由于 E_2 启动了卵黄发生的信号通路，由于 ERβ1 信号通路被抑制，由此 VTG 的合成只能通过 ERα 介导的信号通路来完成。此外，在该过程中 *erα* mRNA 表达水平会出现上扬的趋势，且促进了 *vtg-B* mRNA 的表达，进而说明在卵黄蛋白合成过程，当 ERβ1 介导的信号通路被阻断时，ERα 介导的雌激素信号通路会启动补偿机制，在该过程中 ERα 主要调控 *vtg-B* mRNA 的表达。

综上所述，在金钱鱼卵黄蛋白发生过程中，ERα 和 ERβ1 共同调控 *vtg* 基因的表达，其中 ERα 主要调控 *vtg-B* mRNA 的表达；ERβ1 主要调控 *vtg-A* mRNA 的表达。当 ERα 介导的信号通路出现阻断时，将会引起 *erβ1* 和 *vtg-A* mRNA 表达量上升；而 ERβ1 介导的信号通路被阻断时，会上调 *erα* 和 *vtg-B* mRNA 表达水平。

<h1 style="text-align:center">参 考 文 献</h1>

蔡泽平, 王毅, 胡家玮, 等. 2010. 金钱鱼繁殖生物学及诱导产卵试验[J]. 热带海洋学报, 29(5): 180-185.

胡晓齐, 王晶晶, 王厚鹏, 等. 2011. 稀有鮈鲫雄激素受体基因的克隆和内分泌干扰物对其表达的影响[J]. 西北农业学报, 20(2): 8-14.

黄宝锋. 2008. 南方鲇雄激素受体(AR)全长 cDNA 的克隆及分析[D]. 西南大学硕士学位论文.

李远友, 林浩然. 1998. GnRH 对虎纹蛙 LH 和 FSH 分泌活动的调节作用[J]. 中山大学学报(自然科学版), 37(5): 92-96.

王慧, 李霞, 张育辉. 2010. CYP19 基因表达与芳香化酶活性调控因子的研究进展[J]. 中国组织化学与细胞化学杂志, 03: 304-308.

王文达. 2012. 性类固醇激素及温度对胡子鲇性分化的影响[D]. 广东海洋大学硕士学位论文.

吴波, 张敏智, 邓思平, 等. 2014. 金钱鱼雌雄个体的形态差异分析[J]. 上海海洋大学学报, 23(1): 64-68.

姚道霞. 2007. 黄颡鱼性分化及激素诱导性转化研究[D]. 东北林业大学硕士学位论文.

张升敏. 2008. 环境雌激素对小鼠生殖系统雄激素受体影响的实验研究[D]. 汕头大学硕士学位论文.

Amano M, Oka Y, Yamanome T, et al. 2002. Three GnRH systems in the brain and pituitary of a *pleuronectiform* fish, the barfin flounder *Verasper moseri*[J]. Cell and Tissue Research, 309(2): 323-329.

Andreassen T K, Skjoedt K, Anglade I, et al. 2003. Molecular cloning, characterisation, and tissue distribution of oestrogen receptor alpha in eelpout (*Zoarces viviparus*)[J]. General and Comparative Endocrinology, 132(3): 356-368.

Araya J, Surintorn B, Goro Y. 2011. Characterization of melanocortin 4 receptor in *Snakeskin gourami* and its expression in relation to daily feed intake and short-term fasting[J]. General and Comparative Endocrinology, 173(1): 27-37.

Blázquez M, Piferrer F. 2005. Sea bass (*Dicentrarchus labrax*) androgen receptor: cDNA cloning, tissue-specific expression, and mRNA levels during early development and sex differentiation[J]. Molecular and Cellular Endocrinology, 237: 37-48.

Carreau P, Mercedes B. 2005. Aromatase distribution and regulation in fish[J]. Fish Physiol Bio chem, 231: 215-226.

Chai B, Li J Y, Zhang W, et al. 2006. Melanocortin-4 receptor-mediated inhibition of apoptosis in immortalized hypothalamic neurons via mitogen-activated protein kinase[J]. Peptides, 27(11): 2846-2857.

Chan K K L, Leung T H Y, Chan D W, et al. 2014. Targeting estrogen receptor subtypes (ER alpha and ER beta) with selective ER modulators in ovarian cancer[J]. Journal of Endocrinology, 221(2): 325-336.

Chao Z, Forlano P M, Cone R D. 2012. AgRP and POMC neurons are hypophysiotropic and coordinately regulate multiple endocrine axes in a larval teleost[J]. Cell Metabolism, 15(2): 256-264.

Chen H P, Zhang Y, Li S S, et al. 2011. Molecular cloning, characterization and expression profiles of three estrogen receptors in protogynous hermaphroditic orange-spotted grouper (*Epinephelus coioides*)[J]. General and Comparative Endocrinology, 172(3): 371-381.

Choi C Y, Habibi H R. 2003. Molecular cloning of estrogen receptor alpha and expression pattern of estrogen receptor subtypes in male and female goldfish[J]. Molecular and Cellular Endocrinology, 204(1-2): 169-177.

Collins P M, Neill D F O, Barron B R, et al. 2001. Gonadotropin-releasing hormone content in the brain and pituitary of male and female grass rockfish (*Sebastes rastrelliger*) in relation to seasonal changes in reproductive status[J]. Biol Reprod, 65: 173-179.

Devlin R H, Nagahama Y. 2002. Sex determination and sex differentiation in fish: an overview of genetic, physiological, and environmental influences[J]. Aquaculture, 208(3-4): 191-364.

Georgakopoulou E, Sfakianakis D G, Kouttouki S, et al. 2007. The influence of temperature during early life on phenotypic expression at later ontogenetic stages in sea bass[J]. Journal of Fish Biology, 70(1): 278-291.

Gonzalez-Martinez D, Zmora N, Mananos E, et al. 2002. Immunohistochemical localization of three different prepro-GnRHs in the brain and pituitary of the European sea bass (*Dicentrarchus labrax*) using antibodies to the corresponding GnRH-associated peptides[J]. J Comp Neurol, 446: 95-113.

Gorbman A, Sower S A. 2003. Evolution of the role of GnRH in animal (*Metazoan*) biology[J]. General & Comparative Endocrinology,

134(3): 207-13.

Guo R X, Wei L H, Zhao D, et al. 2006. Effects of ICI182780 (*Faslodex*) on proliferation and apoptosis induced by 17beta-estradiol in endometrial carcinoma cells[J]. Journal of Peking University Health sciences, 38(5): 470-474.

Haitina T, Klovins J, Takahashi A, et al. 2007. Functional characterization of two melanocortin (MC) receptors in lamprey showing orthology to the MC1 and MC4 receptor subtypes[J]. BMC Evolutionary Biology, 7(1): 101.

Halm S, Martinez-Rodriguez G, Rodriguez L, et al. 2004. Cloning, characterisation, and expression of three oestrogen receptors (ER alpha, ER beta 1 and ER beta 2) in the European sea bass, *Dicentrarchus labrax*[J]. Molecular and Cellular Endocrinology, 223(1-2): 63-75.

Hinfray N, Palluel O, Turies C, et al. 2006. Brain and gonadal aromatase as potential targets of endocrine disrupting chemicals in a model species, the zebra fish (*Danio rerio*)[J]. Environ Toxicol, 21(4): 332-337.

Hoskins L J, Xu M, Volkoff H. 2008. Interactions between gonadotropin-releasing hormone (GnRH) and orexin in the regulation of feeding and reproduction in goldfish (*Carassius auratus*)[J]. Hormones & Behavior, 54(3): 379-385.

Hossain M S, Larsson A, Scherbak N, et al. 2008. Zebrafish and rogen receptor: isolation, molecular, and biochemical characterization[J]. Biol Reprod, 78(2): 361-369.

Israel D D, Sharone S B, Carl D L, et al. 2012. Effects of leptin and melanocortin signaling interactions on pubertal development and reproduction[J]. Endocrinology, 153(5): MP34.

Jangprai A, Boonanuntanasarn S, Yoshizaki G. 2001. Characterization of melanocortin 4 receptor in Snakeskin Gourami and its expression in relation to daily feed intake and short-term fasting[J]. General & Comparative Endocrinology, 173(1): 27-37.

Jiang D N, Li J T, Tao Y X, et al. 2017. Effects of melanocortin-4 receptor agonists and antagonists on expression of genes related to reproduction in spotted scat, *Scatophagus argus*[J]. Joural of Comparative Physiology, Biochemical, Systemic, and Envionmental Physiology, 187(4): 603-612.

José Miguel C R, Aneta R, Helgi Birgir S T, et al. 2003. Molecular cloning, pharmacological characterization, and brain mapping of the melanocortin 4 receptor in the goldfish: involvement in the control of food intake[J]. Endocrinology, 144(6): 2336-2349.

Khong K, Kurtz S E, Sykes R L, et al. 2001. Expression of functional melanocortin-4 receptor in the hypothalamic GT1-1 cell line[J]. Neuroendocrinology, 74(3): 193-201.

Kobayashi Y, Tsuchiya K, T, Schioth H, et al. 2008. Food deprivation increases the expression of melanocortin-4 receptor in the liver of barfin flounder, *Verasper moseri*[J]. General & Comparative Endocrinology, 155(2): 280-287.

Lampert K P, Cornelia S, Petra F, et al. 2010. Determination of onset of sexual maturation and mating behavior by melanocortin receptor 4 polymorphisms[J]. Current Biology Cb, 20(19): 1729-1734.

Leanos-Castaneda O, Van Der Kraak G. 2007. Functional characterization of estrogen receptor subtypes, ER alpha and ER beta, mediating vitellogenin production in the liver of rainbow trout[J]. Toxicology and Applied Pharmacology, 224(2): 116-125.

Lethimonier C, Madigou T, Muñoz-Cueto J A, et al. 2004. Evolutionary aspects of GnRHs, GnRH neuronal systems and GnRH receptors in teleost fish[J]. Gen Comp Endocrinol, 135: 1-16.

Limone P, Calvelli P, Altare F, et al. 1997. Evidence for an interaction between α-MSH and opioids in the regulation of gonadotropin secretion in man[J]. Applied Radiation & Isotopes Including Data Instrumentation & Methods for Use in Agriculture Industry & Medicine, 20(4): 207-210.

Lynn S G, Birge W J, Shepherd B S. 2008. Molecular characterization and sex-specific tissue expression of estrogen receptor alpha (esr1), estrogen receptor beta a (esr2a) and ovarian aromatase (cyp19a1a) in yellow perch (*Perca flavescens*)[J]. Comparative Biochemistry and Physiology B-Biochemistry & Molecular Biology, 149(1): 126-147.

Martin W J, Mcgowan E, Cashen D E, et al. 2002. Activation of melanocortin MC4 receptors increases erectile activity in rats ex copula[J]. European Journal of Pharmacology, 454(1): 71-79.

Mu W J, Wen H S, Shi D, et al. 2013. Molecular cloning and expression analysis of estrogen receptor betas (ER beta 1 and ER beta 2) during gonad development in the Korean rockfish, *Sebastes schlegeli*[J]. Gene, 523(1): 39-49.

Muriach B, Carrillo M, Zanuy S, et al. 2008. Distribution of estrogen receptor 2 mRNAs (Esr2a and Esr2b) in the brain and pituitary of the sea bass (*Dicentrarchus labrax*)[J]. Brain Research, 1210: 126-141.

Nakamura M, Bhandari R K, Higa M. 2003. The role estrogens play in sex differentiation and sex changes of fish[J]. Fish Physiology and Biochemistry, 28(1-4): 113-117.

Pinto P I S, Passos A L, Martins R S, et al. 2006. Characterization of estrogen receptor beta b in sea bream (*Sparus auratus*): Phylogeny, ligand-binding, and comparative analysis of expression[J]. General and Comparative Endocrinology, 145(2): 197-207.

Rongbin W, Dengyue Y, Chaowei Z, et al. 2013. Cloning, distribution and effects of fasting status of melanocortin 4 receptor (MC4R) in *Schizothorax prenanti*[J]. Gene, 532(1): 100-107.

Sabo-Attwood T, Kroll K J, Denslow N D. 2004. Differential expression of largemouth bass (*Micropterus salmoides*) estrogen receptor isotypes alpha, beta, and gamma by estradiol[J]. Molecular and Cellular Endocrinology, 218(1-2): 107-118.

Servili A, Lethimonier C Lareyre J J, Lopez Olmeda J F, et al. 2010. The Highly conserved gonadotropin-releasing hormone-2 form acts as a melatonin-releasing factor in the pineal of a teleost fish, the european sea bass *Dicentrarchus labrax*[J]. Endocrinology, 151(5): 2265-2275.

Shao Y T, Hwang L Y, Lee T H. 2004. Histological observations of ovotestis in the spotted scat *Scatophagus argus*[J]. Fish Sci, 70(4): 716-718.

Shi D, Wen H S, He F, et al. 2011. The physiology functions of estrogen receptor alpha (ER alpha) in reproduction cycle of ovoviviparous black rockfish, *Sebastes schlegeli* Hilgendorf [J]. Steroids, 76(14): 1597-1608.

Soverchia L, Ruggeri B, Palermo F, et al. 2005. Modulation of vitellogenin synthesis through estrogen receptor beta-1 in goldfish (*Carassius auratus*) juveniles exposed to 17-beta estradiol and nonylphenol[J]. Toxicology and Applied Pharmacology, 209(3): 236-243.

Swapna I, Sudhakumari C C, Sakai F, et al. 2008. Seabream GnRH immunoreactivity in brain and pituitary of XX and XY Nile tilapia, Oreochromis niloticus, during early development[J]. Journal of Experimental Zoology Part A Ecological Genetics & Physiology, 309A(7): 419-426.

Tsutsui K, Tachibana T, Masuda N, et al. 2008. The orexigenic effect of GnIH is mediated by central opioid receptors in chicks[J]. Comparative Biochemistry & Physiology Part A Molecular & Integrative Physiology, 150(1): 21-25.

Unal G, Marquez E C, Feld M, et al. 2014. Isolation of estrogen receptor subtypes and vitellogenin genes: Expression in female *Chalcalburnus tarichi*[J]. Comparative Biochemistry and Physiology B-Biochemistry & Molecular Biology, 172: 67-73.

Wang D S, Senthilkumaran B, Sudhakumari C C, et al. 2005. Molecular cloning, gene expression and characterization of the third estrogen receptor of the Nile tilapia, *Oreochromis niloticus*[J]. Fish Physiology and Biochemistry, 31(2-3): 255-266.

Yang G, Zhu H, Shen Y M. 2011. Synthesis of novel polyethylene glycol (PEG)-cyclofenil as molecular probe of estrogen receptor beta[J]. Chinese Journal of Organic Chemistry, 31(5): 715-723.

Zhang C, Forlano P M, Cone R D. 2012. AgRP and POMC neurons are hypophysiotropic and coordinately regulate multiple endocrine axes in a larval teleost[J]. Cell Metabolism, 15(2): 256-264.

Zohar Y, Muñoz-Cueto J A, Elizur A, et al. 2010. Neuroendocrinology of reproduction in teleost fish[J]. Gen Comp Endocrinol, 165: 438-455.

第四章　金钱鱼生长内分泌调控机制

第一节　金钱鱼生长抑素克隆及其在生长调控中的功能

生长抑素（somatostatin，SST）是脊椎动物生长调控过程中一种由 14 个氨基酸组成的环状调节肽。1968 年，Krulich 等研究小鼠下丘脑激素释放的物质时，发现一种可以抑制生长激素（GH）释放的物质，并将其命名为 somatostatin。SST 是由结构多样的多肽组成的蛋白质家族，在脊椎动物中广泛分布，具有调控生长等重要作用。目前对哺乳动物中 SST 的研究较为充分，而对硬骨鱼类的研究相对较少，仅在斑马鱼中开展了较为深入的研究，且 SST 的类型和数量在不同物种中存在较大差异。斑马鱼中存在 6 种不同形式的 *sst* 基因，分别称为 *sst1*、*sst2*、*sst3*、*sst4*、*sst5* 和 *sst6*。研究表明，*sst* 基因在脊椎动物的 GH-IGF-1 生长调控轴中发挥重要作用，SST 不仅可以直接抑制 GH 的分泌，还可以通过调节 GH-IGF-1 系统来抑制机体的生长。在硬骨鱼类中，SST 以组织依赖性方式调节 IGF-1 的合成和分泌。

广东省南方特色鱼类繁育与养殖创新团队首次对金钱鱼 *sst* 基因家族进行了序列分析、基因表达及功能研究。在金钱鱼基因组中鉴定到 4 种 *sst* 基因：*sst1*、*sst3*、*sst5* 和 *sst6*；采用 qRT-PCR 分别检测了 4 种 *sst* 基因在 11 种组织（下丘脑、垂体、心脏、肝、卵巢/精巢、肾、脾、胃、肠、肌肉、鳃）中的表达水平；并用 qRT-PCR 方法检测了离体孵育条件下，4 种 *sst* 基因的 SS-14 活性肽在不同浓度（0.1μmol/L、1μmol/L、10μmol/L）和孵育时间（3h、6h）下对肝中的胰岛素样生长因子 1（insulin like growth factor 1，IGF-1）和胰岛素样生长因子 2（insulin like growth factor 2，IGF-2）表达的影响；分别体内注射 SST1 和 SST3 中 SS-14 活性肽，对金钱鱼垂体和肝组织进行转录组测序，筛选并鉴定金钱鱼生长相关差异表达基因，初步解析 SST 在金钱鱼生长调控轴的作用机制。

一、金钱鱼生长抑素的克隆与序列分析

1. 金钱鱼 *sst* 基因序列、结构分析

将 GenBank 中斜带石斑鱼、尼罗罗非鱼和斑马鱼 *sst* 基因的 ORF 与本实验室已有的金钱鱼基因组和转录组（垂体、肝混合）进行本地 BLAST。比对及克隆验证后发现，金钱鱼基因组中存在 4 种 *sst* 基因：*sst1*、*sst3*、*sst5* 和 *sst6*。将 4 种 *sst* 基因的 ORF 与基因组数据进行比对，获得了基因全长及其内含子和外显子结构。

金钱鱼 *sst1* 基因 cDNA 全长为 658bp，包括 121bp 的 5′端非编码区（5′-UTL）、372bp 的 ORF、165bp 的 3′-UTL，在 641～646 位点有一个多腺苷酸（aataaa）信号序列（图 4-1-1）。编码的 123 个氨基酸序列中，前 29 个氨基酸为信号肽。第 108 和 109 位点有精氨酸-赖氨酸（R-K）识别位点，推测其酶切后可产生 14 肽生长抑素（SS-14）；在 93 位点有精氨酸

（R）识别位点，推测其酶切后可产生 30 肽生长抑素（SS-30）。

```
                                                                  c    1
acacacacacacacactcacggtgatcggtgacgtcagcggggtgtataagagccgcgcg     61
gacgggacagacccagaagatccgccgaccccgacagacagaccgactgactgacacgtg    121
atgaagatggtctcctcctcgcgcacccgctgcctcctcctgctcctcctctccctcacc    181
 M  K  M  V  S  S  S  R  T  R  C  L  L  L  L  L  L  S  L  T      20
gcctccatcagctgctcctccgcgcgcccagagagactccaaactccgcctgttgctgcac    241
 A  S  I  S  C  S  S  A  A  Q  R  D  S  K  L  R  L  L  L  H      40
cggaccccgctgctgggctccaaacaggacatgtctcggtcctccctggcagagctgctc    301
 R  T  P  L  L  G  S  K  Q  D  M  S  R  S  S  L  A  E  L  L      60
ctgtcagacctgctccaggtggagaacgaggctctggacgaggacgacttcccccccggcc    361
 L  S  D  L  L  Q  V  E  N  E  A  L  D  E  D  D  F  P  P  A      80
gaggggaacccgaagacatccgcgtcgatctggaacgagccgccgccgccggcagcggg    421
 E  G  E  P  E  D  I  R  V  D  L  E [R] A  A  A  G  S  G       100
ccgctgctcgcccccgagagcggaaagccggctgagaacttcttctggaagacgttc     481
 P  L  L  A  P  R  E [R  K] A  G  C  K  N  F  F  W  K  T  F    120
acttcctgctgagagcctcgtcatcttcgtcctcaccctgcgtcctcatcgcactccgta    541
 T  S  C  -                                                    123
cagactgtcgatgattagtttgggtcaactgttttaattttctgggctgattcttctg    601
aatgtaaacttgatgaaactatttttaataagttggtttgaataaaatctgtttgaga    658
```

图 4-1-1　金钱鱼 *sst1* 的核苷酸序列及推导出的氨基酸序列

氨基酸和核苷酸序列分别以大写和小写字母显示。潜在的酶切位点用方框表示。信号肽以粗体字母表示，生长抑素序列以粗体下划线表示。带下划线的为多腺苷酸信号

　　金钱鱼 *sst3* 基因 cDNA 全长为 790bp，包括 245bp 的 5′-UTL、384bp 的 ORF、127bp 的 3′-UTL，在 756～761 位点有一个多腺苷酸（aataaa）信号序列（图 4-1-2）。编码的

```
                                                                gtttt    5
attgttaagactccatttaaagtcaataaggactaatggacgtttatttaacttgaatgt     65
cagcgttccttcatcaccctgcgccgccagctgtcaatcaaacgcaccatgtcacatg    125
acccgcaggaggaggagcatcgggcttcaaaagagcagcaccctgtggaccaaaccagag    185
acaagagcagaaccagaaccaggacgaggaccagcagaagataccagaccagcagacagt    245
atgcagtgcgttcgttgtcctgccatcttggctcttgtggcgttggttctgtgcagtccc    305
 M  Q  C  V  R  C  P  A  I  L  A  L  V  A  L  V  L  C  S  P      20
ggtgtttcctctcagctcgacagagatcaggaccagaaccagaaccaggacttggacttg    365
 G  V  S  S  Q  L  D  R  D  Q  D  Q  N  Q  N  Q  D  L  D  L      40
gagctgcgtcaccaccggctgctgcaacgagctcgcagtgccggactcctgccacaggag    425
 E  L  R  H  H  R  L  L  Q  R  A  R  S  A  G  L  L  P  Q  E      60
tggagtaaacgtgcagtggaggacctgctggctcagatgtctctgcccgaagccgatggc    485
 W  S  K  R  A  V  E  D  L  L  A  Q  M  S  L  P  E  A  D  G      80
cagcgcggaggctgaggttgttccatggcaacaggaggaagggtgaacctggagaggtcc    545
 Q  R  E  A  E  V  V  S  M  A  T  G  G  R  V  N  L  E [R] S    100
gtggacgcccccaacaacctgccaccccgcgagcgcaaagctggctgcaagaacttctac    605
 V  D  A  P  N  N  L  P  P  R  E [R  K] A  G  C  K  N  F  Y    120
tggaaggggcttcacttcctgttaaaggaatgcgccacccagccgaggccaacccttcacg    665
 W  K  G  F  T  S  C  -                                        127
ggaccagctgaccaatcccagattacttggccttcacctgaatgactgtatggaccaatc    725
agcagctctctggcagcaacatacctgaataataaatgtaattatcaattaaagagagaa    785
atcag                                                          790
```

图 4-1-2　金钱鱼 *sst3* 的核苷酸序列及推导出的氨基酸序列

氨基酸和核苷酸序列分别以大写和小写字母显示。潜在的酶切位点用方框表示。信号肽以粗体字母表示，生长抑素序列以粗体下划线表示。带下划线的为多腺苷酸信号

127 个氨基酸序列中，前 24 个氨基酸为信号肽。第 112 和 113 位点有精氨酸-赖氨酸（R-K）识别位点，推测其酶切后可产生 SS-14；在 99 位点有精氨酸（R）识别位点，推测其酶切后可产生 28 肽生长抑素（SS-28）。

　　金钱鱼 *sst5* 基因 cDNA 全长为 748bp，包括 157bp 的 5′-UTL、321bp 的 ORF、270bp 的 3′-UTL，在 682～687 位点和 726～731 位点各有一个多腺苷酸（aataaa）信号序列（图 4-1-3）。编码的 106 个氨基酸序列中，前 20 个氨基酸为信号肽。第 91 和 92 位点有精氨酸-赖氨酸（R-K）识别位点，推测其酶切后可产生 SS-14；在 82 位点有精氨酸（R）识别位点，推测其酶切后可产生 24 肽生长抑素（SS-24）。

```
                          gtcagtagttagtcactcctgtgtaatgttatgaatc   37
     aagtgtttttggggaaggggggttatggtactagttagtgatactggtctcacctgtcggc   97
     actggactggtcacacagaaaggtgaggcgagtagcaacaccacactgaaacaaatacgt  157
     atggtgcagctgcttctcgtggctttgtttcctctgtgctgctggtgcaggtcagcggt  217
     M  V  Q  L  L  L  V  A  L  F  S  S  V  L  L  V  Q  V  S  G    20
     gtcccacgcagagacatgctgacagaaacactgagagcagacctggcaaatgacaaggat  277
     V  P  R  R  D  M  L  T  E  T  L  R  A  D  L  A  N  D  K  D    40
     ctcgctcacttgctcctgctgaagttcgtgtctgaactgatggcggcgagaggagacgag  337
     L  A  H  L  L  L  L  K  F  V  S  E  L  M  A  A  R  G  D  E    60
     atgctccccgagccggaggatgaggaggagcaggaggcaggagtcagggaggaggtgatg  397
     M  L  P  E  P  E  D  E  E  E  Q  E  A  G  V  R  E  E  V  M    80
     cggcggcatcttgccctctcccaaagagagcgcaaggcgggctgccgcaacttcttctgg  457
     R [R] H  L  A  L  S  Q  R  E [R  K] A  G  C  R  N  F  F  W   100
     aagacgttcacctcgtgctagcaccggaccagagctgctcaagctggagtgttgttgttg  517
     K  T  F  T  S  C  -                                         106
     tttttaattcctcttcttttcaagcataacttattccgtgtgtttaattactttgttggagc  577
     tcaatcgattactgcaagatgccaaatgtgcaggtgttgtagcaattgtaagctgtgata  637
     aggctgtatgttttgagatgggcagggatttacacagtgtccacaataaaaaagaaatc  697
     agtttaagagagtatgtttgttagttataataaatataaaaagaaacctca          748
```

图 4-1-3　金钱鱼 *sst5* 的核苷酸序列及推导出的氨基酸序列

氨基酸和核苷酸序列分别以大写和小写字母显示。潜在的酶切位点用方框表示。信号肽以粗体字母表示，生长抑素序列以粗体下划线表示。带下划线的为多腺苷酸信号

　　sst6 的 cDNA 全长为 752bp，包括 200bp 的 5′-UTL、333bp 的 ORF 和 219bp 的 3′-UTL，在 742～747 位点有一个多腺苷酸（aataaa）信号序列（图 4-1-4）。编码的 110 个氨基酸序列中，前 19 个氨基酸为信号肽。在氨基酸第 95 和 96 位点有精氨酸-赖氨酸（R-K）识别位点，推测其酶切后可产生 SS-14；在 87 位点有精氨酸（R）识别位点，推测其酶切后可产生 23 肽生长抑素（SS-23）。

　　参考金钱鱼基因组数据，*sst1* 和 *sst3* 均位于 LG4 染色体，*sst5* 和 *sst6* 分别位于 LG23 和 LG8 染色体。四种 *sst* 基因分子量分别为 13.51kDa、14.19kDa、12.15kDa 和 12.33kDa；其蛋白质理论等电点（pI）分别为 5.93、7.09、5.14 和 7.05。使用 SMART 软件预测了金钱鱼 4 种 *sst* 基因结构，其中 *sst1* 和 *sst6* 都包含 1 个内含子和 2 个外显子，*sst3* 和 *sst5* 均包含 2 个内含子和 3 个外显子（图 4-1-5）。四种 *sst* 基因的 SS-14 氨基酸序列高度保守，在其整个遗传进化过程中均包含 1 个保守域（SS-14）。

```
                              gtttccaaatcttgtgacca        20
ccttgccgctaccaactgaactgcactttcttcaccactctcatctggatcctgggctgg   80
tctgagttgcacagactctctctctctcttttctctccagcacactctcacttaagctctc  140
tttgagcctcctgctcctgtgactgtagctgtggtccgtcacctgcactcccgtcacagc  200
atgcagctcctggtggtgttagcagctctcatgggggttctgttcagcgttagagcagcc  260
   M  Q  L  L  V  V  L  A  A  L  M  G  V  L  F  S  V  R  A  A    20
gccgtgcttcctgtggaggacaggagccccagccatgtgaacagggagctgaacaaagag  320
   A  V  L  P  V  E  D  R  S  P  S  H  V  N  R  E  L  N  K  E    40
cggaaggagctgatcctgaagctggtgtctggcttgttggacggagctctggacaccaac  380
   R  K  E  L  I  L  K  L  V  S  G  L  L  D  G  A  L  D  T  N    60
ctgttgccagggggaagcggcacccgtggatctcgaggagccgctggagtctcgtctggag  440
   L  L  P  G  E  A  A  P  V  D  L  E  E  P  L  E  S  R  L  E    80
gagagggctgtctacaacaggctatcactgcctcagcgtgaccgcaaagcccctgtaaa  500
   E  R  A  V  Y  N  [R] L  S  L  P  Q  R  D  [R  K] A  P  C  K  100
aacttcttctggaaaactttcacctcctgctaacagtgcccaaaaccaccggctctgcc  560
   N  F  F  W  K  T  F  T  S  C  -                               110
tgccttctgtactccttccctcccagctccacatgaactgtagtagacctcagctgtaca  620
tatcatctacacctgtcagacatgcagcatcgatggacttcaccgagacagtgtgtttat  680
gtatcaatttatgtatacactgtatgtatttatgtatgtaacattttctttcagggtaaa  740
caataaagcatg                                                    752
```

图 4-1-4　金钱鱼 *sst6* 的核苷酸序列及推导出的氨基酸序列

氨基酸和核苷酸序列分别以大写和小写字母显示。潜在的酶切位点用方框表示。信号肽以粗体字母表示，生长抑素序列以粗体下划线表示。带下划线的为多腺苷酸信号

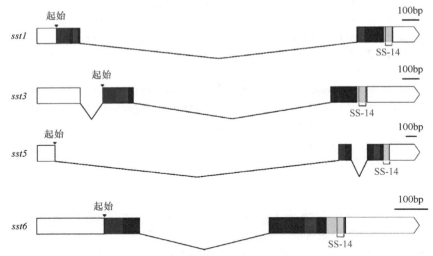

图 4-1-5　金钱鱼 *sst* 基因外显子-内含子结构和蛋白质结构域预测图（彩图请扫封底二维码）

左侧的白色矩形表示 5′-UTR，右侧的白色多边形表示 3′-UTR。可读框由彩色框表示。蓝色箭头代表起始密码子位置，信号肽标记为红色，低复杂度区域和 Pfam：生长抑素区域分别用紫色和黄色标记。编码成熟肽的区域（SS-14）用红色标注

2. 金钱鱼 SST 系统进化与共线性分析

使用 Mega7.0 软件对金钱鱼和其他脊椎动物的 *sst* 氨基酸序列构建系统进化树（图 4-1-6）。结果显示，金钱鱼 4 个 *sst* 基因与其他脊椎动物的直系同源基因分别聚集到 4 个不同的分支中；此外，金钱鱼与鲈形目鱼类聚为一支，表明其在进化上与鲈形目鱼类的亲缘关系较近。选定 10 种脊椎动物物种基因组进行 *sst* 基因共线性分析，实验结果进一步验证了 SST 系统发育分析的准确性，并确定了其保守的区域（图 4-1-7）。

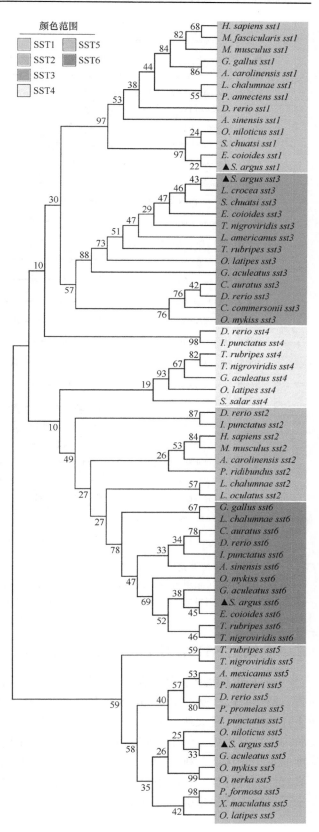

图 4-1-6 金钱鱼与其他脊椎动物的 *sst* 基因系统树分析（彩图请扫封底二维码）

进化树是使用 Mega7.0 中的最大似然法构建。金钱鱼的 *sst* 基因用三角形符号表示。图中物种分别为：斑马鱼（*D. rerio*），红鳍东方鲀（*T. rubripes*），青鳉（*O. latipes*），尼罗罗非鱼（*O. niloticus*），大黄鱼（*L. crocea*），三刺鱼（*G. aculeatus*），中华鲟（*A. sinensis*），非洲肺鱼（*P. annectens*），鳜（*S. chuatsi*），斜带石斑鱼（*E. coioides*），斑点叉尾鮰（*I. punctatus*），猫鲨（*S. canicula*），象鲨（*C. milii*），虹鳟（*O. mykiss*），绿河豚（*T. nigroviridis*），金鱼（*C. auratus*），白亚口鱼（*C. commersonii*），剑尾鱼（*X. maculatus*），黑头软口鲦（*P. promelas*），美洲拟鲽（*L. americanus*），红腹水虎鱼（*P. nattereri*），非洲爪蟾（*X. laevis*），蜥蜴（*A. carolinensis*），鸡（*G. gallus*），人（*H. sapiens*），小鼠（*M. musculus*）和食蟹猕猴（*M. fascicularis*）

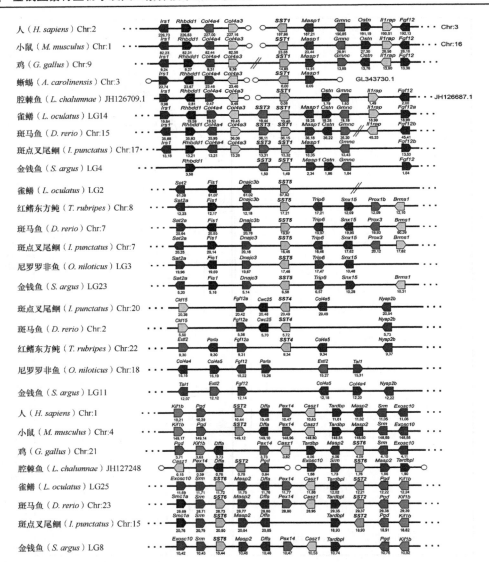

图 4-1-7   使用 10 种选定的脊椎动物物种（人、小鼠、鸡、蜥蜴、腔棘鱼、雀鳝、斑马鱼、斑点叉尾鲴、尼罗罗非鱼和红鳍东方鲀）的基因组对金钱鱼的 *sst* 基因进行共线性分析（彩图请扫封底二维码）

基因由五边形表示，所指向的方向就是阅读框的方向。具有保守共线性的基因以相同的颜色表示。空圆圈表示支架的末端。

基因的位置[以兆碱基（Mb）为单位]显示在每个五边形下方

二、金钱鱼 SST 的时空表达模式分析

通过 qRT-PCR 方法检测金钱鱼不同组织（下丘脑、垂体、心脏、肝、性腺、肾、脾、胃、肠、肌肉、鳃）中 *sst* mRNA 表达水平（图 4-1-8）。结果发现，金钱鱼 4 种 *sst* 基因在下丘脑中均大量表达，但不同基因在不同组织中的表达有所不同。*sst1* 和 *sst3* 基因在肝和肌肉中均有表达，但下丘脑中 *sst3* 的表达明显高于 *sst1*。*sst3* 在金钱鱼卵巢和肌肉中以适度的水平表达，在雄性金钱鱼的心脏、肝、肌肉等组织中观察到适度的表达。*sst5* 的表达具有性别特异性，在卵巢和雄鱼的下丘脑中高表达；值得关注的是，*sst5* 在卵巢中表达水平远远高于精巢中的表达水平。*sst6* 在胃中表达最高，其次是下丘脑和肠。

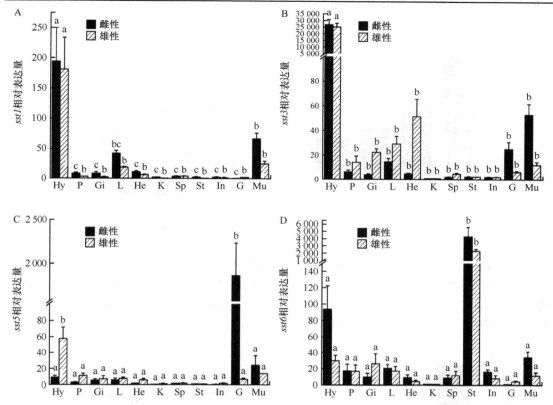

图 4-1-8　雌、雄金钱鱼 *sst1*（A）、*sst3*（B）、*sst5*（C）和 *sst6*（D）在不同组织中的相对表达水平

误差棒代表 3 次独立重复的平均值的标准误差。分别比较了雌、雄金钱鱼之间的显著差异。误差条上方的不同字母表示在 P ＜0.05 上的统计学差异，这是通过单因素方差分析和邓肯检验确定的。Hy. 下丘脑；P. 垂体；Gi. 鳃；L. 肝；He. 心脏；K. 肾；Sp. 脾；St. 胃；In. 肠；G. 性腺；Mu. 肌肉

三、SST 多肽离体孵育对肝 *igf1* 和 *igf2* 表达的影响

1. SST1 多肽离体孵育对肝 *igf1* 和 *igf2* 表达的影响

与对照组相比，对肝碎片离体孵育 3h 后，不同浓度（0.1μmol/L、1μmol/L 和 10μmol/L）的 SST1 多肽显著抑制了肝中 *igf1* 和 *igf2* 的表达。孵育 6h 后，与对照组相比，各处理组的 *igf1* 和 *igf2* 表达均显著降低（图 4-1-9）。

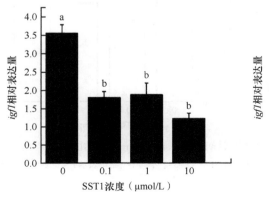

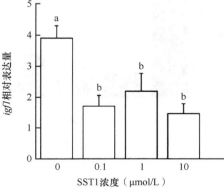

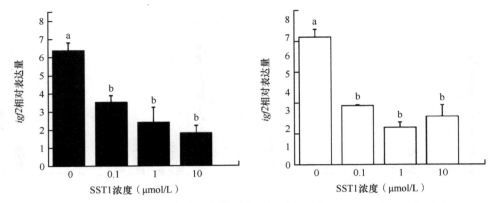

图 4-1-9　SST1 在不同浓度和离体孵育时间对肝脏中 *igf1* 和 *igf2* 表达的影响

黑色柱表示孵育 3h，白色柱表示孵育 6h。数据表示为平均值±SEM（*n*=3）。不同小写字母表示 $P<0.05$ 时差异显著

2. SST3 多肽离体孵育对肝 *igf1* 和 *igf2* 表达的影响

与对照组相比，对肝碎片离体孵育 3h 后，不同浓度（0.1μmol/L、1μmol/L 和 10μmol/L）的 SST3 多肽显著抑制了 *igf1* 和 *igf2* 的表达。但孵育 6h 后，仅浓度为 10μmol/L 组的 *igf1* 表达显著降低，*igf2* 的表达无显著性变化（图 4-1-10）。

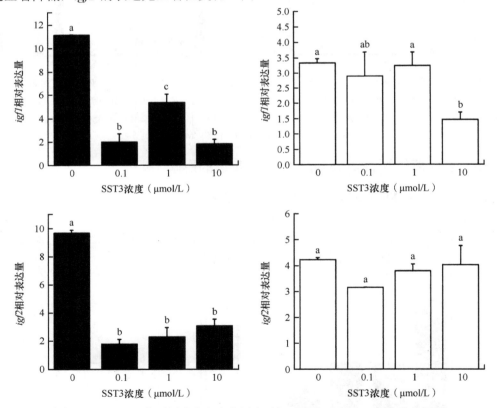

图 4-1-10　SST3 在不同浓度和离体孵育时间对肝中 *igf1* 和 *igf2* 表达的影响

黑色柱表示孵育 3h，白色柱表示孵育 6h。数据表示为平均值±SEM（*n*=3）。不同小写字母表示 $P<0.05$ 时差异显著

3. SST5 多肽离体孵育对肝 *igf1* 和 *igf2* 表达的影响

与对照组相比,对肝碎片离体孵育 3h 后,不同浓度(0.1μmol/L、1μmol/L 和 10μmol/L)的 SST5 多肽对 *igf1* 和 *igf2* 的表达无显著影响。但孵育 6h 后,各处理组的 *igf1* 表达显著增加,*igf2* 的表达无显著性变化(图 4-1-11)。

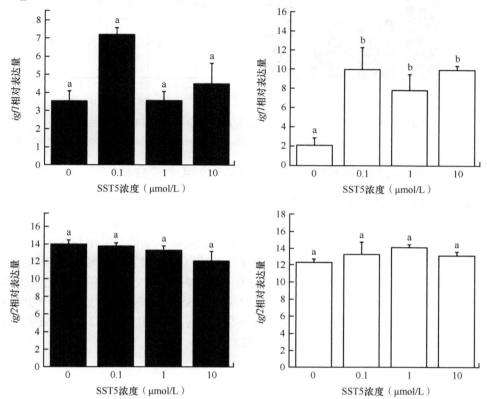

图 4-1-11　SST5 在不同浓度和离体孵育时间对肝中 *igf1* 和 *igf2* 表达的影响

黑色柱表示孵育 3h,白色柱表示孵育 6h。数据表示为平均值±SEM(n=3)。不同小写字母表示 $P<0.05$ 时差异显著

4. SST6 多肽离体孵育对肝 *igf1* 和 *igf2* 表达的影响

与对照组相比,对肝脏碎片离体孵育 3h 后,不同浓度(0.1μmol/L、1μmol/L 和 10μmol/L)的 SST6 多肽显著抑制 *igf1* 和 *igf2* 的表达。但孵育 6h 后,浓度为 10μmol/L 组的 *igf1* 表达显著降低,*igf2* 的表达显著增加(图 4-1-12)。

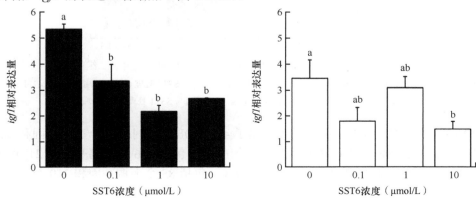

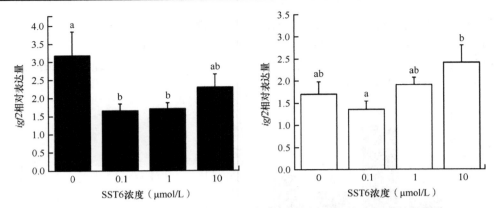

图 4-1-12　SST6 在不同浓度和离体孵育时间对肝中 *igf1* 和 *igf2* 表达的影响

黑色柱表示孵育 3h，白色柱表示孵育 6h。数据表示为平均值±SEM（*n*=3）。不同小写字母表示 $P<0.05$ 时差异显著

四、SST 多肽体内注射后金钱鱼垂体及肝转录组比较分析

1. 垂体和肝转录组差异表达基因的筛选

以体内注射 SST1 和 SST3 活性肽（处理时间 3h、6h）的金钱鱼垂体及肝组织作为处理组，以注射 0.9%生理盐水（处理时间 3h、6h）的金钱鱼垂体及肝组织作为对照组，分别对对照组和处理组的垂体和肝组织进行转录组测序（每组设置 3 个生物学重复），筛选并鉴定金钱鱼生长相关差异表达基因（DEG），各处理组与对照组间差异表达基因结果见图 4-1-13。共设置 4 个组，CP-vs-T1P：垂体对照组与 SST1 处理 6h 的处理组；CP-vs-T3P：垂体对照组与 SST3 处理 6h 的处理组；CL6-vs-T3L6：肝对照组与 SST3 处理 6h 的处理组；CL3-vs-T1L3：肝对照组与 SST1 处理 3h 的处理组。

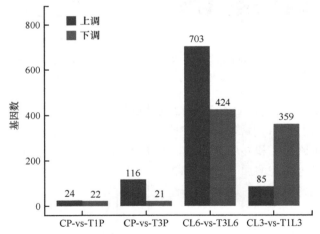

图 4-1-13　金钱鱼垂体及肝差异基因统计图（彩图请扫封底二维码）

CP-vs-T1P. 垂体对照组与 SST1 处理 6h 的处理组；CP-vs-T3P. 垂体对照组与 SST3 处理 6h 的处理组；CL6-vs-T3L6. 肝对照组与 SST3 处理 6h 的处理组；CL3-vs-T1L3. 肝对照组与 SST1 处理 3h 的处理组

结果显示，在 CP-vs-T1P 组之间鉴定出了 46 个 DEG，包括 24 个上调基因和 22 个下调基因；在 CP-vs-T3P 组之间鉴定出了 137 个 DEG，包括 116 个上调基因和 21 个下调基因。在 CL3-vs-T1L3 组之间鉴定出了 444 个 DEG，包括 85 个上调基因和 359 个下调基因；

在 CL6-vs-T3L6 组之间鉴定出了 1127 个 DEG，包括 703 个上调基因和 424 个下调基因。

2. CP-vs-T1P 组差异表达基因富集分析

根据金钱鱼垂体 CP-vs-T1P 组数据注释信息，差异基因富集到显著性的通路是：胰岛素分泌、MAPK 信号通路、轴突导向、弓形虫病以及甲状旁腺激素的合成、分泌和作用。从中共筛选出 9 个差异表达基因（表 4-1-1）。其中蛋白激酶 Cα（*prkca*）、电压依赖性钙通道 L 型 α-1S（*cacna1s*）和转录因子 MAFB（*mafb*）基因显著下调，钠/钾转运 ATP 酶亚单位 β（*atp1β*）、热休克同源 70kDa 蛋白（*hspa1s*）等 6 个基因显著上调。

表 4-1-1　CP-vs-T1P 组 KEGG 富集通路及相关差异基因

通路 ID	代谢途径	基因名	基因描述
ko04911	胰岛素分泌	*prkca*（↓）	蛋白激酶 Cα（protein kinase Cα）
		atp1β（↑）	钠/钾转运 ATP 酶亚单位 β（sodium/potassium-transporting ATPase subunit β）
ko04010	MAPK 信号通路	*cacna1s*（↓）	电压依赖性钙通道 L 型 α-1S（voltage-dependent calcium channel L type α-1S）
ko04360	轴突导向	*hspa1s*（↑）	热休克同源 70kDa 蛋白质（heat shock cognate 70kDa protein）
ko05145	弓形虫病	*sema4*（↑）	信号素 4（semaphorin 4）
		l1cam（↑）	L1 细胞黏附分子（L1 cell adhesion molecule）
		lama3（↑）	层粘连蛋白亚单位 α3（laminin subunit α3）
		mhc2（↑）	Ⅱ类主要组织相容性复合体（major histocompatibility complex，class Ⅱ）
ko04928	甲状旁腺激素的合成、分泌和作用	*mafb*（↓）	转录因子 MAFB（transcription factor MAFB）

注：（↑）表示上调的基因；（↓）表示下调的基因，后同

3. CP-vs-T3P 组差异表达基因富集分析

根据金钱鱼垂体 CP-vs-T3P 组数据注释信息，差异基因主要富集在以下通路：代谢途径、补体和凝血级联。从中筛选出部分差异表达基因（表 4-1-2），其中细胞因子信号转导抑制剂 3（*socs3*）和苏氨酸脱水酶生物合成（*tdcb*）基因显著下调，乙醇脱氢酶 1（*adh5*）、骨形态发生蛋白 6（*bmp6*）等 18 个基因显著上调。

表 4-1-2　CP-vs-T3P 间 KEGG 富集通路及相关差异基因

通路 ID	代谢途径	基因名	基因描述
ko01100	代谢途径	*adh5*（↑）	乙醇脱氢酶 1（alcohol dehydrogenase 1-like）
		gapdh（↑）	甘油醛 3-磷酸脱氢酶（glyceraldehyde 3-phosphate dehydrogenase）
		bhmt（↑）	甜菜碱同型半胱氨酸 S-甲基转移酶（betaine-homocysteine S-methyltransferase）
		agxt（↑）	丙氨酸乙醛酸转氨酶（alanine-glyoxylate transaminase）
		g6pc（↑）	葡萄糖-6-磷酸酶（glucose-6-phosphatase）
		aldo（↑）	Ⅰ类醛缩酶（aldolase，class Ⅰ）
		tdcb（↓）	苏氨酸脱水酶生物合成（threonine dehydratase biosynthetic）
		ptgds（↑）	中性粒细胞明胶酶相关脂肪钙蛋白（meutrophil gelatinase-associated lipocalin）
		ephx2（↑）	双功能环氧化物水解酶 2（bifunctional epoxide hydrolase 2）

续表

通路 ID	代谢途径	基因名	基因描述
ko04610	补体和凝血级联	plg（↑）	纤溶酶原（plasminogen）
		kng（↑）	激肽原（kininogen）
		fgβ（↑）	纤维蛋白原 β 链（fibrinogen β chain）
		fgγ（↑）	纤维蛋白原 γ 链（fibrinogen γ chain）
		vtn（↑）	玻连蛋白（vitronectin）
		cfh（↑）	补体因子 H（complement factor H）
		serping1（↑）	C1 抑制剂（C1 inhibitor）
		a2m（↑）	α-2-巨球蛋白（α-2-macroglobulin）
		c3（↑）	补体成分 3（complement component 3）
ko04917	催乳素信号通路	socs3（↓）	细胞因子信号转导抑制剂 3（suppressor of cytokine signaling 3）
ko04060	细胞因子-细胞因子受体相互作用	bmp6（↑）	骨形态发生蛋白 6（bone morphogenetic protein 6）

4. CL3-vs-T1L3 组差异表达基因富集分析

通过对金钱鱼肝组织 CL3-vs-T1L3 组数据注释,发现其差异基因主要富集在以下通路:神经活性配体-受体相互作用、黏着斑、胰岛素信号通路。从中选取 20 个差异表达基因:纤连蛋白 1（fn1）、整合素 β1（itgβ1）、Ⅰ 型胶原 α（col 1α）、层粘连蛋白亚单位 β2（lamβ2）、玻连蛋白（vtn）、整合素 α6（itgα6）、黏结蛋白聚糖 4（sdc4）、突触蛋白聚糖（agrn）、糖蛋白 Ibα 链（gp1bα）、蛋白激酶 Cα（prkcα）、蛋白磷酸酶 1 催化亚单位（ppp1c）、踝蛋白（tln）、黏着斑蛋白（vcl）、细丝蛋白（flna）、筏蛋白 1（flot1）、动物型脂肪酸合成酶（fasn）、葡糖激酶（gck）、MAP 激酶苏氨酸激酶（mknk1）、钙调蛋白（calm）和叉头盒蛋白 O1（foxo1），其表达量与对照组相比均显著下调（表 4-1-3）。

表 4-1-3　CL3-vs-T1L3 组 KEGG 富集通路及相关差异基因

通路 ID	代谢途径	基因名	基因描述
ko04512	神经活性配体-受体相互作用	fn1（↓）	纤连蛋白 1（fibronectin 1）
		itgβ1（↓）	整合素 β1（integrin β1）
		col1α（↓）	Ⅰ 型胶原 α（collagen type Ⅰ α）
		lamβ2（↓）	层粘连蛋白亚单位 β2（laminin subunit β2）
		vtn（↓）	玻连蛋白（vitronectin）
		itgα6（↓）	整合素 α6（integrin α6）
		sdc4（↓）	黏结蛋白聚糖 4（syndecan 4）
		agrn（↓）	突触蛋白聚糖（agrin）
		gp1bα（↓）	糖蛋白 Ibα 链（glycoprotein Ibα chain）
ko04510	黏着斑	prkcα（↓）	蛋白激酶 Cα（protein kinase Cα）
		ppp1c（↓）	蛋白磷酸酶 1 催化亚单位（protein phosphatase 1 catalytic subunit）
		tln（↓）	踝蛋白（talin）
		vcl（↓）	黏着斑蛋白（vinculin）
		flna（↓）	细丝蛋白（filamin）

续表

通路 ID	代谢途径	基因名	基因描述
ko04910	胰岛素信号通路	*flot1*（↓）	筏蛋白 1（flotillin-1）
		fasn（↓）	动物型脂肪酸合成酶（fatty acid synthase，animal type）
		Gck（↓）	葡糖激酶（glucokinase）
		mknk1（↓）	MAP 激酶苏氨酸激酶（MAP kinase threonine kinase）
		calm（↓）	钙调蛋白（calmodulin）
		foxo1（↓）	叉头盒蛋白 O1（forkhead box protein O1）

5. CL6-vs-T3L6 组差异表达基因富集分析

通过对金钱鱼肝组织 CL6-vs-T3L6 组数据注释，发现差异基因主要富集在以下通路：胞苷脱氨酶（*cda*）、葡萄糖-6-磷酸酶 1-脱氢酶（*g6pd*）、蛋白磷酸酶 1 催化亚单位（*prkcα*）等，其余 9 个为下调基因：糖原蛋白 1（*gyg1*）、纤连蛋白 1（*fn1*）、整合素 β5（*itgβ5*）、睾酮 17β 脱氢酶 3（*hsd17β3*）、生长激素受体（*ghr*）、催乳素（*prl*）、血管内皮生长因子 D（*vegfd*）、IGF 结合蛋白 1（*igfbp1*）和 IGF 结合蛋白 2（*igfbp2*），如表 4-1-4 所示。

表 4-1-4 CL6-vs-T3L6 组相关代谢途径及差异基因

通路 ID	代谢途径	基因名	基因描述
ko01100	代谢途径	*gyg1*（↓）	糖原蛋白 1（glycogenin 1）
		hsd17β3（↓）	睾酮 17β 脱氢酶 3（testosterone 17-β-dehydrogenase 3）
		cda（↑）	胞苷脱氨酶（cytidine deaminase）
		g6pd（↑）	葡萄糖-6-磷酸酶 1-脱氢酶（glucose-6-phosphatase 1-dehydrogenase）
		gls（↑）	谷氨酰胺酶（glutaminase）
ko04141	内质网中的蛋白质加工	*hyou1*（↑）	缺氧上调 1（hypoxia up-regulated 1）
		hsp90β（↑）	热休克蛋白 90kDa β（heat shock protein 90kDa β）
		sec62（↑）	重组蛋白 SEC62（sranslocation protein SEC62）
		derl1（↑）	Derlin-1
		ckap4（↑）	细胞骨架相关蛋白 4（cytoskeleton-associated protein 4）
		rrbp1（↑）	核糖体结合蛋白 1（ribosome-binding protein 1）
		calr（↑）	钙网蛋白（calreticulin）
ko04151	PI3K-Akt 信号通路	*ghr*（↓）	生长激素受体（growth hormone receptor）
		fn1（↓）	纤连蛋白 1（fibronectin 1）
		prl（↓）	催乳素（prolactin）
		prkcα（↑）	蛋白激酶 Cα（protein kinase Cα）
GO: 0001558	细胞生长调节	*vegfd*（↓）	血管内皮生长因子 D（vascular endothelial growth factor D）
		igfbp1（↓）	IGF 结合蛋白 1（IGF binding protein 1）
GO: 0007155	细胞黏附	*igfbp2*（↓）	IGF 结合蛋白 2（IGF binding protein 2）
		itgβ5（↓）	整合素 β5（integrin β5）

6. 金钱鱼生长差异基因的筛选

从金钱鱼垂体、肝转录组中筛选出 18 个与生长相关的差异表达基因（表 4-1-5），包括蛋白激酶 Cα（*prkcα*）、纤连蛋白（*fn1*）、生长激素受体（*ghr*）、催乳素（*prl*）、胰岛素样生长因子结合蛋白 1（*igfbp1*）和胰岛素样生长因子结合蛋白 2（*igfbp2*）等。

表 4-1-5　金钱鱼生长差异基因及代谢通路

通路 ID	代谢途径	基因名	基因描述
ko01100	代谢途径	*prkcα*	蛋白激酶 Cα（protein kinase Cα）
ko04151	PI3K-Akt 信号通路	*fn1*	纤连接白 1（fibronectin 1）
ko04151	PI3K-Akt 信号通路	*ghr*	生长激素受体（growth hormone receptor）
ko04151	PI3K-Akt 信号通路	*prl*	催乳素（prolactin）
GO: 0001558	细胞生长调节	*igfbp1*	IGF 结合蛋白 1（IGF binding protein 1）
GO: 0007155	细胞黏附	*igfbp2*	IGF 结合蛋白 2（IGF binding protein 2）
GO: 0001558	细胞生长调节	*vegfd*	血管内皮生长因子 D（vascular endothelial growth factor D）
ko04917	催乳素信号通路	*socs3*	细胞因子信号转导抑制剂 3（suppressor of cytokine signaling 3）
ko04060	细胞因子-细胞因子受体相互作用	*bmp6*	骨形态发生蛋白 6（bone morphogenetic protein 6）
ko01100	代谢途径	*adh5*	乙醇脱氢酶 1（alcohol dehydrogenase 1-like）
ko01100	代谢途径	*g6pc*	葡萄糖-6-磷酸酶（glucose-6-phosphatase）
ko04010	MAPK 信号通路	*cacna1s*	电压依赖性钙通道 L 型 α-1S（voltage-dependent calcium channel L type α-1S）
ko04151	PI3K-Akt 信号通路	*mafb*	转录因子 MAFB（transcription factor MAFB）
ko05145	弓形虫病	*lamα3*	层粘连蛋白亚单位 α3（laminin subunit α3）
ko04360	轴突导向	*hspa1s*	热休克同源 70kDa 蛋白（heat shock cognate 70kDa protein）
ko04910	胰岛素信号通路	*gck*	葡糖激酶（glucokinase）
ko04512	神经活性配体-受体相互作用	*itgβ1*	整合素 β1（integrin β1）
ko04512	神经活性配体-受体相互作用	*sdc4*	黏结蛋白聚醣 4（syndecan 4）

7. 实时荧光定量 PCR（qRT-PCR）验证

通过 qRT-PCR 验证了在转录组中随机选择的 20 个 DEG，包括 CP-vs-T3P 组中的 10 个基因（*bmp6*、*vtn*、*g6pc*、*stnt1*、*mhc2*、*wap65*、*lbl* 和 *cdca*，下调：*tm1* 和 *mr1*），以及 CL6-vs-T3L6 组的 10 个基因（上调：*prkca*、*gls*、*sec62*、*cda*、*g6pd* 和 *perk2*，下调：*igfbp1*、*igfbp2*、*ghr* 和 *vegfd*）。结果如图 4-1-14 所示，两种方法的基因表达趋势一致，进一步证明了转录组分析的准确性。

五、综合分析

1. 金钱鱼 SST 的克隆与序列分析

生长抑素（SST）是由结构多样的多肽组成的蛋白质家族，这些多肽在脊椎动物的生长调节中起重要作用。研究显示，在斑马鱼中存在 6 种不同 SST 亚型。根据本实验室未发表的基因组数据以及金钱鱼 SST 克隆的结果，表明在金钱鱼中存在 4 种不同 *sst* 基因亚型，分别是 *sst1*、*sst3*、*sst5* 和 *sst6*，其 cDNA 可读框（ORF）分别为 372bp、384bp、321bp 和 333bp，分别编码 123 个、127 个、106 个和 110 个氨基酸。基因结构分析表明，*sst1* 和 *sst6*

具有 2 个外显子和 1 个内含子，*sst3* 和 *sst5* 均具有 3 个外显子和 2 个内含子。将每种 *sst* 基因的氨基酸序列和蛋白质结构域与其他脊椎动物物种进行比较，结果表明：成熟肽 SS-14 在脊椎动物的 *sst1* 和 *sst6* 中完全保守[中华鲟（*Acipenser sinensis*）除外]，而 *sst3* 和 *sst5* 的序列仅相差 2～3 个氨基酸。这些数据表明，4 种 *sst* 基因在脊椎动物中高度保守。在金钱鱼中，所有 *sst* 基因都包含一个信号肽区域、一个较长的中间区域、一个假定的切割位点和一个 C 端序列。然而，在不同的 *sst* 基因中观察到不同的 NH$_2$ 延伸形式，包括 *sst1* 编码的 SS-30、*sst3* 编码的 SS-28、*sst5* 编码的 SS-24、*sst6* 编码的 SS-23。类似地是，在其他硬骨鱼类中也观察到了不同类型的 SST 肽，包括斜带石斑鱼中的 SS-30 和高首鲟（*Acipenser transmontanus*）中的 SS-28，以及团头鲂（*Megalobrama amblycephala*）中的 SS-26。金钱鱼中 SST 肽类型具有多样性，表明 SST 可以参与不同的生理调节和其他生物学功能。

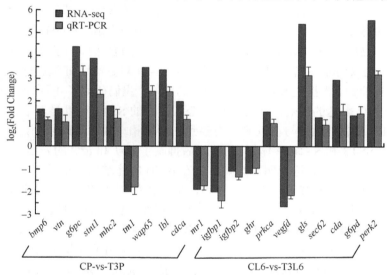

图 4-1-14　通过 qRT-PCR 验证 RNA-seq 数据（彩图请扫封底二维码）

X 轴表示所有基因的名称，*Y* 轴中的 fold change 表示表达量倍数变化

对金钱鱼中 4 种 *sst* 基因进行了系统发育分析，结果显示 4 种 *sst* 基因与其他物种的相应基因聚集于同一进化枝上。对 *sst* 染色体上下游基因进行共线性分析，证实了系统发育分析的准确性。我们还确定了 4 种基因所在的染色体连锁群：LG4（*sst1* 和 *sst3*）、LG23（*sst5*）和 LG8（*sst6*）。已有研究证实，*sst1* 和 *sst3* 位于同一条染色体。本研究的结果与已有的研究结果一致，证实了硬骨鱼中 *sst3* 和 *sst6* 可能分别是由 *sst1* 和 *sst2* 的串联重复产生的假设。有趣的是，在两栖动物和哺乳动物中发现了 *sst2*，而 *sst4*（源自 *sst1*）仅在骨鳔类中发现，但我们未在金钱鱼基因组中鉴定出 *sst2* 和 *sst4* 基因。综上所述，金钱鱼中 *sst* 基因的结构相对于在其他硬骨鱼中的直系同源物是保守的。

2. 金钱鱼 SST 的时空表达模式分析

qRT-PCR 分析表明，金钱鱼 4 种 *sst* 基因 mRNA 的表达具有组织特异性，进一步证实不同 *sst* 基因具有不同的生理功能。4 种 *sst* 基因均在金钱鱼下丘脑中大量表达，表明由 *sst* 编码的 SS 多肽具有重要的神经调节功能，可能与抑制生长激素分泌有关。相关研究发现，金鱼（*Carassius auratus*）中 3 种 SST 均能抑制垂体 GH 释放，但对 GH 的抑制效果不同。

斜带石斑鱼 SST 能抑制脑垂体 GH 释放，抑制效果与剂量多少有关。除此之外，中华鲟的 *sst1* 也在下丘脑中表达。*sst5* 在卵巢中高表达，表明该基因可能与硬骨鱼的性腺发育和性别生长二态性有关，该结果与之前对斑马鱼的研究相一致。与以前斜带石斑鱼和草鱼的研究结果类似，*sst6* 在金钱鱼胃中高表达，表明其参与胃肠道的调节功能，并且也可能在消化中起作用。在大西洋鳕（*Gadus morhua*）研究中发现，SS-14 可以通过诱导蛙皮素和组胺来显著减少基础胃酸的分泌。金钱鱼 *sst* 在各组织中广泛表达，不同类型的 *sst* mRNA 的组织表达量各不相同，可能是由于不同 SST 所参与的调控途径和机制不同。

3. 4 种 SST 多肽离体孵育对肝 *igf1* 和 *igf2* 表达的影响

SST 在硬骨鱼类的生长中起着至关重要的作用，它可通过抑制 GH 和 IGF 等激素的释放来调节生长代谢。IGF 系统在所有脊椎动物生长的神经内分泌调节中起着核心作用。

研究发现，SST 对不同物种中 GH 和 IGF 的分泌具有特异调节作用。在斑点叉尾鮰中 SS-22 无法抑制金鱼的 GH 分泌，但能够抑制大鼠垂体细胞中 GH 的分泌。在对银鲑（*Oncorhynchus kisutch*）的研究中发现，下丘脑中 *sst* 的表达抑制了肝中 *igf1* 的表达。在虹鳟血浆中，SST 对 *igf1* 的表达有抑制作用。用 SS-14 对虹鳟肝细胞进行体外培养，发现 *igf1* 表达量受到抑制。为探究 SST 对生长功能的影响，我们研究了 4 种 SST 肽对金钱鱼肝碎片中 *igf1* 和 *igf2* 表达的影响。研究发现，金钱鱼中的 SST1 可以显著下调体外肝碎片培养物中 *igf1* mRNA 的表达，与在虹鳟中观察到的结果相一致。除此之外，浓度为 1μmol/L 和 10μmol/L 的 SST3 和 SST6 离体孵育肝 3h 后抑制了 *igf1* 和 *igf2* 的表达。值得注意的是，SST5 对肝 *igf1* 和 *igf2* 的表达无明显影响，仅在 6h 时显著增加 *igf1* 的表达，表明 SST5 可能在介导金钱鱼的生长调节中起不同的作用，但具体作用还需要进一步研究。综上，SST（SST5 除外）可以与 GH-IGF 生长轴相互作用来调控金钱鱼的生长。

4. 体内注射 SST 后金钱鱼垂体及肝转录组比较分析

从金钱鱼垂体、肝转录组中筛选出 18 个已知与生长相关的差异表达基因。对垂体中筛选出 9 个差异表达基因（*prkca*、*cacna1s*、*mafb*、*lamα3*、*hspa1s*、*socs3*、*bmp6*、*adh5* 和 *g6pc*）进行了定量 PCR 验证。*prkca* 与 *cacna1s* 编码的蛋白（蛋白激酶 Cα 和电压依赖性钙通道 L 型 α-1S）是细胞生长因子信号转导过程中的重要成分，转录组中这两个基因的下调表明 SST1 多肽可能抑制了金钱鱼的生长因子信号传导。*mafb* 在胰岛 A 细胞和 B 细胞的发育中起重要作用，而 *lamα3* 与肿瘤细胞转移、侵袭有关。*hspa1s* 与维持细胞内环境稳定、抑制炎症细胞和肿瘤细胞生长相关。*socs3* 所编码的细胞因子信号转导抑制剂 3 主要对酪氨酸蛋白激酶/信号转导因子和转录激活因子进行负反馈调节，在抑制机体细胞生长上发挥作用。而 *bmp6* 编码的骨形态发生蛋白 6 可诱导骨细胞增殖分化。*adh5* 和 *g6pc* 跟肝乙醇代谢和糖代谢有关。

对肝中筛选出 9 种已知与生长相关的差异表达基因（*fn1*、*gck*、*itgβ1*、*sdc4*、*prkcα*、*ghr*、*prl*、*igfbp1* 和 *igfbp2*）进行验证。*fn1* 编码的纤连蛋白 1 可以促进肝细胞生长，加速细胞新陈代谢。*gck* 编码的葡糖激酶可在胰岛 B 细胞中催化葡萄糖转化为 6 磷酸葡萄糖，加速糖代谢。*itg* 与细胞生长、分化、增殖息息相关，*itgβ1* 编码的整合素 β1 是哺乳动物精原细胞的表征分子，与精原细胞分化和精子的生成有关。血浆中 *sdc4* 基因与生长因子的信号转导息息相关，其编码的黏结蛋白聚糖 4 是血小板源生长因子（基因为 *pgdf*）、碱性成纤维生长因子（基因为 *bfgf*）等生长因子的共同受体；受体配体结合后，参与信号转导，而 *Sdc4* 基因无需钙离子参与即可以在细胞内激活 *prkcα*，进一步影响生物体的生长发育。

ghr、*igfbp1* 和 *igfbp2* 都是 GH-IGF 生长轴上的关键调控因子，转录组结果表明，在 SST3 多肽处理后，与对照组相比这些基因均显著下调，说明 SST3 多肽抑制了金钱鱼肝中 *ghr*、*igfbp1* 和 *igfbp2* 的表达。众所周知，鱼类生长是 GH 和 GHR 相互作用的结果，但大量数据表明动物生长速度与肝 *ghr* 表达量成正比。*igfbp1* 通过调节和运输 IGF-1 使其与受体相结合，进一步影响生物体生长发育。而 *igfbp2* 可促进肿瘤的生长，并且胶质瘤的恶性程度越高，*igfbp2* 表达水平也越高，这也证明了 SST 可以抑制肿瘤细胞生长加速细胞凋亡。还有研究发现 *igfbp1* 和 *igfbp2* 在大菱鲆的胚胎发育过程中与细胞生长和组织器官分化联系紧密。对鱼类而言，*prl* 可以对其血浆渗透压进行调节，*prl* 的表达水平与鱼类适应淡水环境密切相关，近年来对金钱鱼、褐牙鲆（*Paralichthys olivaceus*）等的研究也证实了这点。在对尼罗罗非鱼的研究中发现，耐盐能力越弱的个体往往生长速度越快，即 *prl* 表达量越低，尼罗罗非鱼生长速度越慢，这与转录组测出的数据结果相吻合。

第二节　金钱鱼生长激素释放激素基因及其受体的克隆和表达分析

性别二态性（sex dimorphism）通常被定义为同一物种中，雌性和雄性之间的形态和生理差异。近年来，脊椎动物性别二态性受到了广泛的关注。许多研究表明，脊椎动物的生长受生长激素（GH）/胰岛素样生长因子 1（IGF-1）轴（GH-IGF 轴）的调节。GH 是一种主要由垂体分泌的肽类激素，受许多神经内分泌因子的调节。GH-IGF 的表达水平与生长速率有关，对鱼类的性别二态性至关重要，在欧洲鳗鲡（*Anguilla anguilla*）和半滑舌鳎（*Cynoglossus semilaevis*）中，雌鱼垂体表达出比雄鱼更高的 *gh* mRNA 水平，雌鱼比雄鱼生长更快。生长激素释放激素（GHRH）是 GH 分泌和合成的最重要调节因子，与一种 G 蛋白偶联受体——生长激素释放激素受体（growth hormone-releasing hormone receptor，GHRHR）特异性结合发挥作用，对动物的生长、发育及代谢调控有着极其重要的作用。有研究发现，无论 *ghrh* 或 *ghrhr* 突变都会降低小鼠 GH 的分泌和生长机能。GH-IGF 介导的性别二态性生长调节依赖于多因素的结合作用。但目前在鱼类中，GHRH/GHRHR 是否与 GH 的性别二态性表达有关仍不清楚。

雌性金钱鱼比雄性长得更快更大，为研究鱼类性别二态性生长机制提供了一个很好的模型。雌性金钱鱼垂体表达出比雄鱼更高的 GH 水平，可能是金钱鱼性别二态性生长的原因。本研究首先克隆金钱鱼 *ghrh* 和 *ghrhr*，研究它们在金钱鱼中的表达模式，并用人工合成 GHRH 核心多肽，对金钱鱼进行体内注射，分析 *ghrh/ghrhr* 对 *gh* 表达的影响；此外，分析性激素对 *ghrh*、*ghrhr* 和 *gh* 表达的影响，为金钱鱼性别二态性生长机制的研究提供理论基础。

一、金钱鱼 GHRH 及 GHRHR 的克隆与序列分析

1. 金钱鱼 *ghrh* 及 *ghrhr* 的克隆

本实验克隆的金钱鱼 *ghrh* 部分 cDNA 长度为 498bp，其中 432bp 的 ORF 编码 143 个氨基酸（NCBI 登录号：MH726211）。克隆的 *ghrhr* cDNA 长度为 1393bp，其中 1248bp 的 ORF 编码 415 个氨基酸（NCBI 登录号：MH726212）。信号肽位于 GHRH 和 GHRHR 的 N 端。在 GHRH 序列的中间发现保守的成熟肽区。金钱鱼 GHRHR 作为一种典型的 G 蛋白偶联受体，有 7 个保守的跨膜结构域（图 4-2-1，图 4-2-2）。

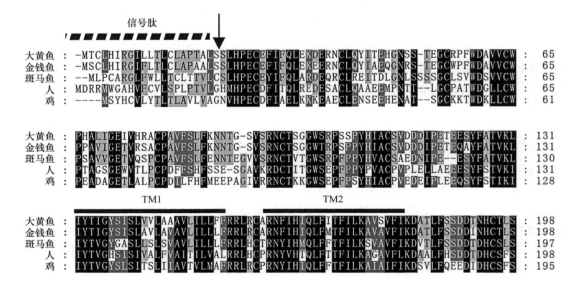

图 4-2-1　金钱鱼与其他脊椎动物 GHRH 氨基酸序列多序列对比

信号肽和成熟肽分别用虚线和实线表示。箭头表示信号肽的切割位点。三角符号表示成熟肽的切割位点。黑色阴影表示序列中相同的残基，灰色阴影表示序列中相似的残基。本研究使用的序列的 GenBank 登录号如下：人（NP066567）、小鼠（NP034415）、鸡（NP001035554）、中华鳖（XP006121958）、非洲爪蟾（ABJ55979）、斑马鱼（NP001073561）、鲤（XP018967984）、斑点叉尾鮰（ACX37418）、尼罗罗非鱼（XP013125408）、石斑鱼（AMR58937）、金钱鱼（MH726211）

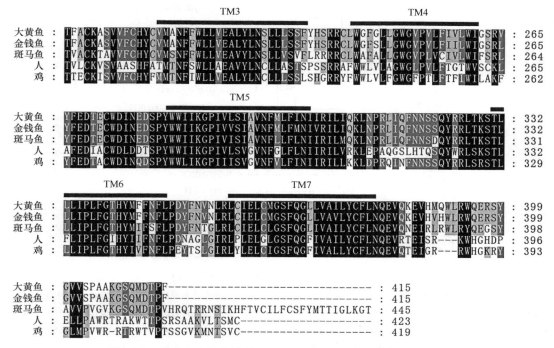

图 4-2-2　金钱鱼与其他脊椎动物 GHRHR 氨基酸序列多序列对比

TM1、TM2、TM3、TM4、TM5、TM6、TM7 为 7 个跨膜结构域。箭头表示信号肽的切割位点。黑色阴影表示序列中相同的残基，灰色阴影表示序列中相似的残基。本研究中使用的序列的 GenBank 登录号如下：人（EAL24445）、鸡（NP001032923）、斑马鱼（NP001075951）、大黄鱼（XP010728523）、金钱鱼（MH726212）

2. 金钱鱼 GHRH 及 GHRHR 的序列分析

利用 MEGALIGN 软件对金钱鱼 GHRH 和 GHRHR 氨基酸序列与其他物种 GHRH 和 GHRHR 序列进行同源比对发现，金钱鱼 GHRH 与石斑鱼的同源性最高为 90.1%，与小鼠的 GHRH 同源性最低，为 23%。金钱鱼 GHRHR 与大黄鱼同源性最高，为 92.3%，与斑马鱼的 GHRHR 同源性中等，为 73.5%，与人 GHRHR 同源性最低，为 51%。

利用 Mega5.0 采用邻位相联法对金钱鱼和其他脊椎动物的 GHRH 和 GHRHR 氨基酸序列构建系统发育树（图 4-2-3 和图 4-2-4），金钱鱼与其他鲈形目鱼类关系密切，金钱鱼 GHRH 与石斑鱼 GHRH 聚为一支，而金钱鱼 GHRHR 与大黄鱼 GHRHR 的关系最密切，两者与爬行类、两栖类和哺乳类分离。

二、金钱鱼 GHRH 及 GHRHR 的时空表达模式分析

利用金钱鱼 *ghrh* 和 *ghrhr* 基因的特异性引物，采用 RT-PCR 方法，对金钱鱼 *ghrh* 和 *ghrhr* 在下丘脑、垂体、鳃、肝、心脏、脾、肾、胃、肠、性腺、肌肉和头肾的表达模式进行分析。结果显示，*ghrh* 在雌、雄鱼的下丘脑中均有较高表达，在性腺中有微弱表达。而 *ghrhr* 在雌、雄鱼的下丘脑和垂体中均有较高表达，在性腺、肌肉和头肾中有微弱表达（图 4-2-5）。

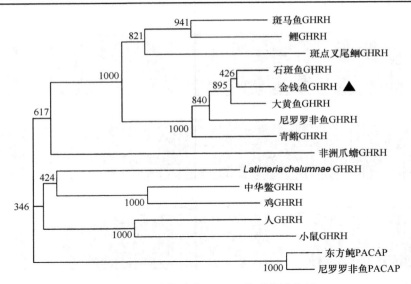

图 4-2-3　脊椎动物 GHRH 的系统进化树

PACAP 为垂体腺苷酸环化酶激活肽，其序列及功能与 GHRH 均相似。本研究中使用的序列的 GenBank 登录号如下：人（NP066567）、小鼠（NP034415）、鸡（NP001035554）、中华鳖（XP006121958）、非洲爪蟾（ABJ55979）、斑马鱼（NP001073561）、鲤（XP018967984）、斑点叉尾鮰（ACX37418）、尼罗罗非鱼（XP013125408）、青鳉（XP004068981）、石斑鱼（AMR58937）、大黄鱼（KKF22506）、金钱鱼（MH726211）、红鳍东方鲀（ABG73208.1）。矛尾鱼（*Latimeria chalumnae*）的 GHRH（ENSLACT00000010957）在 Ensembl 基因组库（www.ensembl.org）中检索

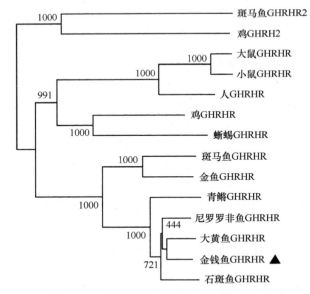

图 4-2-4　脊椎动物 GHRHR 的系统进化树

本研究中使用的序列的 GenBank 登录号如下：人（EAL24445）、大鼠（NP036982）、小鼠（NP001003685）、鸡（NP001032923）、斑马鱼（NP001075951）、金鱼（ABJ55978）、尼罗罗非鱼（XP005479148）、青鳉（XP004068387）、石斑鱼（ADZ40400）、大黄鱼（XP010728523）、金钱鱼（MH726212）。蜥蜴的 GHRHR（ENSACAP00000005977）在 Ensembl 基因组库（www.ensembl.org）中检索

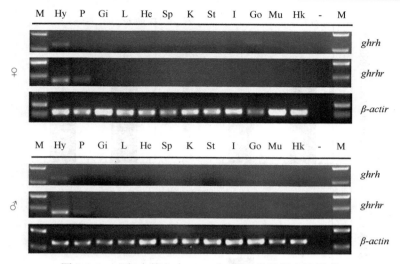

图 4-2-5　成年金钱鱼中 *ghrh* 和 *ghrh* 的组织表达模式

β-actin 作为阳性对照。Hy. 下丘脑；P. 垂体；Gi. 鳃；L. 肝；He. 心脏；Sp. 脾；K. 肾；St. 胃；I. 肠；Go. 性腺；Mu. 肌肉；Hk. 头肾；M. DNA marker；-. 阴性对照

三、金钱鱼雌雄生长二态性中 GHRH 及 GHRHR 的作用

在解剖前，随机抽样 20 条养殖在自然光循环、同一养殖池中的 1.5 龄金钱鱼（9 雌 11 雄），比较雌性和雄性金钱鱼的生长性能。结果发现，雌鱼平均体重为 181.3g，明显大于平均体重为 120.0g 的雄鱼（图 4-2-6A）；雌鱼性腺体细胞指数（GSI）明显大于雄鱼 GSI（图 4-2-6B）。在雌、雄金钱鱼下丘脑或垂体中，对 *ghrh* 和 *ghrhr* 的表达进行定量分析，发现在下丘脑中，雄鱼 *ghrh* 和 *ghrhr* 的表达显著高于雌鱼（图 4-2-6C，D）；在垂体中，雄鱼 *ghrhr* 表达与雌鱼之间无有显著差异（图 4-2-6E）。

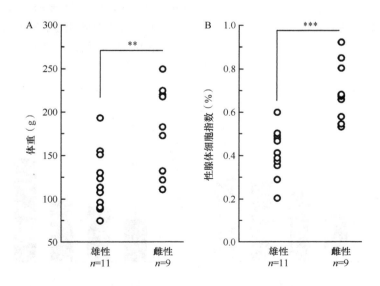

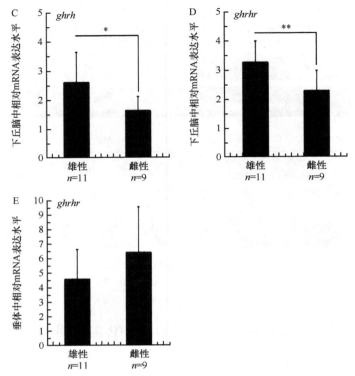

图 4-2-6　下丘脑体重差异（A）、性腺体细胞指数（B）、下丘脑 *ghrh*（C）和 *ghrhr*（D）在雌、雄鱼中表
达的差异和垂体 *ghrhr*（E）在雌、雄鱼中表达的差异

数据表示为平均±SD。*表示有显著性差异（*. $P<0.05$；**. $P<0.01$；***. $P<0.001$）

四、体内注射 Ghrh-27 多肽对 *ghrh* 及 *ghrhr* mRNA 表达的影响

体内分析表明，在注射 0.1mg/kg bw 的 Ghrh-27 后 3h，金钱鱼 *ghrh* 和 *ghrhr* 在下丘脑
中表达显著上调（图 4-2-7A，B）。在注射 6h 后，处理组和对照组 *ghrh* 和 *ghrhr* 的表达无
显著差异（图 4-2-17C，D）。在注射 3h 和 6h 后，Ghrh-27 对垂体中 *ghrhr* 的表达影响不显
著（图 4-2-8）。

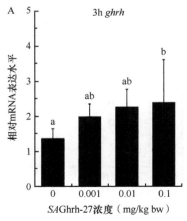
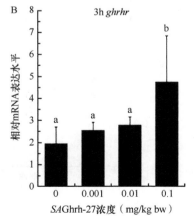

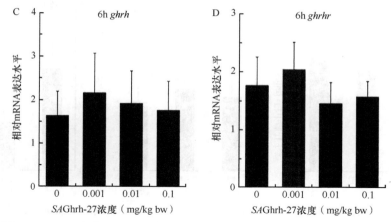

图 4-2-7　GHRH 多肽体内注射对金钱鱼下丘脑 *ghrh* 和 *ghrhr* mRNA 的影响

表达水平以 β-肌动蛋白为参照表示。数据表示为平均±SD（*n*=5）。柱形条上方的不同字母表示 $P<0.05$ 的统计差异

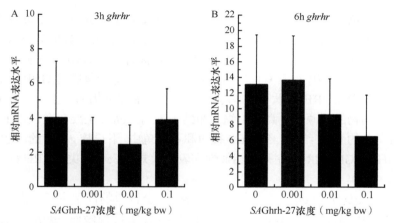

图 4-2-8　GHRH 多肽体内注射对金钱鱼垂体 *ghrh* 和 *ghrhr* mRNA 的影响

表达水平以 β-肌动蛋白作为参照表示。数据表示为平均±SD（*n*=5）

五、体内注射性激素（17α-MT 或 E₂）对 *ghrh* 及 *ghrhr* mRNA 表达的影响

　　体内分析表明，在注射 4mg/kg bw 的 17α-MT 或 E_2 后 6h，金钱鱼 *ghrh* 和 *ghrhr* 在下丘脑中的表达无显著性差异（图 4-2-9A，B）。与对照组相比，17α-MT 处理的金钱鱼 *ghrhr* 在垂体中的表达显著下调，而 E_2 处理的金钱鱼 *ghrhr* 在垂体中的表达无显著性差异（图 4-2-9C）。

六、综合分析

　　在脊椎动物的生长过程中，GH/IGF 轴调节作用。GH 在部分鱼类性别二态性生长中起关键作用，然而导致雌、雄鱼之间 *gh* 表达或 GH 分泌水平不同的机制目前尚不明确。有研究发现，金鱼中，GHRH 刺激 GH 的分泌。此外，对比目鱼和石斑鱼进行离体孵育后，GHRH 能够促进 *gh* mRNA 的表达。本研究旨在探明金钱鱼性别二态性中 GHRH/GHRHR 可能发挥的作用。

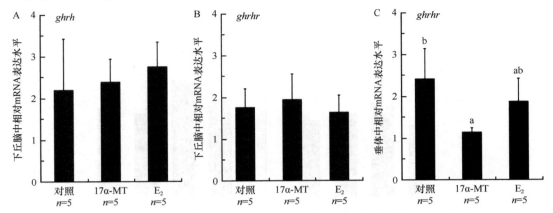

图 4-2-9　17α-甲基睾酮（17α-MT）和 17β-雌二醇（E₂）注射对下丘脑或垂体 *ghrh*（A）和 *ghrhr*（B、C）
表达的影响

数据表示为平均±SD（*n*=5）。柱形条上方的不同字母表示 $P<0.05$ 的统计差异

广东省南方特色鱼类繁育与养殖创新团队成功分离金钱鱼 *ghrh* 和 *ghrhr* 基因。在鸡、非洲爪蟾和斑马鱼中，存在另一种 *ghrhr* 基因，称为 *ghrhr2*。与大多数鱼类相似，在金钱鱼转录组数据中没有发现 *ghrhr2* 基因，说明金钱鱼可能只拥有一种 *ghrhr*。序列分析表明，在脊椎动物中，GHRH 氨基酸序列具有保守的成熟肽结构域。金钱鱼成熟 GHRH 多肽的长度为27 个氨基酸，与金鱼 GHRH 多肽相同。与 GHRH 氨基酸序列相比，金钱鱼 GHRHR 氨基酸序列与其他脊椎动物的同源性更高。组织分布结果表明，*ghrh* 主要在金钱鱼下丘脑中表达，与比目鱼和石斑鱼的 PCR 结果一致。在金钱鱼和石斑鱼中，下丘脑 *ghrhr* 的表达比垂体 *ghrhr*更高。鱼类 GHRH/GHRHR 的序列高相似性和表达模式，表明鱼类 GHRH/GHRHR 系统具有保守的功能。

金钱鱼 *ghrh*、*ghrhr* 和 *gh* 的表达模式分析表明，金钱鱼的性别生长二态性与 GH 有关，与 GHRH/GHRHR 无关。在本研究中，雄性金钱鱼生长较慢而 *ghrh* 的表达相对较高（图 4-2-6）。在半滑舌鳎中，雌鱼生长更快而 *ghrh* 表达相对较低，这可能是由于 gh 水平较高，雌鱼 *ghrh* 表达下调所致。此外，体内注射 Ghrh-27 多肽后发现 GHRH 与 *gh* mRNA表达上调无关，表明 GHRH/GHRHR 与金钱鱼 *gh* 的性别生长二态性表达无关。值得一提的是，本研究中，GHRH 多肽能够刺激雌性金钱鱼下丘脑中 *ghrh* 和 *ghrhr* mRNA 的表达（图 4-2-7A，B），这是首次发现鱼类 *ghrh* 基因受自我调节，但这一发现对鱼类是否存在普适性仍需后续研究。

本章还分析了类固醇激素对金钱鱼 *gh* 表达的作用。目前，关于性类固醇激素参与调节鱼类生长相关基因的表达已有许多研究。在雌性尼罗罗非鱼中，雌激素 E₂ 可上调 *gh* 的表达，而 17α-MT 注射对 *gh* 的表达无影响。在雄性尼罗罗非鱼中，雄激素 17α-MT 可上调垂体中 *gh* 的表达。本实验室（广东海洋大学水产学院生理生态实验室）也发现体内注射E₂ 对雄性金钱鱼垂体中 *gh* 的表达没有显著影响。这些结果表明，雌性金钱鱼的 E₂ 水平与垂体 *gh* 表达呈正相关，而雄性金钱鱼 *gh* 的表达与雌激素无关。雄激素 17α-MT 对雄性金钱鱼垂体中 *gh* 表达的调节作用尚未明确，仍需后续研究。但可以明确的是，在部分鱼类中，*gh* mRNA 的表达与性激素密切相关。

综上所述，本实验首次克隆出金钱鱼 *ghrh* 和 *ghrhr* 基因，并分析了 *ghrh*、*ghrh* 和 *gh*

的表达。在下丘脑中，雄性金钱鱼 *ghrh* 和 *ghrhr* 的表达高于雌性金钱鱼。在垂体中，雌性金钱鱼 *gh* 的表达显著高于雄性金钱鱼。GHRH 多肽的注射与雌性金钱鱼下丘脑 *ghrh* 和 *ghrhr* 的表达上调有关，而与雌性金钱鱼垂体 *ghrhr* 和 *gh* 表达的上调无关。此外，E₂ 注射与雌性金钱鱼垂体 *gh* 的表达上调有关。因此，在雌性金钱鱼中，GH 介导的性别生长二态性可由雌激素调节，而非 GHRH 调节。本研究为鱼类生长相关基因介导的性别二态性机制研究提供了理论基础。

第三节　金钱鱼生长激素基因的克隆及在生长调控中的功能

在尼罗罗非鱼中，雄性生长快于雌性，然而半滑舌鳎、大麻哈鱼、鲤和大西洋庸鲽（*Hippoglossus hippoglossus*）却是雌性生长远快于雄性。马细兰等（2009）综述了影响生长的进展，并指出摄食、消化、生长和生殖的能量分配，物种遗传、基因型和表型、类固醇水平和生长轴中基因的表达可能是影响脊椎动物性别生长二态性的主要原因。在生长轴中，类固醇和多肽激素、它们的受体以及结合蛋白水平的性别二态性，可能是影响雌雄性别生长速度和组成差异的主要原因。在鱼类中，性别生长二态性的报道主要集中于性类固醇的影响。有报道表明，在成年大鼠和小鼠中，组织中生长基因表达具有性别二态性。鱼类有关生长相关基因对性别生长二态性的报道较少。与其他脊椎动物类似，鱼类的生长促进作用也主要受 GH/IGF 的调控。GH 是一种单链多肽，主要在前腺垂体中表达，在陆生和水生动物包括鱼类的生长和发育过程中起主要作用。目前，GH 用于提高水生动物生长率已有深入的研究。

金钱鱼具有典型的性别生长二态性，雌性生长比雄性大约快 2 倍。我们前期研究表明，在 2 年龄以下，雌性比雄性生长快与其高日食物消化率和食物转化率、蛋白酶和淀粉酶的活性有关。然而其性别生长二态性的生理机制仍不清楚。性别生长二态性已在条斑星鲽、尼罗罗非鱼和圆斑星鲽（*Verasper variegatus*）有报道。因而，金钱鱼是一个研究性别生长二态性的良好模型。由于 GH 在调控生长方面具有重要作用，为更好理解性别生长二态性现象，我们克隆了金钱鱼 GH。推导的氨基酸被用于确证金钱鱼与其他鲈形目鱼类的聚类关系。此外，我们也检测了金钱鱼雌雄性别在不同发育时间的 GH 表达情况、金钱鱼特异抗体的制备、表达细胞定位、雌激素体内注射对雌雄金钱鱼垂体中 *gh* 表达的影响和雌激素体内注射后垂体转录组测序等。

一、金钱鱼 GH 的克隆与雌雄差异表达分析

1. 金钱鱼 GH 的克隆与序列分析

通过同源克隆以及 3′ 和 5′ RACE（cDNA 末端快速扩增技术）后，从金钱鱼脑垂体中获得了 947bp 的 *gh* cDNA 序列。该 *gh* 含有典型的 AATAAA 加尾序列和 poly(A)尾。金钱鱼 *gh* 含 202 个氨基酸序列的 ORF，具备 185 个成熟肽，并包含 66bp 5′-UTL 和 241bp 3′-UTL（图 4-3-1）。预测分子量为 22.7kDa。理论等电点为 6.9。序列分析表明其具有 4 个半胱氨酸残基，C 端序列在脊椎动物中高度保守。金钱鱼和其他物种，包含 24 种鲈形目鱼类的 GH 用于同源性分析和聚类分析。同源性分析表明，除褐石斑鱼（*Epinephelus bruneus*）、彼氏冰鰕虎（*Leucopsarion petersii*）和点斑篮子鱼（*Siganus guttatus*）外，金钱鱼与其他鲈形目鱼类同源性超过 83.2%。金钱鱼 GH 与亚口鱼（*Catostomus catostomus*）的 GH1 和

GH2 的同源性分别为 42.1%～62.4% 和 48%～52.4%。然而，金钱鱼 GH 与原始鱼类如软骨鱼纲的白斑角鲨（*Squalus acanthias*）、皱唇鲨（*Triakis scyllium*）和无颚类脊椎动物的七鳃鳗（*Lampetra japonicum*）同源性分别为 33.7%、32.2% 及 21.8%。此外，氨基酸序列与牛、猪、猴和人的同源性也很低，分别为 34.2%、31.7%、28.2% 和 29.7%。金钱鱼与其他鲈形目物种遗传距离为 0.05～0.261。然而与牛、猪、猴和人的遗传距离超过 0.933。聚类树表明，这些硬骨鱼类明显聚为 2 支，一支由亚口鱼科和鲑形目组成，另一支由金钱鱼和其他 24 种鲈形目鱼类组成。在亚口鱼科和鲑形目分支中，具有 2 种类型 GH，分别为 GH1 和 GH2。金钱鱼与亚口鱼科和鲑形目的遗传距离较远，与 GH1 和 GH2 的遗传距离分别为 0.447～0.599 和 0.447～0.614。金钱鱼 GH 与鳜亚科、雀鲷科亲缘性较近，与鲷科亲缘关系较远，与原始鱼类和哺乳动物的亲缘性最远（图 4-3-2）。

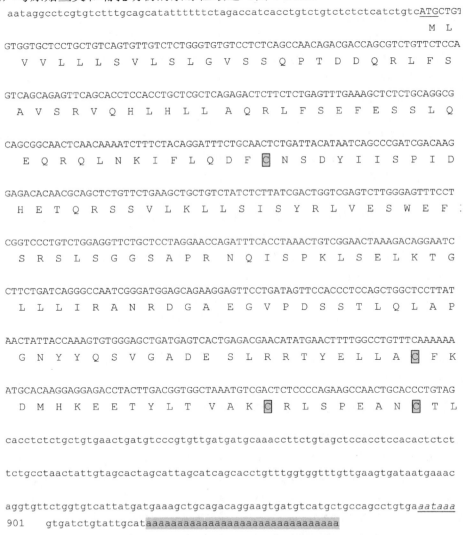

图 4-3-1　金钱鱼 *gh* cDNA 序列及编码的氨基酸序列

下划线. 起始密码子 ATG；*. 终止密码子 TAA；黑色框. 加尾信号 AATAAA；黑色阴影. Poly(A)尾。四个保守的半胱氨酸残基以灰色和方框显示

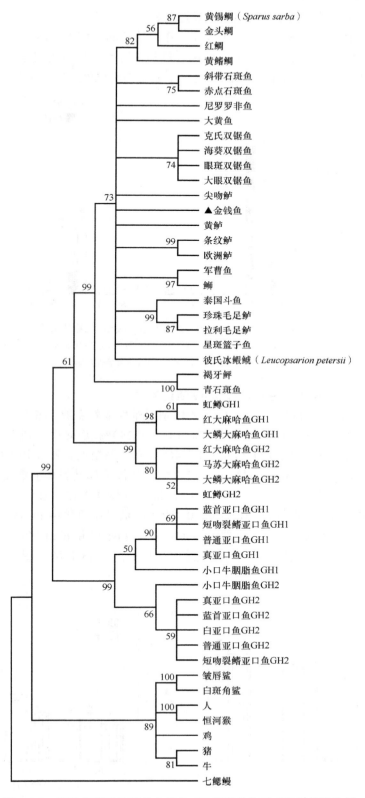

图 4-3-2　基于邻接法构建的金钱鱼 GH 和其他物种 GH 系统进化树

2. 雌雄金钱鱼成鱼不同组织中 *gh* 的表达分析

qRT-PCR 分析表明，*gh* mRNA 主要在成年金钱鱼的垂体中表达。此外，在一些垂体外组织中，包括卵巢、精巢、下丘脑、肌肉、肝和头肾等，也检测到 *gh* mRNA 的表达，并且，雌性金钱鱼垂体中 *gh* mRNA 的表达水平显著高于雄性（图 4-3-3）。

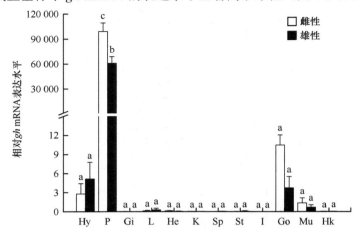

图 4-3-3　成年雌性和雄性金钱鱼 *gh* mRNA 的组织分布

Hy. 下丘脑；P. 垂体；Gi. 鳃；L. 肝；He. 心脏；K. 肾；Sp. 脾；St. 胃；I. 肠道；Go. 性腺（卵巢和精巢）；Mu. 肌肉；Hk. 头肾。不同字母表示各组之间有显著性差异

3. 雌雄间体长、体重、性腺指数和 *gh* 表达差异

通过形态解剖和显微观察鉴定金钱鱼的性别。雄性成熟系数在 6 月、18 月和 30 月龄时分别为（0.17±0.08）%、（0.45±0.17）%和（1.06±0.24）%，而雌性分别为（0.34±0.14）%、（0.85±0.24）%和（3.71±1.12）%（图 4-3-4C）。在 6 月龄时，雌性和雄性体长和体重无显著差异。然而，在 18 月和 30 月龄时，雌性体长和体重都显著高于雄性。在 18 月和 30 月龄时，雄性体重分别是雌性体重的 72.6%和 78.3%（图 4-3-4A，B）。

qRT-PCR 检测表明，在 6 月、18 月和 30 月龄时，雌性脑垂体中 *gh* 表达显著高于雄性。雌性脑垂体中 *gh* 表达水平分别为雄性中的 1.84 倍、4.61 倍和 6.40 倍。而且 *gh* 表达水平随年龄增加而降低。6 月龄脑垂体中 *gh* 表达水平显著高于 18 月龄（图 4-3-5）。

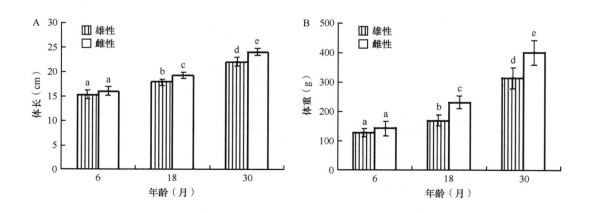

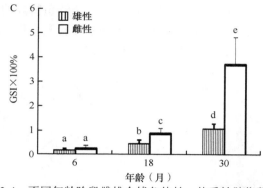

图 4-3-4 不同年龄阶段雌雄金钱鱼体长、体重性腺指数差异

不同小写字母表示各组间差异显著

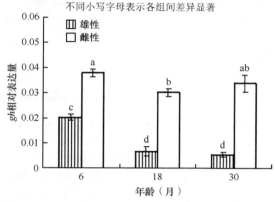

图 4-3-5 不同生长阶段雌雄金钱鱼脑垂体中 *gh* 表达差异

不同小写字母表示各组间差异显著

在不同发育时期的金钱鱼脑垂体中，Ⅱ～Ⅳ期雌鱼脑垂体中 *gh* mRNA 的表达水平显著高于Ⅲ～Ⅴ期的雄鱼。此外，与Ⅱ期和Ⅲ期相比，Ⅳ期雌性脑垂体中 *gh* mRNA 的表达水平显著降低。但是，雌性Ⅱ、Ⅲ期之间和雄性Ⅲ～Ⅴ期，*gh* mRNA 表达水平都没有显著性的差异（图 4-3-6）。

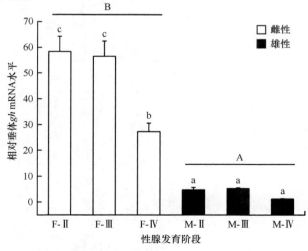

图 4-3-6 不同性腺发育时期雌、雄金钱鱼脑垂体中 *gh* mRNA 的表达模式

不同字母表示具有显著性差异，小写字母表示性腺发育时期，大写字母表示性别

广东省南方特色鱼类繁育与养殖创新团队制备了金钱鱼特异的 GH 多克隆抗体，通过 SDS 聚丙烯酰胺凝胶电泳（SDS-PAGE）和 Western blot 检测发现，该抗体可特异性识别金钱鱼脑垂体的内源 GH，大小约为 21kDa（图 4-3-7）。

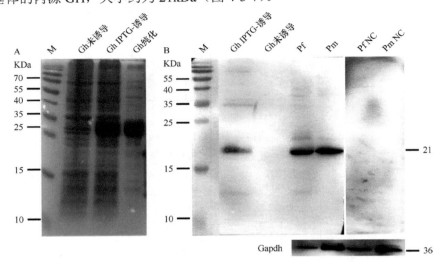

图 4-3-7　抗 GH 多克隆抗体的 SDS-PAGE 凝胶电泳（A）和 Western blot 分析（B）

NC. 阴性对照；M. 分子量标记（kDa）；Pf. 是从雌性垂体中提取的蛋白质；Pm. 是从雄性垂体中提取的蛋白质；Pf NC. 雌性阴性对照；Pm NC. 雄性阴性对照；Gapdh 用作内参

硬骨鱼类的腺垂体分为三个部分，前腺垂体（RPD）、中腺垂体（PPD）和后腺垂体（PI）。通过免疫组化分析发现，在Ⅱ～Ⅳ期雌性和Ⅲ～Ⅳ雄性金钱鱼腺垂体的 PPD 区检测到了强烈的 GH 阳性信号，在与 PPD 相邻的 RPD 区中也检测到分散的 GH 阳性信号，但在 PI 区未检测到（图 4-3-8）。

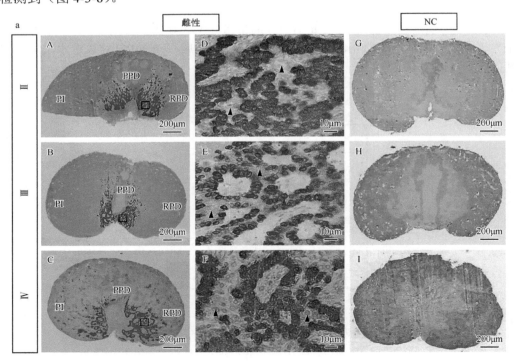

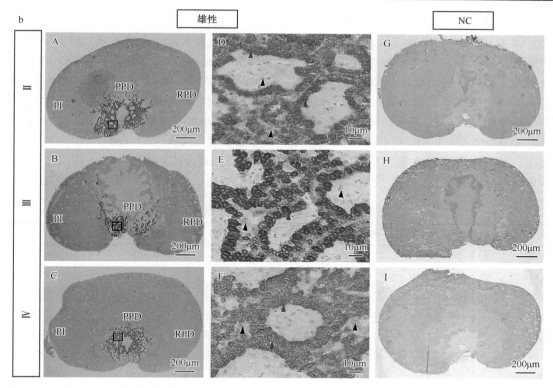

图 4-3-8 通过免疫组织化学染色（IHC）检测 GH 阳性细胞在雌性（a）和雄性（b）金钱鱼腺垂体中的
定位（彩图请扫封底二维码）

棕褐色代表 GH 阳性信号；Ⅱ、Ⅲ、Ⅳ和Ⅲ、Ⅳ、Ⅴ分别代表雌、雄金钱鱼性腺的发育阶段；NC 为阴性对照；红色箭头指示
GH 阳性细胞，为嗜酸性细胞；黑色箭头指示嗜碱性细胞

二、雌激素调控雌雄金钱鱼垂体中 *gh* 二态性表达的机制

1. 雌激素体内注射对雌雄金钱鱼垂体中 *gh* 表达的影响

雌激素 E_2 体内注射 6h 后，与对照组相比，雌雄金钱鱼垂体中 *gh* mRNA 的表达水平
显著上调，而 *erβ2* mRNA 的表达水平却显著下调；*erβ1* mRNA 的表达水平均无显著性差
异；但是在雌鱼中却观察到了 *erα* mRNA 表达水平的显著下调（图 4-3-9）。

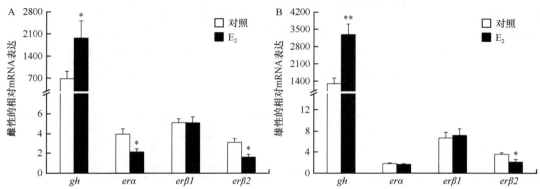

图 4-3-9 E_2 注射对雌性（A）和雄性（B）金钱鱼垂体中 *gh* 和 *er* 基因表达的影响

*和**分别表示具有显著和极显著差异

2. 雌激素体内注射后雌雄金钱垂体转录组测序分析

使用 Illumina HiSeq X-ten 平台对金钱鱼垂体组织进行转录组测序。从 Ctrl-FP（对照组雌鱼垂体）、E$_2$-FP（雌激素体内注射组雌鱼垂体）、Ctrl-MP（对照组雄鱼垂体）、E$_2$-MP（雌激素体内注射组雄鱼垂体）中分别获得了 83 649 745 条、82 264 208 条、86 664 629 条和 84 875 821 条的原始数据片段（raw read）。进行质量控制，去掉一些低质量的读数后，四个转录组文库分别获得了 98.82%（82 664 009 条），98.86%（81 329 871 条），94.03%（81 490 402 条）和 98.69%（83 762 725 条）的过滤数据片段（clean read）。测序质量结果表明，每组样品的 Q30 值（测序错误率低于 0.1% 的序列百分比）超过 94%，每组样品 GC含量的百分比都接近 50%，表明转录组测序质量结果良好，可用于后续的分析（表 4-3-1）。

表 4-3-1   金钱鱼垂体转录组测序数据汇总

样品	原始数据片段	过滤数据片段	过滤数据片段 Q20（%）	过滤数据片段 Q30（%）	GC 含量（%）
Ctrl-FP1	24 416 086	23 991 528	98.63	95.92	50.37
Ctrl-FP2	31 836 506	31 539 744	98.69	95.99	50.39
Ctrl-FP3	27 397 153	27 132 737	98.64	95.91	50.50
E$_2$-FP1	24 705 390	24 447 079	98.62	95.85	50.18
E$_2$-FP2	31 337 881	30 920 337	98.55	95.69	50.48
E$_2$-FP3	26 220 937	25 962 455	98.28	94.92	50.25
Ctrl-MP1	31 407 334	31 081 713	98.43	95.36	50.54
Ctrl-MP2	27 278 305	26 939 813	98.44	95.40	50.43
Ctrl-MP3	27 978 990	23 468 876	98.39	95.34	50.27
E$_2$-MP1	28 353 062	28 006 946	98.55	95.71	50.30
E$_2$-MP2	25 559 360	25 199 559	98.58	95.81	50.61
E$_2$-MP3	30 963 399	30 556 220	98.57	95.75	50.41

注：Ctrl-FP. 雌性对照组；E$_2$-FP. 雌性 E$_2$ 处理组；Ctrl-MP. 雄性处理组；E$_2$-MP. 雄性 E$_2$ 处理组

将拼接所获得的所有基因分别与 COG、GO、KEGG、KOG、Pfam、Swiss-Prot、eggNOG 和 NR 共八个数据库进行比对，得到相应的注释信息（表 4-3-2）。总共获得的比对注释的新基因数量为 24 366 个。在全部的数据库比对的基因的结果中，7382 个（30.30%）在 COG 数据库中得到注释，15 046 个（61.75%）在 GO 数据库中得到注释，15 025 个（61.66%）在 KEGG 数据库中得到注释，16 084 个（66.01%）在 KOG 数据库中得到注释，21 682 个（88.98%）在 Pfam 数据库中得到注释，16 535 个（67.86%）在 Swiss-Prot 数据库中得到注释，23 224 个（95.31%）在 eggNOG 数据库中得到注释，24 288 个（99.70%）在 NR 数据库中得到注释。

表 4-3-2   数据库注释信息统计

数据库	COG	GO	KEGG	KOG	Pfam	Swiss-Prot	eggNOG	NR
基因数量（个）	7 382	15 046	15 025	16 084	21 682	16 535	23 224	24 288
比率	30.30%	61.75%	61.66%	66.01%	88.98%	67.86%	95.31%	99.70%

将所有新基因比对到 NR 数据库中，比对数量靠前的物种如图 4-3-10 所示。其中，比对率最高的是大黄鱼（*Larimichthys crocea*）（7662，32%），其次是尖吻鲈（*Lates calcarifer*）

（4850，20%），高体鰤（*Seriola dumerili*）（2653，16%），黄尾鰤（*Seriola lalandi*）（1768，7%），深裂眶锯雀鲷（*Stegastes partitus*）（970，4%），眼斑双锯鱼（*Amphiprion ocellaris*）（806，3%），贝氏隆头鱼（*Labrus bergylta*）（623，3%），尼罗罗非鱼（*Oreochromis niloticus*）（586，2%）和多刺棘光鳃雀鲷（*Acanthochromis polyacanthus*）（491，2%），这说明与金钱鱼垂体转录组测序比对到的亲缘关系最近的物种是大黄鱼。

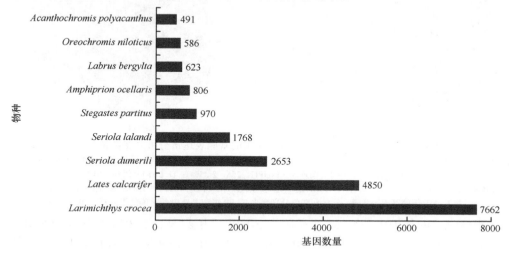

图 4-3-10　物种比对分布

3. 差异表达基因的筛选、鉴定及功能注释

转录组分析结果显示，E$_2$-MP 组的基因总数（12 716）大于 Ctrl-MP 组（12 625），但 E$_2$-FP 组的基因总数（12 300）小于 Ctrl-FP 组（12 439）（图 4-3-11A）。对来自 Ctrl-FP、E$_2$-FP、Ctrl-MP 和 E$_2$-MP 4 组的垂体转录组的基因表达模式进行聚类分析，树状图包含两个主要分支（Ⅰ和Ⅱ），Ctrl-FP 组和 Ctrl-MP 组的垂体转录组聚集成分支Ⅰ，而 E$_2$-FP 组和 E$_2$-MP 组则表现出极为相似的表达谱，聚集成分支Ⅱ（4-3-11B）。

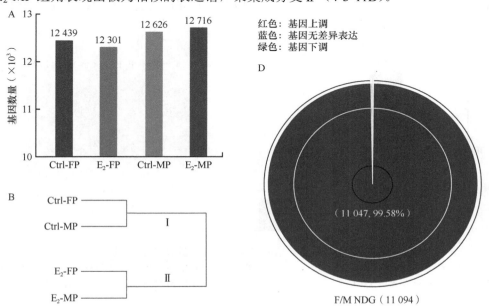

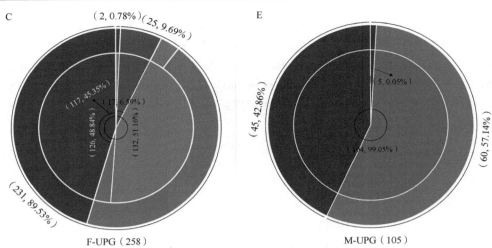

图 4-3-11　Ctrl-FP、E$_2$-FP、Ctrl-MP、E$_2$-MP 4 组的基因表达谱分析（彩图请扫封底二维码）

A. 在垂体转录组中表达的基因数目；B. 使用基因表达谱的无监督平均连锁聚类对垂体转录组进行分类。C～E 为在垂体中表达的基因分为 3 个部分，C. 在 Ctrl-FP 组中的上调基因（F-UPG, 258, 2.25%）；D. Ctrl-FP 组和 Ctrl-MP 组之间的无差异表达基因（F/M NDG, 11 094, 96.83%）；E. 在 Ctrl-MP 组中的上调基因（M-UPG, 105, 0.92%）。内部和外部饼图分别代表 E$_2$-FP 组和 E$_2$-MP 组的基因表达谱；浅色和深色分别代表 E$_2$-FP 组和 E$_2$-MP 组之间的不同基因和共享基因

在垂体表达的基因中，有 258 个基因为 F-UPG，占 2.25%；11 094 个基因为 F/M NDG，占 96.83%；105 个基因为 M-UPG，占 0.92%。F-UPG 中，9.69% 在 E$_2$-FP 组中上调；51.16% 和 6.59% 分别在两组中下调，其中共同下调的基因占 19.74%；此外，无差异表达基因在两组中分别占了 89.53% 和 48.84%（图 4-3-11C）。在 F/M NDG 中，0.14% 和 0.10% 分别在 E$_2$-FP 组和 E$_2$-MP 组中上调，0.05% 在两组中共同上调；0.20% 和 0.05% 分别在两组中下调，其中共同下调的基因占 0.02%，此外，两组中的无差异表达基因分别占了 99.66% 和 99.86%（图 4-3-11D）。在 M-UPG 中，57.14% 和 0.95% 分别在 E$_2$-FP 组和 E$_2$-MP 组中下调，0.95% 在两组中共同下调，两组中的无差异表达基因分别占了 42.86% 和 99.05%（图 4-3-11E）。

转录组结果显示，总共有 208 个基因被鉴定为差异表达基因 [FDR＜0.05 和 |log$_2$(fold change)|＞1]。结果如图 4-3-12 所示，在 Ctrl-FP vs E$_2$-FP 组之间鉴定出了 144 个 DEG，

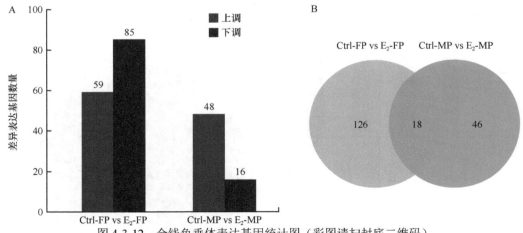

图 4-3-12　金钱鱼垂体表达基因统计图（彩图请扫封底二维码）

A. 每个比较组中差异表达基因（DEG）的数量。红色代表上调的差异基因，蓝色代表下调的差异基因。B. 相邻/不相邻的成对比较组之间差异的维恩图，基因仅在 E$_2$-FP 组中表达（黄色圆圈）和基因仅在 E$_2$-MP 组中表达（浅绿色圆圈），[|log$_2$(fold change)|＞1.0 和 FDR＜0.05]

包括 59 个上调基因和 85 个下调基因；在 Ctrl-MP vs E$_2$-MP 组之间鉴定出了 64 个 DEG，包括 48 个上调基因和 16 个下调基因，表 4-3-3 列出了每组之间差异倍数最显著的 10 个上调基因和下调基因。图 4-3-13 为各比较组的显著差异基因的火山图分析。

表 4-3-3　垂体差异表达基因 KEGG 通路富集分析

通路 ID	通路术语	基因名称
Ctrl-FP vs E$_2$-FP		
ko00340	组氨酸代谢	aldh1a3、LOC118341784
	p53 信号通路	gadd45ab、sesn1、igf1
Ctrl-MP vs E$_2$-MP		
ko00970	谷胱甘肽代谢	LOC108897722、LOC111218032

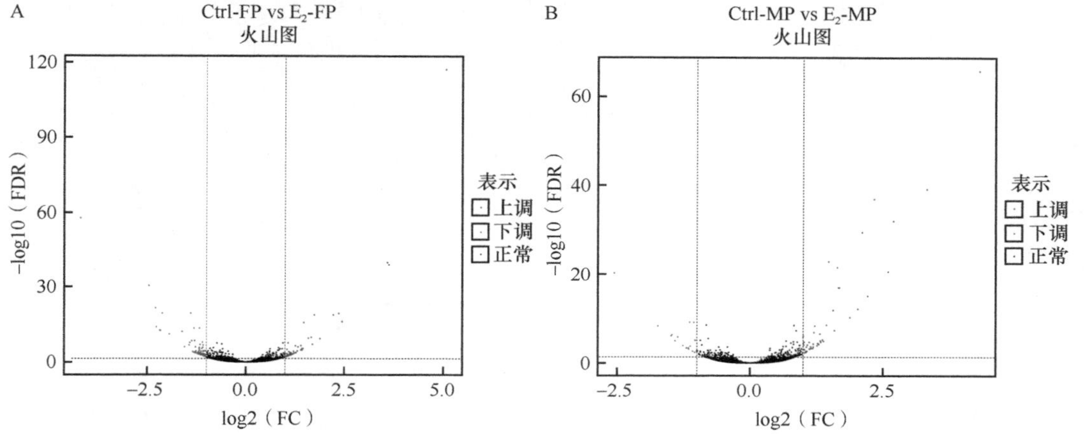

图 4-3-13　差异表达基因火山图（彩图请扫封底二维码）

A. Ctrl-FP vs E$_2$-FP（雌性对照组 vs 雌性 E$_2$ 处理组）；B. Ctrl-MP vs E$_2$-MP（雄性对照组 vs 雄性 E$_2$ 处理组）。图中的散点代表各个基因：黑色圆点表示无差异表达的基因，红色圆点表示上调基因，绿色圆点表示下调基因

根据 GO 富集分析，DEG 分为三个主要功能类别：生物过程、细胞组分和分子功能，分别包括 21、13 和 16 个子类别（图 4-3-14）。在 Ctrl-FP vs E$_2$-FP 和 Ctrl-MP vs E$_2$-MP 两个差异组中，在生物过程中，最显著富集的差异基因与单生物过程（GO: 0044699）、细胞过程（GO: 0009987）和生物调节（GO: 0065007）显著相关；在细胞组分中，最显著富集的差异基因与膜（GO: 0016020）、细胞（GO: 0005623），细胞部分（GO: 0044464）和膜部分（GO: 0044425）相关。分子功能中的大多数 DEG 与结合（GO: 0005488）和催化活性（GO: 0003824）有关（图 4-3-14）。

垂体 DEG 的 KEGG 通路富集分析结果见图 4-3-14 所示。E$_2$-FP 组中，组氨酸代谢途径和 p53 信号通路显著富集（图 4-3-15A）。在 E$_2$-MP 组中，谷胱甘肽代谢通路显著富集（图 4-3-15B）。表 4-3-3 显示了显著富集的 KEGG 途径和 DEG。

如表 4-3-4 所示，筛选的 Ctrl-FP vs E$_2$-FP 和 Ctrl-MP vs E$_2$-MP 组中 Top 10 差异表达基因中，qRT-PCR 与 RNA 测序结果表明，在雌鱼中，一些与生长相关的基因，包括：JunB 原癌基因（JunB proto-oncogene，AP-1 transcription factor subunit b，junbb）、肌生长抑素（myostatin，mstn2）、胰岛素瘤相关蛋白（insulinoma-associated protein 1a，insm1a）基因通过 E$_2$ 处理被上调，而生长相关蛋白（growth associated protein 43，gap43）基因被下调；在雄鱼中，与对照组相比，E$_2$ 注射组中与生长相关的基因，包括 mstn2、insm1a 的表达水平上调，而 gap43 被下调（图 4-3-16）。

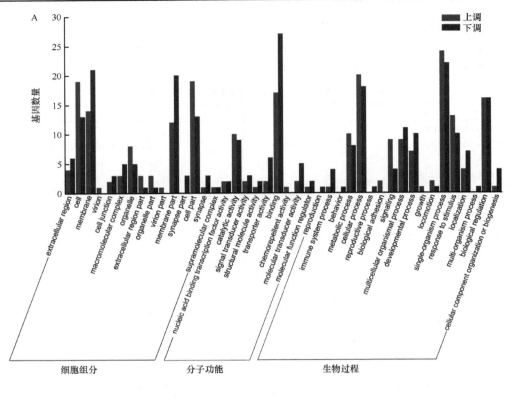

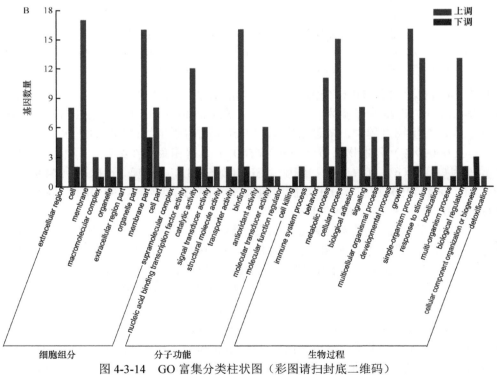

图 4-3-14　GO 富集分类柱状图（彩图请扫封底二维码）

A. Ctrl-FP vs E$_2$-FP（雌性对照组 vs 雌性 E$_2$ 处理组）；B. Ctrl-MP vs E$_2$-MP（雄性对照组 vs 雄性 E$_2$ 处理组）。红色柱子代表上调的基因数目；黑色柱子代表下调的基因数目

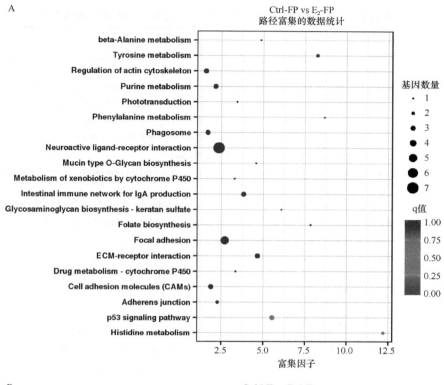

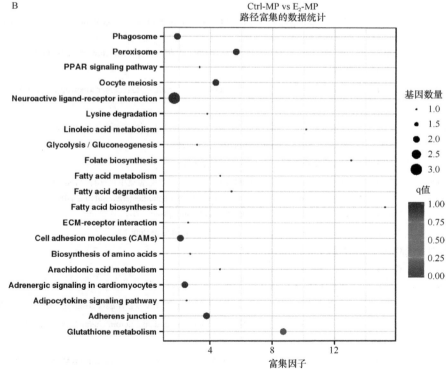

图 4-3-15　垂体差异表达基因 KEGG 通路富集图（彩图请扫封底二维码）

A. Ctrl-FP vs E$_2$-FP（雌性对照组 vs 雌性 E$_2$ 处理组）；B. Ctrl-MP vs E$_2$-MP（雄性对照组 vs 雄性 E$_2$ 处理组）。不同大小的黑色
圆圈代表基因的数目；不同的颜色代表基因的 q 值

表 4-3-4 **Ctrl-FP vs E₂-FP 组和 Ctrl-MP vs E₂-MP 组中 Top 10 差异表达基因的筛选**

基因名称	$\log_2$(fold change)	基因全称
CF vs EF		
tvp23b	5.061 83	高尔基体膜蛋白 TVP23 同源物 B（golgi apparatus membrane protein TVP23 homolog B）
LOC117257462	3.626 02	视锥细胞视紫红质敏感 cGMP 3′,5′-环磷酸二酯酶亚单位 γ 样（retinal cone rhodopsin-sensitive cGMP 3′,5′-cyclic phosphodiesterase subunit γ-like）
frmd7	3.589 33	含 FERM 结构域的蛋白 7（FERM domain-containing protein 7）
kiss2	2.438 73	kisspeptin 2 前体（kisspeptin 2 precursor）
pde9al	2.354 94	高亲和力 cGMP 特异性 3′,5′-环磷酸二酯酶 9A 样（high affinity cGMP-specific 3′,5′-cyclic phosphodiesterase 9A-like）
camk1d	2.217 28	1D 型钙/钙调蛋白依赖性蛋白激酶（calcium/calmodulin-dependent protein kinase type 1D）
LOC104939486	1.737 73	Lck 相互作用跨膜衔接蛋白 1（Lck-interacting transmembrane adapter 1）
tac3a	1.692 11	速激肽前体 3a（tachykinin precursor 3a）
LOC117265659	1.593 14	黏蛋白-5AC（mucin-5AC）
tmem184ba	1.474 08	跨膜蛋白 184ba（transmembrane protein 184ba）
LOC104932807	−2.458 73	皮质素-3（cortexin-3）
oacyl	−2.293 69	O-酰基转移酶样蛋白样（O-acyltransferase like protein-like）
cacng6b	−2.269 878	电压依赖性钙通道 γ 亚基 6b（voltage-dependent calcium channel γ subunit 6b）
chrna2b	−2.118 24	胆碱受体、烟碱、α2b（神经元）[cholinergic receptor, nicotinic, α2b（neuronal）]
dlk1	−1.617 74	δ 样非典型 Notch 配体 1（δ like non-canonical Notch ligand 1）
glec-1	−1.443 48	半乳凝素-1（galectin-1）
trpm2	−1.423 20	瞬时受体电位阳离子通道，M 亚科，成员 2（transient receptor potential cation channel, subfamily M, member 2）
pcsk2	−1.398 85	蛋白质原转换酶枯草杆菌蛋白酶/kexin 2 型（proprotein convertase subtilisin/kexin type 2）
rcvrna	−1.372 93	恢复蛋白 a（recoverin a）
LOC118331497	−1.322 48	谷氨酸离子通道型受体，NMDA 2C 样（glutamate receptor ionotropic, NMDA 2C-like）
CM vs EM		
LOC109639081	4.313 36	叶酸聚谷氨酸合酶，线粒体样（folylpolyglutamate synthase, mitochondrial-like）
tmem251	3.331 96	跨膜蛋白 251（transmembrane protein 251）
Scar-UA	2.691 50	MHC Ⅰ 类抗原（MHC class Ⅰ antigen）
LOC103384609	2.593 70	视锥细胞视紫红质敏感 cGMP 3′,5′-环磷酸二酯酶亚单位 γ 样（retinal cone rhodopsin-sensitive cGMP 3′,5′-cyclic phosphodiesterase subunit γ-like）
lmo7b	2.328 40	LIM 结构域纯蛋白 7b（LIM domain only protein 7b）
insm1a	2.107 28	胰岛素瘤相关蛋白 1（insulinoma-associated protein 1）
LOC117265659	1.876 03	黏蛋白-5AC（mucin-5AC）
oclnb	1.679 84	闭合蛋白 b（occludin b）
LOC104931903	1.661 61	整联蛋白 α-3（integrin α-3）
b4galnt3b	1.643 13	β-1, 4-N-乙酰氨基半乳糖基转移酶 3b（β-1, 4-N-acetyl-galactosaminyl transferase 3b）
cacng6b	−2.558 21	电压依赖性钙通道 γ 亚基 6b（voltage-dependent calcium channel γ subunit 6b）
LOC108897722	−2.293 69	氨肽酶 N 样（aminopeptidase N-like）
LOC111230938	−1.468 04	N-赖氨酸甲基转移酶 KMT5A-A 样（N-lysine methyltransferase KMT5A-A-like）
farp2	−1.358 67	FERM、ARH/RhoGEF 和普列克底物蛋白结构域蛋白 2（FERM, ARH/RhoGEF and pleckstrin domain protein 2）
LOC104932807	−1.160 27	皮质素-3（cortexin-3）

续表

基因名称	log$_2$(fold change)	基因全称
gapdh	−1.153 65	甘油醛-3-磷酸脱氢酶（glyceraldehyde-3-phosphate dehydrogenase）
neb	−1.135 15	低质量蛋白：伴肌动蛋白（low quality protein: nebulin）
LOC104929207	−1.125 62	（DELTA-sagatoxin-Srs1a）
unkl	−1.055 00	推测的 E3 泛素蛋白连接酶 UNKL 异构体 X1（putative E3 ubiquitin-protein ligase UNKL isoform X1）
LOC119481869	−1.034 16	低亲和力免疫球蛋白 γFc 区受体Ⅱ样（low affinity immunoglobulin γFc region receptor Ⅱ-like）

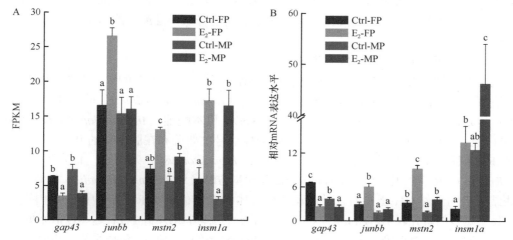

图 4-3-16　垂体中生长相关基因表达水平的检测（彩图请扫封底二维码）

A. 转录组（*n*=3）；B. qRT-PCR（*n*=3）。不同字母表示各组之间有显著性差异

三、综合分析

1. *gh* cDNA 克隆、特征分析和聚类分析

GH 是一种单链多肽并具有 2 个分子内二硫键。通过 GH 受体，GH 可调控鱼类生长以及繁殖、免疫和渗透压。在影响雌、雄生长差异的遗传因子中，GH 是主要的因子。很多研究都表明 GH 可提高鱼类的生长。本研究在金钱鱼中首次克隆了 *gh* 基因。在所比较的动物中，金钱鱼 GH 与斜带石斑鱼的同源性最高（93.6%）。在金钱鱼 GH 氨基酸序列中发现了 4 个半胱氨酸残基，这些半胱氨酸残基与二硫键的形成有关，而二硫键在生物功能中起着重要作用。金钱鱼 GH 推测的信号肽含 17 个氨基酸残基。与斜带石斑鱼和真鲷（*Pagrus major*）长度相同，但比鲤、金鱼的 22 个氨基酸残基短。鲈形目鱼类聚类树在传统分类地位类似。在 24 个鲈形目鱼中，除了褐带石斑鱼（*Epinephelus bruneus*）外，都符合传统的分类地位。有研究表明，在亚口鱼科和鲑形目中具有 GH1 和 GH2 两种，这可能与特异性基因组复制有关。在鲑形目中，GH1 和 GH2 并不聚为一类。通过目前的聚类分析，在金钱鱼和鲈形目中，没有分离到 *gh* 同源基因。在鲽形目中同样未分离到 *gh* 同源基因。

2. 雌雄鱼垂体中 *gh* 基因性别二态性表达

在 18 月和 30 月龄时，雄性金钱鱼体重分别是雌性金钱鱼的 72.6% 和 78.3%。与生长差异一致，脑垂体中也存在性别差异的 *gh* 二态性表达。在 18 月和 30 月龄时，雌性金钱鱼 GH 含量分别是雄性的 4.61 倍和 6.40 倍。与其他脊椎动物类似，鱼类的生长促进作用也受到 GH-IGF 轴的调控。GH 在调控生长和发育过程起着重要作用。雌性生长快于雄性的鱼，如欧洲鳗鲡、黄颡鱼和半滑舌鳎，雌性 *gh* 表达水平显著高于雄性。而在雄性生长快于雌性的尼罗罗非鱼，脑垂体中 *gh* 表达水平雄性高于雌性。因而，在金钱鱼中，性别生长二态性可能与脑垂体中 *gh* 的差异表达有关。在半滑舌鳎，5 月龄时还未成熟，但到 9 月龄时达到成熟。*gh* 的表达水平为 170 天时高于 230 天和 310 天。与半滑舌鳎类似，金钱鱼 *gh* 表达水平在未成熟的 6 月龄时高于成熟后的 18 月龄和 30 月龄。在鳜中，当体重小于 170g 时，雌雄生长速度未出现差异。当雄性成熟，体重为 170～800g 时，雌性生长速度显著快于雄性。当雌性性成熟，体重超过 800g 时，雌性生长速度降低，雄性生长快于雌性。因此，成熟阶段生长速度比未成熟时生长速度降低，推测可能与在金钱鱼未成熟时 *gh* 表达水平较低有关。

3. 雌雄鱼垂体中 *gh* 表达细胞定位

制备的金钱鱼 hGH 多克隆抗体识别的内源性金钱鱼 GH 蛋白的分子量为 21kDa，与莫桑比克罗非鱼（*Oreochromis mossambicus*）和鲣（*Katsuwonus pelamis*）的 GH 蛋白分子量相似；但是比条纹鲈（*Morone saxatilis*）（24kDa）、日本鳗鲡（*Anguilla japonica*）（23kDa）的 GH 蛋白分子量小。IHC 结果显示，GH 阳性信号主要分布在腺垂体的 PPD 区，少量分布在 RPD 区，这与大西洋庸鲽（*Hippoglossus hippoglossus*）、条纹鲈、北美西鲱（*Alosa sapidissima*）、稀有鮈鲫（*Gobiocypris rarus*）和南方鲇（*Silurus meridionalis*）相似。总之，这些结果表明天然 GH 蛋白的分子量及其在垂体中的分布区域在硬骨鱼中几乎相同。

越来越多的研究表明，*gh* mRNA 在哺乳动物的垂体外组织中也有表达，包括卵巢、沃尔夫管、胎盘和乳腺组织等。在鸟类中，*gh* 在中枢神经系统（CNS）、免疫系统和其他垂体外组织中也有表达。*gh* mRNA 在金钱鱼的垂体外组织中，包括卵巢、精巢、下丘脑、肝和肌肉中表达。在虹鳟、银汉鱼（*Odontesthes bonariensis*）、斜带石斑鱼、蓝太阳鱼（*Lepomis cyanellus*）、齐口裂腹鱼等硬骨鱼类中也观察到了类似的 *gh* 的表达模式。与此一致，硬骨鱼类 GH 的功能研究表明，GH 与机体的生长、渗透调节、免疫、胚胎发育及中枢神经系统的发育和生殖相关。这些结果表明，垂体外组织中的 GH 可能通过自分泌或旁分泌的途径发挥重要作用。

4. 雌激素是调控金钱鱼 *gh* 二态性表达的重要内在原因之一

性类固醇激素在硬骨鱼类调控 *gh* 基因表达中具有重要作用。欧洲鳗鲡用雌二醇处理，雌性 *gh* 表达水平显著高于雄性。在欧亚鲈（*Perca fluviatilis*），雌性生长快于雄性，性别相关的生长差异出现在成熟阶段与雌、雄鱼中性类固醇的提高有关。甲基睾酮影响性别生长二态性是通过提高摄食和饵料效率实现。在 18 月龄和 30 月龄时，金钱鱼雄性都已性成熟，但雌性尚未性成熟。已有报道，金钱鱼 E$_2$ 随着卵巢成熟发育而增加。因而需要更多的实验来阐明性类固醇激素对 *gh* 表达的影响。半滑舌鳎的雌性 *gh* 表达显著高于雄性，但平均体长和体重在 230 天前并无显著差异。在金钱鱼 6 月龄时，雌性和雄性也未成熟，雌、雄性生长也未出现显著差异。然而，雌性脑垂体中 *gh* 的表达水平是雄性的 1.84 倍。半滑舌鳎在 9 月龄时，雄性达到性成熟，*gh* 表达在雌雄性间出现差异。但在未成熟的 5 月龄时，*gh* 表达和生长都未出现显著差异。这表明，早期阶段鱼类的性成熟度是雌雄生长二态性的主要原因。在金钱鱼中，6 月龄时生长差异与 *gh* 表达水平不一致的原因可能与雄性早熟有关。在早期阶段，生长差异是否与 *gh* 表达水平一致还需要更多研究来证实。

综上，在金钱鱼中存在典型的雌雄生长二态性现象。金钱鱼 *gh* 基因与生长差异一致，

雌性脑垂体中 *gh* 表达高于雄性。在性成熟鱼中生长速度慢于性未成熟鱼可能与雄鱼中 *gh* 表达量较多有关。因而，金钱鱼中性别生长二态性可能与脑垂体中 *gh* 不同表达水平有关。

在硬骨鱼类中，雌激素参与性别决定、性别分化和性别维持。此外，许多研究也证实了雌激素在调节硬骨鱼类 *gh* 表达中的作用。在金钱鱼中，随着性腺发育过程，雌性金钱鱼血清 E_2 水平升高，雌性垂体中 *gh* mRNA 的表达水平显著高于雄性。欧洲鳗鲡，雌性生长速度快于雄性，E_2 处理时，雌性 *gh* mRNA 的表达水平高于雄性。此外，在马苏鲑鱼、黑头软口鲦（*Pimephales promelas*）、罗非鱼和金钱鱼中，E_2 或炔雌醇（17α-ethinylestradiol，EE_2）都可以显著上调雌鱼中 *gh* mRNA 的表达水平。同时 E_2 注射显著上调了雄性金钱鱼 *gh* mRNA 的表达水平，说明 *gh* 对雌激素具有敏感性。众所周知，雌激素通过与特定的雌激素受体 ERα 和（或）ERβ 结合从而调节靶基因的表达并发挥生物学作用。在金钱鱼中，E_2 体内注射 6h 上调了 *gh* 的表达水平，但是垂体中 *erβ2* 和 *erα* mRNA 的表达明显降低，表明 E_2 可能直接或间接调节垂体中 *gh* mRNA 的表达。这也暗示，雌激素是调节雌雄金钱鱼垂体中 *gh* 二态性表达的重要内在原因之一，其通过调节 *gh* 的二态性表达，进而影响雌雄金钱鱼二态性生长。

通过雌激素体内注射后金钱鱼垂体转录组测序分析，筛选到了垂体中一些与生长相关的 DEG，包括 *insm1a*、*gap43*、*mstn2*、*junbb*，并检测了其在雌激素调控下基因表达水平的变化情况。*insm1* 是一种含有锌指结构的转录因子，它在嗅觉上皮细胞、各种类型的神经内分泌细胞及周围神经系统中表达。在小鼠中的研究发现，INSM1 存在于整个垂体前叶，INSM1 是调控腺垂体中内分泌细胞增殖与分化的重要因子，调控的细胞包括促甲状腺激素（thyroid-stimulating hormone，TSH）、卵泡刺激素（FSH）、黑素细胞刺激素（MSH）、肾上腺皮质激素（adrenocorticotrope hormone，ACTH）、生长激素（GH）和催乳素（PRL）的分泌细胞。敲除 *insm1* 后，小鼠腺垂体 GH 内分泌细胞数目及垂体中 *gh* 表达急剧下降甚至缺失。在鱼类中，*insm1* 基因发生复制，分别命名为 *insm1a* 和 *insm1b*，目前仅在斑马鱼和青鳉中被克隆，未见二者在鱼类垂体激素分泌中的功能研究。广东省南方特色鱼类繁育与养殖创新团队 qRT-PCR 结果表明，E_2 注射可以上调雌、雄金钱鱼的 *gh* mRNA 表达水平，而且 RNA-Seq 数据显示 *insm1a* 表达水平在 E_2 处理的雌、雄金钱鱼中均上调，暗示了 *insm1* 基因与 *gh* 基因表达水平之间可能存在着某种潜在的关系，并且这两个基因都可以调节鱼类的生长。GAP43（也称为神经调节素）集中于轴突生长锥中，是一种与神经元生长、再生和连接有关的膜结合磷蛋白。GAP43 蛋白被定位于大鼠脑垂体前叶（AP）的长纤维和点状簇中，这些纤维参与调节了下丘脑-垂体-肾上腺轴（HPA 轴）。有研究表明，性类固醇激素对成年大鼠脑内的 *gap43* mRNA 有调节作用，*gap43* 基因的表达水平在雌性大鼠中较高，当卵巢切除后其表达降低；去卵巢雌大鼠经激素处理后，*gap43* 基因的表达水平增强。在硬骨鱼中，GAP43 在中枢神经系统（CNS）发育和再生过程中高度富集于轴突生长锥中，对 CNS 神经元的再生至关重要。然而，雌激素如何调控垂体 *gap43* 基因的表达尚不清楚。与大鼠不同的是，本团队发现，E_2 注射下调了雌、雄金钱鱼垂体中 *gap43* mRNA 的表达。这些结果表明，雌激素对 GAP43 的调控可能存在组织特异性。MSTN，一种转化生长因子 β（transforming growth factor β，TGFβ）家族成员，是肌肉生长的负调节剂，MSTN 可介导 GH 的生长调节作用。在转基因鲑鱼中，*gh* 过表达降低了 *mstn*/MSTN 的转录和蛋白水平，并且在生长较快的鱼中，*mstn* 的表达水平下降；与之相似，在哺乳动物中，GH 的体内或体外处理均降低了 *mstn* 的表达水平。这些结果表明，GH 的合成代谢作用可以通过

MSTN 介导。与之相反，E_2 注射上调了雌雄金钱鱼垂体中 *gh* 和 *mstn2* 的表达水平。以上的结果均证明了雌激素在调节哺乳动物和硬骨类生长发育中的作用。总之，雌激素对垂体中生长相关基因表达水平的调控可能是影响硬骨鱼类生长的主要原因，雌激素可能通过调节生长相关基因的表达而间接影响 *gh* mRNA 的表达水平，从而影响脊椎动物的生长。

第四节　金钱鱼胰岛素样生长因子的克隆及其在生长调控中的功能

两性生长异形在水产养殖鱼类中较为普遍，但其产生机制尚不十分清楚。在哺乳动物的相关研究中发现，雌雄生长差异是由血液中的性类固醇激素与 GH-IGF 轴的相互作用来实现的。现有研究表明，雌二醇（E_2）调控 IGF 信号通路的方式目前主要有两种：第一，经典 GH-IGF 信号通路。垂体表面的 ER 介导 E_2 激活细胞内信号通路，直接参与基因组水平的调控，促进 GH 的合成与分泌，GH 与下游肝脏表面的 GHR 结合促进 IGF 的表达。第二，非经典信号通路。E_2 不通过 IGF 上游的 GH 而通过与肝细胞表面的 ER 结合，直接调控 IGF 的合成与分泌。黄颡鱼和尼罗罗非鱼等鱼类的研究表明，性类固醇激素对不同种类、不同性别鱼类的生长及生长相关基因的表达有不同的调控作用，表现出明显的雌雄生长异形，提示两性生长异形可能是由于雌雄个体之间性类固醇激素调节 IGF 信号通路相关基因信号表达差异而引起。

GH-IGF 轴包括 GH、生长激素结合蛋白（GHBP）、GHR、IGF、胰岛素样生长因子受体（IGFR）和胰岛素样生长因子结合蛋白（IGFBP）等。在硬骨鱼类中，机体生长在很大程度上受到 GH-IGF 轴激素的调控，包括 GH 和 IGF。GH 和 IGF-1 基因的高表达已被证明与鲫、红鳍东方鲀和鲮等生长速度呈正相关。金钱鱼作为一种有较高食用价值的水产经济养殖鱼类，具有典型的雌雄生长异形特点，但其两性生长异形的机制研究还相对较少，有待深入研究。

一、金钱鱼 IGF 的克隆与序列分析

1. 金钱鱼 IGF-1 和 IGF-2 cDNA 的克隆及其序列分析

金钱鱼 IGF-1 的 ORF 为 561bp，推导出金钱鱼 IGF-1 由 186 个氨基酸组成。使用 SignalP 3.0（http://www.cbs.dtu.dk/services/SignalP/）在线预测，金钱鱼 IGF-1 具有一个由 44 个氨基酸组成的信号肽，78 个氨基酸组成的家族活性肽结构域，家族活性肽结构域包含 6 个保守的半胱氨酸残基（图 4-4-1）。

金钱鱼 IGF-2 的 ORF 为 648bp。推导出金钱鱼 IGF-2 由 215 个氨基酸组成。使用 SignalP 3.0（http://www.cbs.dtu.dk/services/SignalP/）在线预测金钱鱼 IGF-2 具有一个由 47 个氨基酸组成的信号肽，71 个氨基酸组成的家族活性肽结构域，家族活性肽结构域包含 6 个保守的半胱氨酸残基（图 4-4-2）。

2. 进化树分析

使用 Mega6.0 软件对金钱鱼和其他脊椎动物的 IGF-1 和 IGF-2 序列构建系统进化树（图 4-4-3）。结果显示：金钱鱼 IGF-1 和 IGF-2 都能和其他物种相应的 IGF 亚型聚类，金钱鱼与鲈形目花鲈和尼罗罗非鱼聚为一支，与脊椎动物相分离，表明其在进化上与鲈形目鱼类的亲缘关系较近。

```
1    GATGTGACATTGCCCGCATCTCATCCTCTTTCTCCCCGTTTTTTAATGACTTCAAACAAG
61   TTCATTTTCGCCGGGCTTTGTCTTGCGGAGACCCGTGGGGATGTCTAGCGCTCTTTCCTT
1                                          M  S  S  A  L  S  F
121  TCAGTGGCATTTATGTGATGTCTTCAAGAGTGCGATGTGTATCTCCTGTAGCCACAC
8     Q  W  H  L  C  D  V  F  K  S  A  M  C  C  I  S  C  S  H  T
181  CCTCTCACTACTGCTGTGCATCCTCACCCTGACTCCGACGGCAACAGGGGCGGGCCCAGA
28    L  S  L  L  L  C  I  L  T  L  T  P  T  A  T  G  A  G  P  E
241  GACCCTGTGCGGGCGGGAGCTGGTCGACACGCTGCAGTTTGTGTGTGGAGAGAGAGGCTT
48    T  L  C  G  A  E  L  V  D  T  L  Q  F  V  C  G  E  R  G  F
301  TTATTTCAGTAAACCAACAGGCTATGGCCCCAATGCACGGCGGTCACGTGGCATCGTGGA
68    Y  F  S  K  P  T  G  Y  G  P  N  A  R  R  S  R  G  I  V  D
361  CGAGTGCTGCTTCCAAAGCTGTGAGCTGCGGCGTCTGGAGATGTACTGTGCACCTGCCAA
88    E  C  C  F  Q  S  C  E  L  R  R  L  E  M  Y  C  A  P  A  K
421  ACCTAGCAAGGCTGCTCGCTCTGTGCGGTTCACAGCGCCACACAGACATGCCAAGAGCACC
108   P  S  K  A  A  R  S  V  R  S  Q  R  H  T  D  M  P  R  A  P
481  TAAGGTTAGTAACGCAGGCACAAAGTGGACAAGGGCACAGAGCGTAGGACAGCACAGCA
128   K  V  S  N  A  G  H  K  V  D  K  G  T  E  R  R  T  A  Q  Q
541  GCCAGACAAGACAAAAAACAAGAAGAGACCTTTACCTGGACATAGTCATTCATCCTTCAA
148   P  D  K  T  N  K  K  R  P  L  P  G  H  S  H  S  S  F  K
601  GGAAGTGCATCAGAAAAACTCAAGTCGAGGCAACACGGGGGGCAGAAATTATAGAATGTAG
168   E  V  H  Q  K  N  S  S  R  G  N  T  G  G  R  N  Y  R  M  *
661  GGACGGAGCGAATGGACAAATG
```

图 4-4-1　金钱鱼 IGF-1 ORF 及其推导的氨基酸序列

IGF 信号肽用单下划线表示；家族活性肽结构域用阴影表示；半胱氨酸残基置于方框内；红框处为起始和终止密码子，终止密码子用*表示

```
1    ACGTTTTGACTACTGCCACCTGACATGGAGACCCAGCAAAGACACGGACACCACTCC
1                           M  E  T  Q  Q  R  H  G  H  H  S
58   TTTGCCACACCTGCCGGGAGAACGGAGAGCAGCAGAATGAAGGTCAAGAAGATGTCTTCGT
12    L  C  H  T  C  R  R  T  E  S  S  R  M  K  V  K  K  M  S  S
118  CCAGTCGGGCGCTGCTGTTGCACTGGCCCTGACGCTCTACGTAGTGGAAATAGCCTCGG
32    S  S  R  A  L  L  F  A  L  A  L  T  L  Y  V  V  E  I  A  S
178  CAGAGACGCTGTGTGGGGGAGAGCTGGTGGATGGCTGCAGTTTGTCTGTGAAGACAGA
52    A  E  T  L  C  G  G  E  L  V  D  A  L  Q  F  V  C  E  D  R
238  GGCTTCTATTTCAGTAGGCCAACCAGCAGGGGAAACAACCGGCGCCCCCAGAACCGTGGG
72    G  F  Y  F  S  R  P  T  S  R  G  N  N  R  R  P  Q  N  R  G
298  ATCGTAGAGGAGTGTTGTTCCGTAGCTGTGACCTGAACCTGCTGGAGCAGTACTGTGCC
92    I  V  E  E  C  C  F  R  S  C  D  L  N  L  L  E  Q  Y  C  A
358  AAACCTGCCAAGTCTGAAAGGGACGTGTCGGCCACCTCTCTACAGGTCATACCCGTGATG
112   K  P  A  K  S  E  R  D  V  S  A  T  S  L  Q  V  I  P  V  M
418  CCCGCACTAAAACAGGAAGTCCCAAGGAAGCAGCATGTGACCGTGAAGTATTCCAAATAC
132   P  A  L  K  Q  E  V  P  R  K  Q  H  V  T  V  K  Y  S  K  Y
478  GAGGTGCGGCAGAGGAAGGCGGCCCAGCGGCTCCGGAGGGGTGTCCCCGCCATCTTGAGA
152   E  V  R  Q  R  K  A  A  Q  R  L  R  R  G  V  P  A  I  L  R
538  GCCAAAAAGTTTCGGGGGCAGGCGGAGAAGATCAAAGCCCAGGAGCAGGCAATCTTCCAC
172   A  K  K  F  R  G  Q  A  E  K  I  K  A  Q  E  Q  A  I  F  H
598  AGGCCCCTGATCAGCCTGCCTAGCAAACTGCCGCCCGTCTTGCTCGCCACGGACAACTAT
192   R  P  L  I  S  L  P  S  K  L  P  P  V  L  L  A  T  D  N  Y
658  GTCAACCACAAATGAGCCCGCTGCCAGCCCTTTGCACAGACAAGAGTTTGGAGGGAGAAA
212   V  N  H  K  *
718  AAAAGACTAGGGGATTATAGCTTTTTCT
```

图 4-4-2　金钱鱼 IGF-2 ORF 及其推导的氨基酸序列

IGF 信号肽用单下划线表示；家族活性肽结构域用阴影表示；半胱氨酸残基置于方框内；红框处为起始和终止密码子，终止密码子用*表示

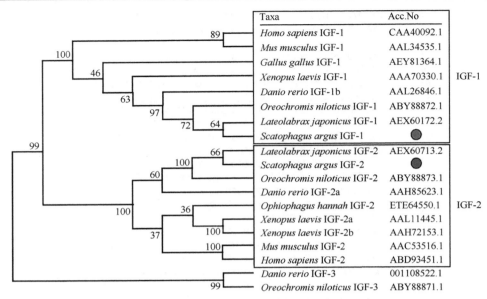

图 4-4-3　金钱鱼 IGF 与其他动物的系统发生树分析

二、金钱鱼 IGF 的时空表达模式分析

1. *igf* 基因 mRNA 在不同组织的表达分析

设计 IGF ORF 荧光定量特异性引物（IGF-1-Q F，IGF-1-Q R），利用 RT-PCR 的方法，对金钱鱼两种 IGF 在各组织（肝、性腺、鳃、肠、肾、心脏、下丘脑、垂体、胃、脾和肌肉）的表达模式进行分析。结果显示，IGF-1 在雌、雄鱼肝中高表达；IGF-2 具有广泛的组织分布，且肝中表达水平最高（图 4-4-4）。

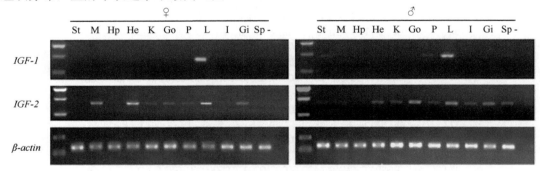

图 4-4-4　金钱鱼 IGF 的组织表达

β-actin 作为阳性对照。St. 胃；M. 肌肉；Hp. 下丘脑；He. 心脏；K. 肾；Go. 性腺；P. 垂体；L. 肝；I. 肠；Gi. 鳃；Sp. 脾；-. 阴性对照

2. *igf* 基因 mRNA 在胚胎发育过程中的表达分析

本实验每小时取样 1 次，共取 15 个小时的胚胎样品。根据胚胎发育时期判定，此 15h 样品可分为 9 个时期：4 细胞期（受精后 1h）、囊胚期（2h）、原肠胚期（3～5h）、神经胚期（6h）、眼囊形成期（7h）、尾牙期（8h）、晶体形成期（9～13h）、肌肉效应期（14h）和孵化期（15h）。PCR 结果显示，金钱鱼 *igf1* mRNA 在观测胚胎的 9 个发育时期都存在表达。在 4 细胞期、原肠胚期、肌肉效应期和孵化期表达量较高，晶体形成期次之，在神经

胚期、眼囊形成期表达量相对较低。总体来看 *igf1* mRNA 的表达量从 4 细胞期到孵化期呈现逐渐上升趋势（图 4-4-5A）。

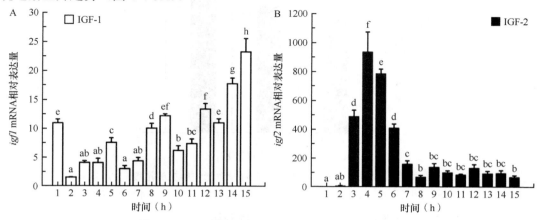

图 4-4-5　胚胎发育过程中金钱鱼 *igf* mRNA 的表达

金钱鱼 *igf2* mRNA 在观测胚胎的 9 个发育时期均存在表达。早期胚胎发育时期：4 细胞期和囊胚期的表达量相对较低，原肠胚期和神经胚期的表达量显著上升，达到最高，之后的眼囊形成期、尾牙期、晶体形成期、肌肉效应期和孵化期表达显著降低（图 4-4-5B）。

3. 金钱鱼性腺不同发育时期血清中 E₂ 的浓度测定

通过组织切片以及苏木精-伊红染色，本研究中取样三个时期的金钱鱼卵巢：Ⅱ期、Ⅲ期和Ⅳ期；以及三个时期金钱鱼精巢：Ⅱ期、Ⅲ期和Ⅳ期（图 4-4-6）。检测结果显示，随性腺发育成熟，雌鱼血清中 E_2 浓度明显升高（$P<0.05$），而雄鱼血清中 E_2 浓度无变化（图 4-4-7）。

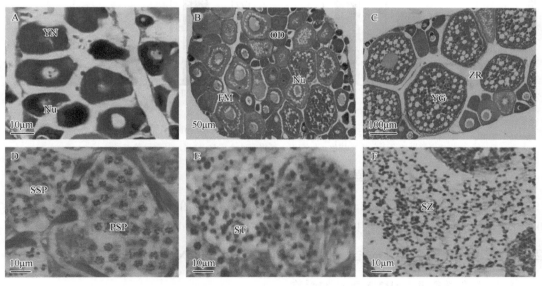

图 4-4-6　金钱鱼性腺不同发育时期性腺组织学观察（彩图请扫封底二维码）

雌性金钱鱼卵巢分为三个时期：A. Ⅱ期卵巢；B. Ⅲ期卵巢；C. Ⅳ期卵巢。雄性金钱鱼精巢分为三个时期：D. Ⅱ期精巢；E. Ⅲ期精巢；F. Ⅳ期精巢。YN. 卵黄核；OD. 油滴；FM. 滤泡膜；ZR. 放射膜；YG. 卵黄颗粒；Nu. 核仁；PSP. 初级精母细胞；SSP. 次级精母细胞；ST. 精子细胞；SZ. 精子

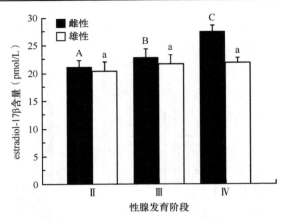

图 4-4-7　金钱鱼性腺不同发育阶段血清中雌二醇浓度

不同字母表示各组之间具有显著差异，大写字母表示雌性，小写字母表示雄性；后同

4. *igf* 基因 mRNA 在不同发育时期性腺的表达分析

随性腺发育成熟，雌鱼肝中 *igf1* 的表达量明显升高（$P<0.05$）（图 4-4-8A），而 *igf2* 表达量随性腺发育成熟下降（图 4-4-8B）。雄鱼肝中两种 *igf* 随性腺发育表达量均逐渐升高，且性腺Ⅳ期时肝中 *igf* 表达量最高。除性腺Ⅳ期雄鱼肝中 *igf2* 表达显著高于雌鱼外，其他时期雌鱼 *igf* 表达量大多高于或显著高于雄鱼（图 4-4-8）。

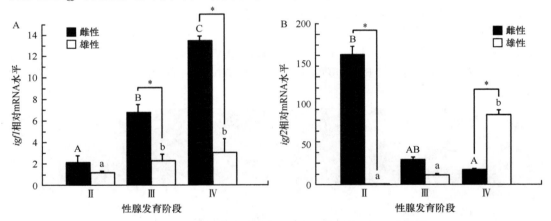

图 4-4-8　金钱鱼性腺不同发育阶段肝中 *igf* mRNA 的表达

数据被展示使用平均值±标准误，每组有 3 个重复；*表示具有显著差异

三、腹腔注射 E_2 对金钱鱼 *igf* 表达的影响

腹腔注射浓度为 4.0μg/g（体重）的 E_2，对雌鱼肝 *igf1* 的表达具有显著促进作用（$P<0.05$），对 *igf2* 有显著的抑制作用（图 4-4-9）；而对雄鱼肝 *igf* mRNA 均有促进作用（图 4-4-9）。

四、雌二醇及雌激素受体拮抗剂离体孵育对 *igf* mRNA 表达的影响

1. E_2 对金钱鱼 *igf* mRNA 表达的影响

E_2 处理 6h 后，随 E_2 浓度的增加，E_2 以剂量依存方式促进雌鱼 *igf1* 的表达（$P<0.05$）（图 4-4-10A），但抑制 *igf2* 的表达（图 4-4-10B）；对雄鱼，E_2 显著促进 *igf1* 及 *igf2* 的表达，且对 IGF-1 存在明显的剂量依存关系（图 4-4-10）。

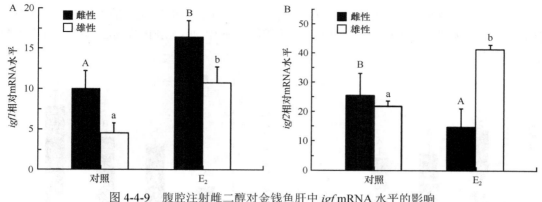

图 4-4-9　腹腔注射雌二醇对金钱鱼肝中 *igf* mRNA 水平的影响

数据被展示使用平均值±标准误，每组有 8 个重复

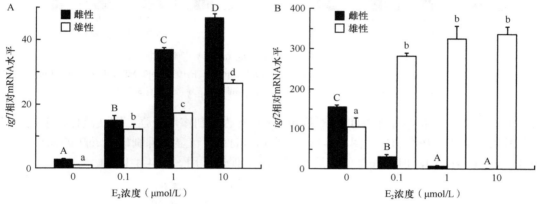

图 4-4-10　E_2 离体孵育对金钱鱼肝中 *igf* mRNA 水平的影响

β-actin 被用作为内参基因，数据以平均值±标准误来表示，每组有 3 个重复

2. 三种雌激素受体拮抗剂对金钱鱼 *igf* mRNA 表达的影响

广谱性雌激素受体拮抗剂 Fulvestrant 可以剂量依存效应显著抑制雄鱼 *igf* 的表达（$P<0.05$）。而高剂量 Fulvestrant 对雌鱼 *igf1* 和 *igf2* 的抑制效果显著，但低剂量对 *igf2*、中低剂量对 *igf1* 抑制效果不明显（图 4-4-11）。

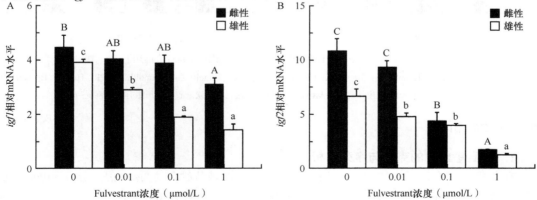

图 4-4-11　Fulvestrant 对金钱鱼肝中 *igf* mRNA 水平的影响

0、0.01、0.1、1 分别表示：1μmol/L E_2；1μmol/L E_2+0.01μmol/L Fulvestrant；1μmol/L E_2+0.1μmol/L Fulvestrant；1μmol/L E_2+1μmol/L Fulvestrant。β-actin 被用作为内参基因，数据以平均值±标准误来表示，每组有 3 个重复

对雌鱼，α 型雌激素受体拮抗剂 MPP 可显著抑制 *igf1*，促进 *igf2* 的表达（$P<0.05$）。对雄鱼，MPP 对两种 *igf* 的表达均具有抑制作用，但低中剂量 MPP 对 *igf2* 的抑制效应不明显（图 4-4-12）。

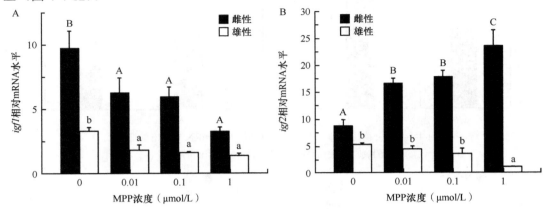

图 4-4-12　MPP 对金钱鱼肝中 *igf* mRNA 水平的影响

0、0.01、0.1、1 分别表示：1μmol/L E$_2$；1μmol/L E$_2$+0.01μmol/L MPP；1μmol/L E$_2$+0.1μmol/L MPP；1μmol/L E$_2$+1μmol/L MPP。β-actin 被用作为内参基因，数据以平均值±标准误来表示，每组有 3 个重复

β 型雌激素受体拮抗剂 PHTPP 对雌鱼 *igf* 的表达抑制作用极强，即使是低浓度也显著抑制其表达水平（$P<0.05$）（图 4-4-13）。同样，PHTPP 可显著抑制雄鱼 *igf1* 的表达（$P<0.05$）（图 4-4-13A），但对 *igf2* 的表达却有显著的促进作用（图 4-4-13B）。

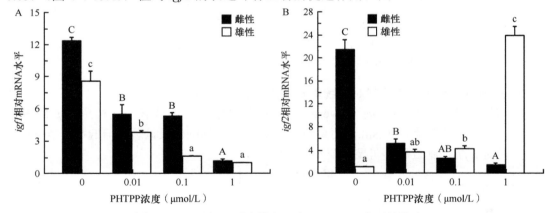

图 4-4-13　PHTPP 对金钱鱼肝中 *igf* mRNA 水平的影响

0、0.01、0.1、1 分别表示：1μmol/L E$_2$；1μmol/L E$_2$+0.01μmol/L PHTPP；1μmol/L E$_2$+0.1μmol/L PHTPP；1μmol/L E$_2$+1μmol/L PHTPP。β-actin 被用作为内参基因，数据以平均值±标准误来表示，每组有 3 个重复

五、综合分析

1. 金钱鱼 IGF 的克隆与序列分析

在鱼类中存在三种 IGF 亚型，如尼罗罗非鱼、双棘黄姑鱼（*Protonibea diacanthus*）和石斑鱼等，其中 IGF-1 和 IGF-2 与鱼类生长密切有关。金钱鱼 IGF 同样存在三种亚型，别为 IGF-1、IGF-2 和 IGF-3。本研究克隆了与生长有关的金钱鱼 *igf1* 和 *igf2* 基因序列，两者 ORF 分别为 561bp 和 648bp，编码 186 个和 215 个氨基酸。金钱鱼 IGF-1 和 IGF-2 氨基酸

序列与鲈形目中花鲈相似度最高，分别为 95% 和 91%，而与青海湖裸鲤（*Gymnocypris przewalskii*）和金线鲃（*Sinocyclocheilus grahami*）等氨基酸序列的同源性较低。同样，金钱鱼 IGF-1 和 IGF-2 与爬行类和哺乳类氨基酸序列的保守性较低，系统进化分析与传统分类学的结果一致。

2. 金钱鱼 IGF 的时空表达模式分析

胚胎发育是鱼类生长过程中一个重要的过程，近年与鱼类胚胎发育有关的研究也相继展开。褐牙鲆 *igf1* 在受精卵至出膜前胚胎的 8 个发育时期均表达。斑马鱼 *igf1* 也在胚胎发育的 9 个时期均有表达。我们的研究结果也发现，在金钱鱼胚胎各个发育阶段均能检测到 *igf1* 的表达，且随着胚胎发育表达水平持续上升。*igf1* 在鱼类发育过程中的广泛表达，说明其可能参与鱼类胚胎的生长发育。在斑马鱼咽裂期胚胎中注射 IGF-1 后 IGF 信号通路相关基因表达上调，促进躯干和尾的前侧结构迅速生长发育；而敲除斑马鱼 *igfr* 后，胚胎比对照组的体形偏小，且脑发育受阻，表明 IGF-1 通过下游受体调控胚体的生长发育。金钱鱼 IGF-1 是否也通过 IGF-1R 促进胚胎生长发育还有待研究。

虹鳟卵裂期 *igf2* 不表达，原肠胚期开始出现高表达，器官发生晚期和孵化阶段表达下调。斑点叉尾鮰 *igf2* 随着胚胎发育表达上调。金鱼 *igf2* 在胚胎的 12 个发育时期都表达，体色素和出膜期中表达最高，神经胚次之。金钱鱼 *igf2* 在受精后至囊胚期表达极低，原肠胚和神经胚期表达上调，眼囊形成期表达开始下调。因此，*igf2* 在不同种类鱼的早期发育过程中具有不同表达模式。同时敲除斑马鱼 *igf2a* 和 *igf2b* 后，原肠胚生长缓慢，早期神经发育不完全，眼囊形成受阻，同时发现脑形成有关的 *pax6.2* 和与视网膜和前期神经形成有关的 *rx3* 表达下调，表明 IGF-2a 和 IGF-2b 可以调节器官发生相关基因。我们结果显示，金钱鱼 *igf2* 在原肠胚、神经胚期和眼囊形成期高表达，表明 IGF-2 可能参与中胚层发生、神经和眼的形成，但具体通过哪些相关基因调控有待进一步研究。

斑马鱼受精后发育至囊胚期 *igf2a* 高表达，原位杂交显示该阶段在脊索有强烈的表达信号，我们的结果与斑马鱼结果一致。受精后至囊胚期细胞有丝分裂过程中 *igf1* 的表达水平高于 *igf2*，推测 IGF-1 在胚胎早期细胞分裂过程中起主要作用，还可能促进脊索的形成。金钱鱼原肠胚期、神经胚期和眼囊形成期 *igf2* 出现高表达且高于 *igf1*，该结果与星斑川鲽（*Platichthys stellatus*）相似，暗示 IGF-2 在器官分化、神经和眼囊形成过程中起主要作用。褐牙鲆 *igf1* 合子基因在晶体出现至出膜前的晚期阶段迅速上调。我们的结果与褐牙鲆一致，尾牙期至孵化期 *igf1* 的表达水平持续上调，*igf2* 在该过程表达下调。因此可以认为，IGF-1 在金钱鱼胚胎组织器官的后期形成和生长中发挥着较为重要的作用。IGF-1 和 IGF-2 在胚胎发育过程中可能协同发挥作用，但是它们调控的下游细胞信号通路还未知，故其具体调节机制还需进一步研究。

硬骨鱼类 *igf* 在成鱼不同亚型组织表达有显著差异，有些亚型在肝特异性地表达，有些亚型肝外组织也能检测到较高水平的表达。金钱鱼 *igf1* 均在雌、雄鱼的肝中高表达，与其他鱼类如荷那龙罗非鱼（*Oreochromis hornorum*）、哲罗鲑（*Hucho taimen*）、花鲈（*Lateolabrax japonicus*）、鳡（*Elopichthys bambusa*）、草鱼和鞍带石斑鱼（*Epinephelus lanceolatus*）等结果一致，表明肝是合成和分泌 IGF-1 的主要器官。本实验结果显示，金钱鱼 *igf1* 在胃、脾及鳃等肝外组织中也有少量表达，表明鱼类 IGF-1 既可通过体液循环到达靶器官发挥促生长作用，亦可通过这些组织细胞的自分泌和旁分泌而作用于自身组织细胞发挥生理作用。*igf2* 在不同种类鱼中表达差异较大，草鱼的 *igf2* 主要在肝表达，而肝外组织如心脏、肾、脾、脑和性腺等也有微弱的表达，黄颡鱼 *igf2* 的表达也较为广泛且主要在肝表达，双棘黄姑鱼 *igf2* 在心脏表达水平最高而鳃中也有较高的表达。金钱鱼 IGF-2 广泛的组织分布与草鱼和黄颡鱼结果相似，主要在肝表达，但肝外组织的表达存在一定的差异，雌鱼肌肉、心脏和鳃中的表达水平相对较高，该结果与双棘黄姑鱼结果一致，暗示了 IGF-2 参与肌肉生长、成鱼体内心脏机能的维持和体内渗透压的调节。雄鱼性腺和鳃的较高表达暗示了雄鱼体内 IGF-2 与性腺发育和渗透压调节有关。因此，金钱鱼 IGF-2 的广泛表达模式与其他大部分硬骨鱼类的研究结果相似，这表明 IGF-2 以自分泌和旁分泌方式在硬骨鱼的生长发育过程中发挥重要作用。

3. 腹腔注射雌二醇对 *igf* 表达的影响

我们的研究发现腹腔注射 $4\mu g/g$ 体重 E_2 6h 后，雌鱼 *igf1* 显著上调，*igf2* 显著下调，雄鱼肝中 *igf* 均显著上调，说明 E_2 可能参与 IGF 合成与释放的调控过程。模式生物中也进行了相关的研究，Venken 等（2005）向生长激素受体/结合蛋白（GHR/BP）缺陷小鼠长期注射 E_2，发现可刺激小鼠生长，检测其肝中 *er1* 和 *igf1* 的表达，发现 E_2 可以显著促进肝中 *er1* 和 *igf1* 的表达，因此作者认为，E_2 可通过 ER1 调控 *igf1* 的表达。在我们的研究中，腹腔注射 E_2 后同样可以显著促进肝中 *igf1* 的表达，不排除金钱鱼中也存在该信号通路，但具体的作用机制还有待研究。

4. 雌二醇及雌激素受体拮抗剂离体孵育对 *igf* 表达的影响

对雌性金钱鱼，E_2 显著促进了 *igf1*、抑制了 *igf2* 的表达；对于雄性金钱鱼，E_2 促进 *igf* 的表达。Venkent 等（2005）用 17β-E_2 投喂 GHR/BP 缺陷小鼠发现，E_2 可以促进骨骼肌的生长，同时上调血清中 IGF-1 的浓度，以及肝中 *er1* 和 *igf1* 的表达水平，因此认为 IGF-1 是促进骨骼肌生长的关键因子，E_2 可通过 ER 调控 IGF-1 的合成与分泌，进而促进机体的生长。本研究中，E_2 离体孵育肝组织块，E_2 以剂量依存方式促进 *igf1* 的表达，且雌鱼显著高于雄鱼，暗示了 E_2 在金钱鱼中可能也可通过 ER 调节 IGF 的水平促进机体生长。已知外源 E_2 能促进鱼体内 *er* 的表达，从而增强雌激素信号通路的作用效应，但是在雌激素促进 IGF 合成过程中，究竟哪一种雌激素受体发挥了介导作用，不同的学者得出的结论有所不同。Yu 等（2013）用 E_2 和 IGF-1 培养 NWTB3（ER1 高表达）细胞系，发现 ER 和 IGF-1R 具有协同作用，E_2 通过 ER1 磷酸化 ERK1/2 和 Akt 活化 IGF-1 信号通路促进 *igf1* 的表达，IGF-1 引发 IGF-1R 和 ER1 级联起协同作用，使得 IGF-1 信号通路作用加强，促进细胞的快速生长。E_2 离体处理金钱肝组织块可促进 *igf1* 的表达，表明 E_2 可能也通过 ER1 促进 *igf1* 的表达，相同剂量 E_2 处理时雌鱼 *igf1* 的表达显著高于雄鱼，可能是雌鱼 ER 和 IGF-1R 的协同作用更强。雌二醇离体孵育金头鲷可显著抑制 *igf2* 的表达，E_2 离体孵育雌性金钱鱼肝也显著抑制 *igf2* 的表达，雄鱼肝中 *igf2* 显著上调，表明 E_2 可调控 *igf2* 的表达。

Fulvestrant 作为一种广谱型雌激素受体拮抗剂，已经广泛应用于雌激素受体功能研究。E_2 培养 A549 细胞系 IGF-1 信号通路相关基因的表达显著上调，加入 Fulvestrant 共培养后 IGF-1 信号通路相关基因的表达迅速下调。本研究利用三种不同浓度的 Fulvestrant 处理被 E_2 诱导的金钱鱼，发现与 E_2 培养 A549 细胞系结果一致。Fulvestrant 对雌、雄鱼肝 IGF 的水平均有明显的抑制作用，这一结果和金钱鱼性腺不同发育时期肝中 *igf* 的表达，以及 E_2 体外和体内处理金钱鱼肝所得结果相互支持，共同证明了在金钱鱼性腺发育过程中，由性腺释放的雌激素通过 ER 介导的信号通路调节 *igf* 基因的表达，从而调节机体的生长发育。

MPP 是 ERα 拮抗剂，能特异性地抑制雌激素受体 ERα 的功能，阻断 ERα 介导的雌激素效应。E₂ 离体培养小鼠子宫内膜细胞系和卵巢粒层细胞均可促进 *er* 的表达，E₂ 与 MPP 共培养抑制 *erα* 和 *igf1* 的表达（Ogo 等，2014），我们的实验结果也发现 MPP 抑制雌鱼 *igf1*、促进 *igf2* 的表达水平；MPP 抑制雄鱼 *igf* 的表达。推测可能是由于 MPP 的存在，ER1 介导的信号通路被抑制剂所阻断，雌鱼 *igf1* 的表达下调，*igf2* 的表达上调，肝细胞阻断了合成 IGF-1、启动了合成 IGF-2 的信号通路，因此，雌鱼中 E₂ 通过 ER1 调控 IGF-1 的合成与分泌，IGF-2 的合成只能通过 ER2a 介导的信号通路来完成，而雄鱼中 ER1 介导 E₂ 对 IGF 的调控作用。

PHTPP 是 ER2 拮抗剂，因为它与 ER2 结合力很高，目前主要应用于癌细胞 ER 功能相关的临床研究。E₂ 离体培养小鼠子宫内膜细胞系和卵巢粒层细胞均可促进 *er* 的表达，E₂ 与 PHTPP 共培养抑制 *igf1* 的表达。本研究通过离体孵育实验，发现在雌鱼中，PHTPP 抑制了 *igf* 的表达水平；在雄鱼中，PHTPP 抑制了 *igf1* 的表达/推测可能是因为 ER2 信号通路被抑制后，雌、雄鱼 IGF-1 的合成受阻。因此，雌、雄鱼 IGF-1 的合成与分泌也可以通过 ER2 介导的信号通路来完成。

综上，E₂ 可通过 ER 调控 IGF 的合成与分泌。当 ER1 介导的信号通路被阻断时，雌、雄鱼 *igf1* 和 *er1* 的表达均下调。而 ER2 介导的信号通路被阻断时，雌、雄鱼 *igf1* 的表达也下调，当 ER1 的功能被抑制时 *igf1* 依然有表达，因此 ER2 可能作为细胞在 ER1 功能缺失的条件下应急补偿调控 *igf1* 的表达，维持细胞的基本生理功能，故 ER1 和 ER2 共同介导 E₂ 对 IGF-1 的调控作用。当 ER1 信号通路被阻断时雄鱼 *igf2* 表达下调，可以认为 ER1 主要调控雄鱼 *igf2* 的表达，当 ER1 信号通路被阻断时，*igf2* 的表达水平显著上调，且 ER1 和 ER2 在雌激素信号通路中总的表达水平比较稳定出现动态平衡，因此可认为 ER1 和 ER2 共同维持雌激素信号通路，ER1 主要调控 *igf2* 的表达；雌鱼 ER1 信号通路被阻断时 *igf2* 表达上调，ER2 信号通路被阻断时 *igf2* 的表达均受到抑制，故 ER2 主要调控雌鱼 *igf2* 的表达。

第五节　金钱鱼肝转录组筛选生长相关基因

鉴于鱼类生长性别异形机制研究的理论和实用价值，国内外学者主要围绕神经内分泌系统（主要是 GH-IGF 体系等）、性类固醇激素系统，从生理生化水平和基因表达调控的角度开展了一系列研究工作，并取得了一定的进展。但由于性别生长二态性遗传调控的复杂性，人们对其内在机制的了解仍然非常有限。目前来看，现阶段采用的经典的研究策略可以从某些方面阐述特定的调控因子（或因素）与性别生长二态性的相关性，但却很难从本质上回答其形成的原因。近年来，鱼类基因组学、转录组学等多组学的快速发展，为进一步探索性别生长二态性的遗传和分子机制提供了高效而有力的工具。

金钱鱼很适合作为生长性别异形机制研究的模型。在广东省南方特色鱼类繁育与养殖创新团队前期研究中，我们发现雌、雄金钱鱼生长速度和体型大小之间仅存在统计学差异，即并不是所有雌性个体的生长速度均快于雄性。这提示我们，与性别决定位点连锁的多个生长调控基因的共同作用，可能是引起金钱鱼生长性别异形的根本性原因。在分析雌、雄群体间生长表型差异的基础上，结合第三章、第四章中对生长和性别两个性状的遗传定位结果，在基因组水平上筛选与生长性别异形相关的区域，鉴定可能的遗传变异并预测候选基因，同时运用转录表达谱对基因表达模式进行初步地解析，以期为鱼类性别生长二态性分子遗传调控机制的阐明提供有价值的参考信息。

一、雌、雄金钱鱼肝转录组分析

1. 测序数据质控与组装

采用 Illumina Hiseq 2500 测序平台对构建的 6 个 cDNA 文库进行测序。对原始数据进行统计，测序共产生 2.756×10^8 条原始数据片段（raw read），平均每个文库产生 4.593×10^7 条 raw read，总碱基数为 41.34Gb，平均每个文库为 6.89Gb。经过滤去除低质量 read，共产生 2.727×10^8 条过滤数据片段（clean read），平均每个文库产生 4.544×10^7 条 raw read，总碱基数为 40.90Gb，平均每个文库为 6.82Gb（表 4-5-1）。质量评估显示，过滤数据（clean data）碱基 Q20（质量值大于 20 的碱基）范围为 91.51%～96.06%，平均为 94.01%，GC 含量平均值为 46.86%，不存在 GC 含量过高（＞80%）或过低（＜20%）的 unigene，表明测序数据质量较好，可保证后续组装的效果。利用 Trinity 软件对 clean read 进行从头（de novo）组装，最终获得 79 115 条 unigene，长度范围为 200～17 724bp，平均长度为 1258.03bp，unigene 的 N50 和 N90 值分别为 2462bp 和 471bp（表 4-5-2）；其中，长度≥500bp 的 unigene 有 44 342 条（56.05%），长度≥1000bp 的有 30 339 条（38.35%），长度≥2000bp 的有 16 913 条（21.38%）（图 4-5-1）。以上结果说明组装效果比较理想。

表 4-5-1　金钱鱼肝转录组测序数据统计

样品名称	原始数据片段数量（×10^6）	原始数据库（Gb）	过滤数据片段数量（×10^6）	过滤数据库（Gb）	过滤数据片段 Q20（%）	过滤数据比例（%）
F_Ⅱ	45.53	6.83	45.12	6.77	92.25	99.10
F_Ⅲ	44.84	6.73	44.31	6.65	91.51	98.81
F_Ⅳ	46.97	7.04	46.49	6.97	92.46	98.98
M_Ⅱ	48.40	7.26	47.96	7.19	95.91	99.10
M_Ⅲ	45.40	6.81	44.84	6.73	95.90	98.77
M_Ⅳ	44.44	6.67	43.92	6.59	96.06	98.84
平均	45.93	6.89	45.44	6.82	94.01	98.93
总和	275.58	41.34	272.65	40.90	—	—

表 4-5-2　金钱鱼肝转录组组装结果统计

类别	值	类别	值
unigene 数量	79 115	N50（bp）	2 462
最小长度（bp）	200	N90（bp）	471
最大长度（bp）	17 724	GC（%）	46.86
平均长度（bp）	1 258.03		

2. 功能注释

对组装得到的 79 115 条 unigene 在 NR、COG、SwissProt、GO 和 KEGG 数据库中进行注释。共有 42 270 条（53.43%）、38 262 条（48.36%）、22 268 条（28.15%）、15 980

条（20.20%）和 37 068 条（46.85%）unigene 分别在 NR、SwissProt、GO、COG 和 KEGG 数据库成功注释；其中，有 14 608 条（24.28%）unigene 同时在所有数据库中成功注释，有 56 452 条（71.35%）unigene 至少在一个数据库中成功注释（图 4-5-2A）。根据 BLAST 比对 E 值的分布特征，30 829 条（72.93%）unigene 表现出极显著的同源性（$E<10^{-5}$）（图 4-5-2B）；同时，有 37 169 条（87.93%）和 20 237 条（47.87%）条 unigene 序列的相似性分别超过了 70% 和 90%（图 4-5-2C）。对同源基因的物种分布进行统计，超过半数（51.83%）的 unigene 与大黄鱼基因具有很高的同源性，其次是深裂眶锯雀鲷、尼罗罗非鱼、南极鳕、欧洲鲈和红鳍东方鲀，同源性 unigene 的比例分别为 16.09%、4.16%、2.89%、1.86% 和 1.84%（图 4-5-2D），说明在进化关系上，金钱鱼与同为鲈形目的大黄鱼、深裂眶锯雀鲷、尼罗罗非鱼等亲缘关系最近，这与本研究第二章中的比较基因组分析的结果也是相吻合的。

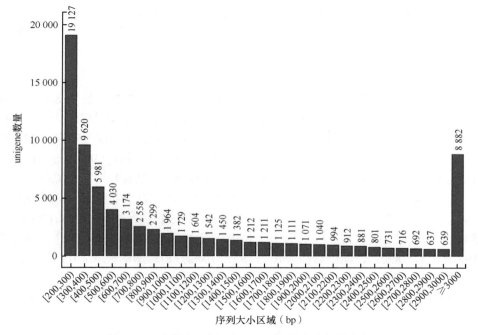

图 4-5-1　金钱鱼肝转录组 unigene 长度的频数分布

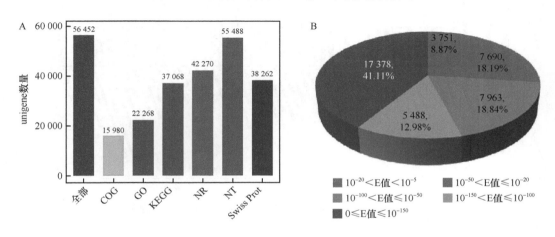

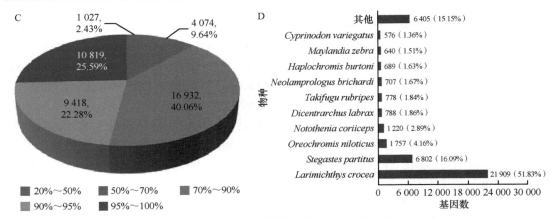

图 4-5-2　组装 unigene 注释结果统计（彩图请扫封底二维码）

A. 从头组装的 unigene 在 NR、NT、SwissProt、COG、GO 和 KEGG 数据库中的注释结果；B. 与 NR 数据库 BLAST 比对（$E<10^{-5}$）的 E 值分布；C. BLAST 比对分析结果一致性分布；D. BLAST 比对（$E<10^{-5}$）匹配序列的物种分布，按分布比例的大小顺序展示前 10 位

3. 功能分类

根据 BLAST2 GO 分析结果提供的注释分类信息，共有 22 268 条（28.15%）unigene 在 GO 数据库中成功得到注释。按照生物学过程、细胞组分、分子功能三个一级 GO 条目进行分类，获得 57 个二级 GO 分类条目。在最大的生物学过程（43 562 条，47.70%）分类条目中，有 24 个二级 GO 条目，功能注释主要集中在细胞过程（9295 条，10.18%）、单有机体过程（7628 条，8.35%）和代谢过程（7569 条，8.29%）等二级 GO 条目；在细胞组分（22 484 条，24.62%）分类条目中，有 18 个二级 GO 分类条目，主要集中在细胞区域（4534 条，4.97%）、细胞（4534 条，4.97%）和细胞膜（3813 条，4.18%）等条目；在分子功能（25 272 条，27.67%）分类条目中，有 15 个二级 GO 条目，主要集中在结合（13 498 条，14.78%）、催化活性（7013 条，7.68%）和转运活性（1305 条，1.43%）等条目（图 4-5-3）。

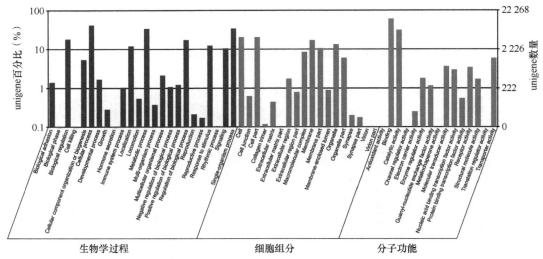

图 4-5-3　组装 unigene 的 GO 功能分类（彩图请扫封底二维码）

对 unigene 可能参与的代谢途径进行分类，一共有 37 068 条 unigene 在 KEGG 数据库中得到注释，这些基因被分配到细胞过程、代谢、环境信息处理、遗传信息处理和有机系统共 5 个大类、32 小类的 234 个代谢通路。细胞过程共包含 7144 个基因（12.33%），其中注释基因个数最多的 3 个通路依次是胞吞作用、黏着斑和肌动蛋白细胞骨架的调节，占总基因数的比例依次为 2.84%、2.24% 和 2.22%。环境信息处理分支包含 13 882 个基因（23.96%），注释基因个数最多的 3 个通路依次是 PI3K-Akt 信号通路、Rapl 信号通路和 MAPK 信号通路，占总基因的比例依次为 2.94%、2.24% 和 2.19%。遗传信息处理分支包含 4264 个基因（7.36%），其中注释到基因个数最多的 3 个通路依次是内质网中的蛋白质加工、RNA 转运和剪接体，其占总基因的比例依次为 1.48%、1.48% 和 1.46%。代谢分支包含 12 783 个基因（22.07%），其中注释到基因个数最多的 3 个通路依次是代谢途径、嘌呤代谢和碳代谢，其占总基因的比例依次为 9.77%、1.67% 和 1.11%。有机系统分支包含 19 853 个基因（34.27%），其中注释到基因个数最多的 3 个通路依次是催产素信号通路、甲状腺激素信号通路和心肌细胞中的肾上腺素能信号，其占总基因的比例依次为 1.56%、1.55% 和 1.55%（图 4-5-4）。

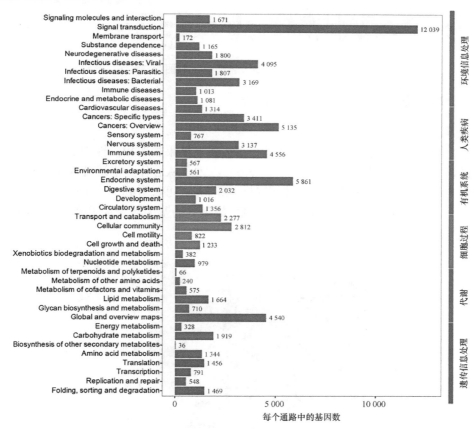

图 4-5-4　组装 unigene 的 KEGG 功能分类（彩图请扫封底二维码）

在组装的序列中，有 15 980 条 unigene 在 COG 数据库中成功注释，依照分类标准将其功能分为 25 个类别。其中，分配到基因最多的类别是仅适用于一般功能预测，有 5807 个基因（20.47%）；其次是复制、重组和修复，有 2660 个基因（9.38%）；转录有 2295

个基因（8.09%）；翻译、核糖体结构与生物发生有 1973 个基因（6.96%）；信号转导机制有 1879 个基因（6.62%）；以上功能分类中共包括 51.51%的注释条目（图 4-5-5）。

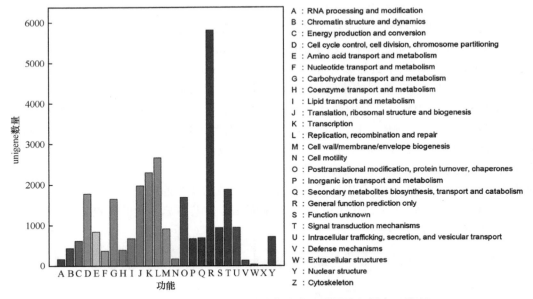

图 4-5-5　组装 unigene 的 COG 功能分类（彩图请扫封底二维码）

二、金钱鱼肝转录组差异基因表达分析

1. 差异基因筛选

首先，对各实验组样品间的相关性进行了分析，结果表明相同性别实验组样品间的相关性很高，且可以分别聚为一大支（图 4-5-6）。为了从总体上描述各性腺发育时期的基因表达模式，绘制了 DEG 分级聚类热图（图 4-5-7）。可以看到，三个雄性组样本逐一地聚为一大支，然后与雌性组样本聚类，表明雌、雄鱼肝的基因转录水平确实存在明显差异。

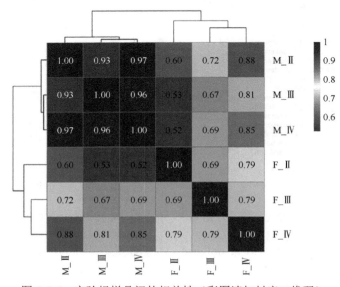

图 4-5-6　实验组样品间的相关性（彩图请扫封底二维码）

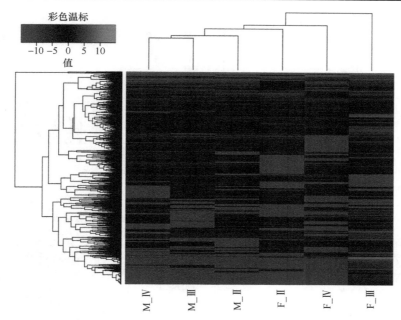

图 4-5-7　实验组间差异表达基因的聚类分析（彩图请扫封底二维码）

红色表示上调表达的基因，绿色表示下调表达的基因；彩色温标中颜色的深浅代表 log$_2$(fold change)值的大小

对雌、雄鱼各性腺时期的肝转录组进行两两比较，共包括 F_Ⅱ vs M 组（F_Ⅱ vs M_Ⅱ、F_Ⅱ vs M_Ⅲ、F_Ⅱ vs M_Ⅳ），F_Ⅲ vs M 组（F_Ⅲ vs M_Ⅱ、F_Ⅲ vs M_Ⅲ、F_Ⅲ vs M_Ⅳ）和 F_Ⅳ vs M 组（F_Ⅳ vs M_Ⅱ、F_Ⅳ vs M_Ⅲ、F_Ⅳ vs M_Ⅳ）9 个比较组，以|log$_2$(fold change)|≥1 和 FDR＜0.05 为阈值，使用 DESeq2 软件包鉴定各比较组的差异表达基因。结果显示，9 个比较组共获得 7541 个 DEG，雌、雄间不同性腺时期的 DEG 分布情况如图 4-5-8 所示。在各比较组中，F_Ⅱ vs M_Ⅱ组检测到 2295 个 DEG，其中 1006 个 DEG 上调表达，1289 个 DEG 下调表达；F_Ⅲ vs M_Ⅲ组检测到 4091 个 DEG，其中 3381 个 DEG 上调表达，710 个 DEG 下调表达；F_Ⅳ vs M_Ⅳ 组检测到 2193 个 DEG，其中 856 个 DEG 上调表达，1337 个 DEG 下调表达。可以看到，F_Ⅲ vs M 组检测到的 DEG 数量显著高于 F_Ⅱ vs M 组和 F_Ⅳ vs M 组，其主要原因是 F_Ⅲ vs M 组中上调表达的 DEG 数量明显增加，暗示金钱鱼在该时期内可能产生了更复杂的调控。

另外，在 F_Ⅱ vs M_Ⅱ，F_Ⅱ vs M_Ⅲ，F_Ⅱ vs M_Ⅳ 三个比较组间均存在差异的基因数目为 741 个，F_Ⅱ vs M_Ⅱ和 F_Ⅱ vs M_Ⅲ 间有 329 个差异基因，F_Ⅱ vs M_Ⅲ和 F_Ⅱ vs M_Ⅳ间有 876 个差异基因，F_Ⅱ vs M_Ⅱ和 F_Ⅱ vs M_Ⅳ间有 269 个差异基因；在 F_Ⅲ vs M_Ⅱ、F_Ⅲ vs M_Ⅲ、F_Ⅲ vs M_Ⅳ 三个比较组间均存在差异的基因数目为 2507 个，F_Ⅲ vs M_Ⅱ和 F_Ⅲ vs M_Ⅲ间有 385 个差异基因，F_Ⅲ vs M_Ⅲ和 F_Ⅲ vs M_Ⅳ间有 483 个差异基因，F_Ⅲ vs M_Ⅱ和 F_Ⅲ vs M_Ⅳ间有 360 个差异基因；在 F_Ⅳ vs M_Ⅱ、F_Ⅳ vs M_Ⅲ、F_Ⅳ vs M_Ⅳ 三个比较组间均存在差异的基因数目为 503 个，F_Ⅳ vs M_Ⅱ和 F_Ⅳ vs M_Ⅲ 间有 433 个差异基因，F_Ⅳ vs M_Ⅲ和 F_Ⅳ vs M_Ⅳ间有 313 个差异基因，F_Ⅳ vs M_Ⅱ和 F_Ⅳ vs M_Ⅳ间有 445 个差异基因。

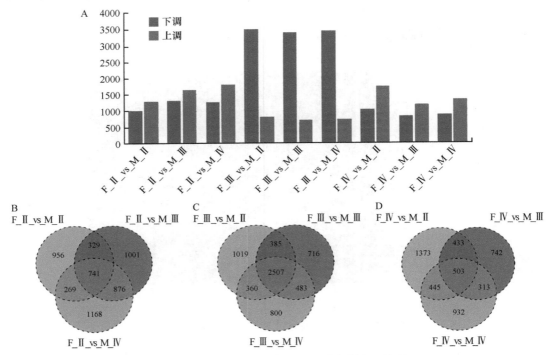

图 4-5-8 差异表达基因分析（彩图请扫封底二维码）

A. 差异表达基因的数量统计，蓝色为上调 DEG；红色为下调 DEG；B～D. 比较组间差异表达基因统计的维恩图；橙色表示雌性与 M_Ⅱ 间的 DEG，红色表示雌性与 M_Ⅲ 间的 DEG，绿色表示雌性与 M_Ⅳ 间的 DEG；特有的和共有的 DEG 数量也被分别列出

2. 生长相关的差异表达基因

根据 unigene 的 GO、KEGG 注释和功能分类结果，筛选出与生长过程相关的 GO term 和 KEGG 代谢通路（表 4-5-3），主要包括：生长（GO: 0048590）、生物过程的调节（GO: 0050791）、生物过程的正调节（GO: 0043119）、发育过程（GO: 0044767）、代谢途径（ko01100）、氨酰 tRNA 生物合成（ko00970）、氨基酸的生物合成（ko01230）、脂肪酸生物合成（ko00061）、不饱和脂肪酸的生物合成（ko01040）、脂肪酸延伸（ko00062）、甘氨酸、丝氨酸和苏氨酸代谢（ko00260）、精氨酸生物合成（ko00220）、缬氨酸、亮氨酸和异亮氨酸的生物合成（ko00290）、赖氨酸生物合成（ko00300）等类别。在这些初步选定的功能通路中进行筛选，最终发现了 137 个可能与生长调控相关的差异表达基因，这些基因主要涉及 GH-IGF 生长调控轴、氨基酸合成代谢和脂肪酸合成代谢 3 个方面。

表 4-5-3 筛选生长相关差异表达基因的 GO 条目和 KEGG 通路

数据库	信号通路	GO/KEEG ID	转录本数量
GO	生长	GO: 0048590	63
	生物过程的调节	GO: 0050791	3860
	生物过程的正调节	GO: 0043119	270
	发育过程	GO: 0044767	372
	受体活性	GO: 0004872	758

续表

数据库	信号通路	GO/KEEG ID	转录本数量
KEEG	代谢途径	ko01100	3621
	氨酰 tRNA 生物合成	ko00970	121
	氨基酸的生物合成	ko01230	267
	脂肪酸生物合成	ko00061	58
	不饱和脂肪酸的生物合成	ko01040	73
	脂肪酸延伸	ko00062	71
	脂肪酸代谢	ko01212	163
	蛋白质消化和吸收	ko04974	314
	甘氨酸、丝氨酸和苏氨酸代谢	ko00260	116
	精氨酸生物合成	ko00220	69
	缬氨酸、亮氨酸和异亮氨酸的生物合成	ko00290	8
	赖氨酸生物合成	ko00300	4

通过表达模式分析，筛选到 13 个 GH/IGF 生长轴关键基因在雌、雄鱼不同性腺发育时期差异表达（图 4-5-9）；其中，编码胰岛素样生长因子 1（insulin-like growth factor 1，*igf1*）、胰岛素样生长因子 1 受体（insulin-like growth factor 1 receptor，*igf1r*）、胰岛素样生长因子结合蛋白 1（insulin-like growth factor-binding protein 1，*igfbp1*）、胰岛素样生长因子结合蛋白 2（*igfbp2*）、胰岛素样生长因子结合蛋白 5（*igfbp5*）、胰岛素样生长因子 2 mRNA 结合蛋白 2（insulin-like growth factor 2 mRNA-binding protein 2，*igf2bp2*）、胰岛素样生长因子 2 mRNA 结合蛋白 3（*igf2bp3*）的基因在 Ⅲ、Ⅳ 期性腺的雌鱼中上调，编码生长激素受体（growth hormone receptor，*ghr*）、胰岛素样生长因子结合蛋白 4（*igfbp4*）的基因仅在 Ⅲ 期性腺的雌鱼中上调，而这些基因在 Ⅱ 期性腺的雌鱼中均表现为下调。

在生长调控因子方面，编码转化生长因子 β-2（transforming growth factor β-2，*tgfb2*）、转化生长因子 β 受体 3 型（transforming growth factor β receptor type 3，*tgfbr3*）、生长因子受体结合蛋白 2（growth factor receptor-bound protein 2，*grb2*）、成纤维细胞生长因子 6（fibroblast growth factor 6，*fgf6*）、成纤维细胞生长因子受体 1-A（fibroblast growth factor receptor 1-A，*fgfr1a*）、成纤维细胞生长因子结合蛋白 1（fibroblast growth factor-binding protein 1，*fgfbp1*）、成纤维细胞生长因子结合蛋白 2（*fgfbp2*）、成纤维细胞生长因子结合蛋白 3（*fgfbp3*）、成肌细胞测定蛋白 1（myoblast determination protein 1，*myod1*）等的基因在 Ⅲ 期性腺的雌鱼中上调；编码转化生长因子 β 受体相关蛋白 1（transforming growth factor β receptor-associated protein 1，*tgfbrap1*）、生长因子受体结合蛋白 7（*grb7*）、生长因子受体结合蛋白 10（*grb10*）、生长/分化因子 9（growth/differentiation factor 9，*gdf9*）等的基因在 Ⅱ、Ⅲ 期性腺的雌鱼中上调；编码成纤维细胞生长因子 19（*fgf19*）、肝素原结合 EGF 样生长因子（proheparin-binding EGF-like growth factor，*hbegf*）的基因在所有时期性腺的雌鱼中均上调（图 4-5-9）。

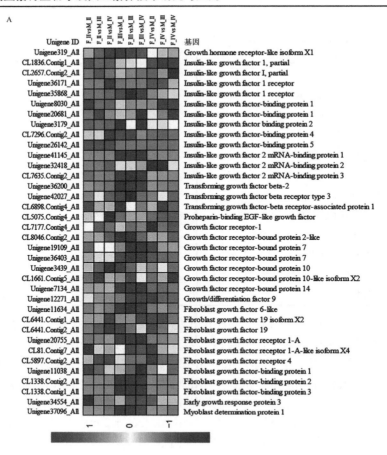

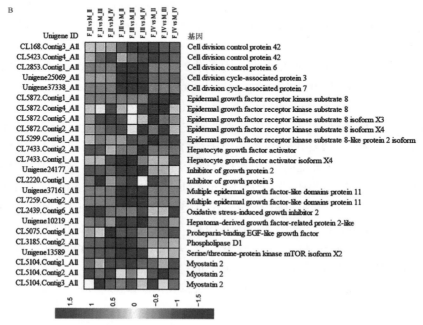

图 4-5-9　生长调控相关差异表达基因的表达模式分析

红色为上调表达，蓝色为下调表达；颜色深浅表示基因表达水平差异相对倍数的大小

　　此外，还发现了一些参与氨基酸、脂肪酸合成代谢途径的差异表达基因（图 4-5-10、图 4-5-11）。例如，编码支链氨基酸氨基转移酶（branched-chain-amino-acid aminotransferase）、谷氨酰胺合成酶（glutamine synthetase）、N-乙酰谷氨酸合成酶（N-acetylglutamate synthase）、丙氨酸氨基转移酶（alanine aminotransferase）和磷酸丝氨酸氨基转移酶（phosphoserine aminotransferase）等的基因，以及编码脂肪酸合酶（fatty acid synthase）、长链脂肪酸辅酶 A 连接酶 1 样（long-chain-fatty-acid CoA ligase 1-like）、长链脂酸辅酶 A 连接酶 3-样、长链脂酸-辅酶 A 连接酶 4、长链脂肪酶辅酶 A 连接酶 5、超长链 3-氧酰基-辅酶 A 还原酶 A 样（very-long-chain 3-oxoacyl-CoA reductase-A-like）、超长链脂酸延伸蛋白 6（elongation of very long chain fatty acids protein 6）、酰基辅酶 A 硫酯酶 1 样（acyl-CoA thioesterase 1-like）、酰基辅酶 A 硫酯酶 4（acyl-CoA thioesterase 4）等的基因，它们随着不同的性腺发育阶段在雌、雄鱼中呈现不同的表达模式。发现的这些差异表达基因可为进一步从分子水平探讨雌、雄鱼生长异形的生理代谢机制研究提供丰富且有价值的基因序列资源。

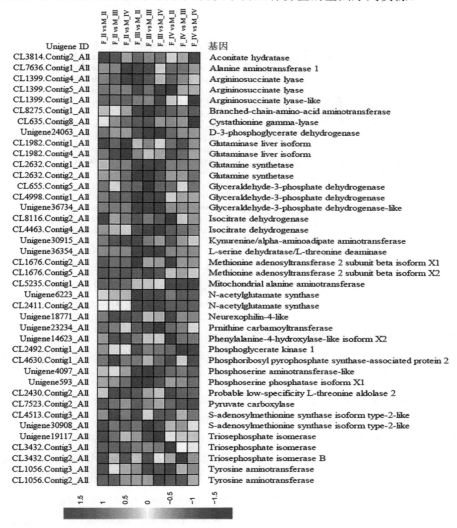

图 4-5-10　氨基酸合成相关差异表达基因的表达模式分析（彩图请扫封底二维码）

红色为上调表达，蓝色为下调表达；颜色深浅表示基因表达水平差异相对倍数的大小

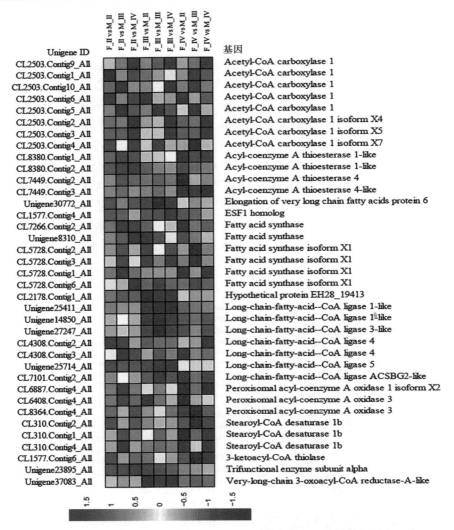

图 4-5-11　脂肪酸合成相关差异表达基因的表达模式分析（彩图请扫封底二维码）

红色为上调表达，蓝色为下调表达；颜色深浅表示基因表达水平差异相对倍数的大小

3. 性别生长二态性区域候选基因的表达模式

将性别生长二态性区域获得的 62 个候选基因比对到肝转录组组装序列，结合差异表达分析结果，最终得到 26 候选基因在不同性腺发育时期的肝转录组中差异表达（图 4-5-12）。F-box 和富含亮氨酸重复蛋白 17（F-box and leucine-rich repeat protein 17，*fbxl17*）、氨肽酶 O 亚型 X5（aminopeptidase O isoform X5，*c5h9orf3*）、SMAD2 蛋白（mothers against decapentaplegic homolog 2，*smad2*）、39S 核糖体蛋白 L41（39S ribosomal protein L41，*mrpl41*）、ADP-核糖基化因子样蛋白 6-相互作用蛋白 4（ADP-ribosylation factor-like protein 6-interacting protein 4，*arl6ip4*）、GATS 样蛋白 3（GATS-like protein 3，*gatsl3*）、RNA 聚合酶 Ⅱ 转录亚单位 22 的介质（mediator of RNA polymerase Ⅱ transcription subunit 22，*med22*）、甲羟戊酸激酶（mevalonate kinase，*mvk*）在Ⅲ期性腺雌鱼中上调表达；E3 泛素蛋白连接酶（E3 ubiquitin-protein ligase）、AP-3 复合体亚单位 σ-1 亚型 X1（AP-3 complex subunit σ-1 isoform X1，*ap3s1*）、DOCK8 蛋白（dedicator of cytokinesis protein 8，*dock8*）、硫氧还蛋白结构域包含蛋白 1（thioredoxin domain-containing protein 1，*txnd1*）在 Ⅱ、Ⅲ 期性腺雌鱼中上调表达；磷脂酰肌醇-5-磷酸 4-激酶，Ⅱ 型，β（phosphatidylinositol-5-phosphate 4-kinase，type Ⅱ，β，*pip4k2b*）、半胱氨酸双加氧酶 1 型（cysteine dioxygenase type 1，*cdo1*）、来自移动元件 jockey 的 RNA 指导的 DNA 聚合酶（RNA-directed DNA polymerase from mobile element jockey，*jockey/pol*）在 Ⅳ 期性腺雌鱼中上调表达。

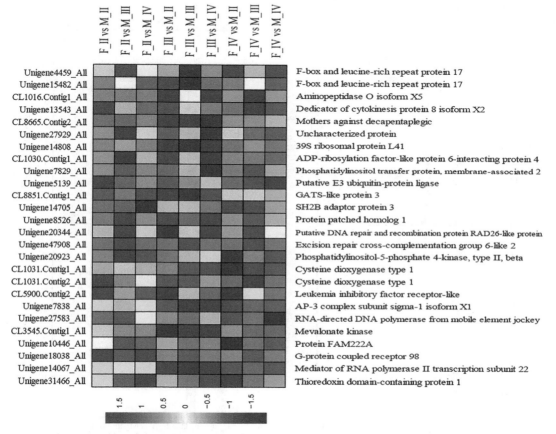

图 4-5-12　性别生长二态性相关区域候选基因的表达模式分析（彩图请扫封底二维码）

红色为上调表达，蓝色为下调表达；颜色深浅表示基因表达水平差异相对倍数的大小

4. qRT-PCR 验证

选取了 8 个基因进行 qRT-PCR 检测，以验证基于 RNA-seq 估算的基因表达水平和差异分析的准确性。结果显示，*ghr*、*igf1r*、*igfbp2*、*tgfb2*、*gdf9* 等基因 qRT-PCR 的相对表达水平与 RNA-seq 的表达量估计[FPKM（每千个碱基的转录每百万映射读取的碎片）值]大体上是一致的，虽然 *lifr* 基因部分样本的定量结果与 RNA-seq 结果没有完全吻合，但是两性间在上、下调表达方面的表现是一致的（图 4-5-13）。

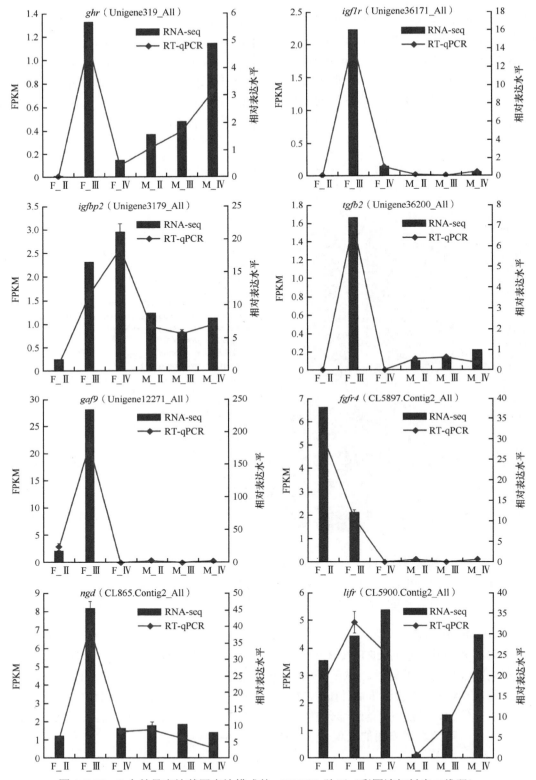

图 4-5-13　8 个差异表达基因表达模式的 qRT-PCR 验证（彩图请扫封底二维码）

点线图代表 qRT-PCR 分析得到的相对表达量（平均值±标准误），条形图代表 RNA-seq 获得的表达量

三、综合分析

在鱼类中，雌、雄鱼体型大小或生长存在显著差异的情况比较普遍，如鲤、鲫、褐牙鲆、鳜等的雌性群体比雄性群体生长速度快，黄颡鱼、尼罗罗非鱼、斑点叉尾鮰等的雄性群体比雌性群体生长速度快。曾有文献报道，1龄的金钱鱼雌鱼比雄鱼的生长速度快约30%~50%，2龄雌鱼则高于同龄雄鱼100%以上。但吴波等（2014）对不同年份收集的金钱鱼的体长、体重进行分析，发现2龄鱼雌、雄群体之间体长、体重均差异显著，但雌性群体的体重表型只比雄性群体大30%左右，与早期文献报道的结果有较大的差距。本研究利用F_1家系群体对金钱鱼的生长性状进行考察，发现1龄和2龄雌、雄群体间的生长速度差异大约在12%~20%，与吴波等（2014）的结果基本相符，且该差异水平与黄颡鱼、鳜等鱼类的生长性别间差异大小类似。另外我们还认识到，金钱鱼雌、雄群体的生长速度差异有极显著统计学意义，但并不是通常认为的个体水平上的差异，有一部分雌鱼的生长速度低于雄鱼。本研究使用了遗传背景较为相似的全同胞家系群体，且在相同条件下进行养殖，因此我们认为所获得的表型数据能够更真实地反映金钱鱼生长性状的性别间差异。

当前普遍认为，在水产动物繁殖周期，性腺发育需消耗相当一部分能量，能量在生长与繁殖两个方面的分配直接影响到生长性能。对水产动物而言，雌、雄个体性成熟的不同步所导致的性别生长差异比较普遍。有研究发现，鳜的生长性别间差异与其性成熟时间存在关联，雄鱼的性腺比雌鱼成熟更早，因此雄鱼在达到性成熟后生长速度趋缓。在金钱鱼中，我们观察到所收集的1龄、2龄雌鱼的卵巢大多数处于Ⅰ期，少部分为Ⅱ期，而雄鱼的精巢则大多处在Ⅲ期，因此认为性腺成熟可能对生长、生殖两个方向上的能量配置产生了影响，已性成熟的雄鱼将更多的能量用于生殖，导致生长方面的能量投入减少，而未完全性成熟的雌鱼在生殖方面的能量投入相对较少，可以将大部分能量用于生长。不过另有研究显示，雌、雄鱼在性腺发育过程中的生殖投入并不相同。已有研究显示，雄性尼罗罗非鱼性腺发育周期较短，性成熟约在3.6月龄，显著早于雌鱼的4.3月龄，雄鱼性成熟周期内供给生殖的能量少于雌性，可能是由于两性间能量代谢配置差异，雄鱼会投入更多的能量用于生长的缘故。

金钱鱼雌、雄群体各生长性状的相关性分析结果表明，形态性状与体重性状之间均为极显著（$P<0.01$）的正相关，但其相关程度存在明显的性别差异（表4-5-3）；在雌性群体中，与体重相关性最高的形态性状是体长，次之是全长和体高；在雄性群体中，与体重相关性最高的形态性状是体高，次之是全长和体长；体重与各形态性状间的相关性大小在不同性别中存在一定的差异，雌性群体的形态性状与体重性状之间的相关程度总体上略高于雄性群体。这些结果提示我们，对于雌、雄群体，与生长相关的形态性状可能拥有不相同的生长调控机制，从而导致形态性别异形的产生。已有研究显示，2龄雌、雄金钱鱼的头部形态特征确实有明显差异，雌鱼头部顶端较平滑，而雄鱼头部顶端略凹陷，发现的这个典型特征可以辅助性别鉴定。相似的结果在其他生长性别异形鱼类中也有报道，例如雄性红鳍东方鲀体形较雌性宽、体周长较雌性长；大黄鱼雌、雄形态差异主要体现在体高及体宽，雌鱼更丰满、体型为厚胖型，而雄鱼则属扁瘦型；半滑舌鳎雄鱼的全长/体高比值显著大于雌鱼。在遗传育种研究中，明确雌、雄群体间的形态差异，可为性别表型的快速准确鉴定以及早期亲本选择等提供方法和指导。

鱼类等脊椎动物的生长主要由生长激素（GH）-胰岛素样生长因子1（IGF-1）体系为

核心的内分泌轴调控。肝在生长轴中具有重要地位。现有研究表明，脊椎动物生长轴基因的表达存在性别间差异，其主要体现在生长轴的激素水平、受体表达水平、结合蛋白浓度、激素及其受体 mRNA 表达水平等多个方面，可能是导致动物生长速度及雌雄形态差异的原因之一。本研究中，我们对雌、雄鱼肝进行转录组比较分析，发现了一些 GH-IGF 生长轴关键基因在雌、雄鱼不同性腺发育时期的表达水平存在差异，包括 *ghr*、*igf1*、*igf1r*、*igfbps*、*fgf*、*fgfr1*、*fgfbp*、*tgfb2*、*tgfbr3*、*igf2bp*、*grb*、*tgfbrap1*、*gdf9*、*myod1* 等。

生长激素受体（GHR）是生长轴上的关键因子之一。GHR 通常以二聚体形式同生长激素进行结合，激活相应信号转导通路，上调细胞内 *igf* 基因的表达，进而促进组织、细胞的生长和分化。在尼罗罗非鱼中，雄鱼肝 *ghr1* 基因的表达水平与生长率呈显著正相关，而 *ghr2* 基因的表达与生长率无显著相关性（$P > 0.05$）。Fukada 等（2003）观察到禁食处理会下调马苏大麻哈鱼（*Oncorhynchus masou*）肝 *ghr* 基因的表达水平。不同鱼类中 *ghr* 基因的表达水平以及结合率都存在程度各异的性别差异，其 mRNA 水平的雌雄差异可能是生长性别异形的原因之一。研究表明，雄性尼罗罗非鱼生长明显快于雌鱼，雄鱼肝 *ghr1* 基因表达量远高于雌鱼。在半滑舌鳎中，雌性个体的 *gh* 基因表达量高于雄性个体，雄性个体的 *ghr1* 基因表达量则高于雌性，雌鱼发育和生长速度均优于雄性，这可能是雌雄生长相关基因的差异性表达导致的。在广东省南方特色鱼类繁育与养殖创新团队前期的研究中，发现金钱鱼雌鱼垂体 *gh* 基因的表达水平会显著高于同龄雄鱼，我们推测这可能是金钱鱼生长性别差异的内在原因之一。本研究有着类似的发现，金钱鱼 *ghr* 基因仅在 Ⅲ 期性腺的雌鱼中上调，提示该基因在这一阶段也可能与 *gh* 基因协同参与了雌、雄生长差异的形成过程。

胰岛素样生长因子（IGF）包括 IGF、IGF 受体（IGFR）、IGF 结合蛋白（IGFBP）和 IGFBP 水解酶等，在动物的生长发育过程中发挥着重要的调控作用。哺乳动物的 IGF 主要经 GH 刺激、由肝分泌，IGF-1、IGF-2 主要分别参与哺乳动物成年阶段和早期阶段的生长发育调控，IGF-1 或 IGF-2 的低表达或缺失将导致动物体重下降，而 IGF-1 或 IGF-2 的上调表达可显著促进生长。已有大量研究证实，鱼类和哺乳类的 IGF 具有相似的结构以及功能。针对斑点叉尾鮰、马苏大麻哈鱼、鲫、金头鲷等鱼类的一系列实验数据，均支持 IGF-1 和 IGF-2 与生长相关的结论。通过注射 GH 可上调尼罗罗非鱼肝和性腺中 IGF-1 基因的表达。在 GH 转基因鱼中，GH 对生长性状有全面的促进作用，并且促进不同组织、器官中 IGF-1 和 IGF-2 的表达，提示鱼类 IGF-1、IGF-2 是 GH 信号通路的主要下游效应信号。IGFBP 在 GH-IGF 系统中也扮演着关键角色，其重要功能是与 IGF 结合后抑制 IGF 与其受体结合，调节血浆中 IGF 的半衰期来调节其生物活性，并调控 IGF 信号靶组织。动物体内存在的 6 种 IGFBP 虽然在结构上高度同源，但其各自发挥的功能和组织表达模式不同。在硬骨鱼中，肝 IGFBP-1、IGFBP-2 基因的表达水平最高，除此之外，在肌肉、肠和肾等多种组织中也有 IGFBP-1、IGFBP-2 基因的表达。硬骨鱼 IGF、IGFBP 的功能相关研究主要集中在生长激素调节和饥饿调控方面。但也有研究表明，IGF、IGFBP 可能还参与性别间生长差异的调控。在黄颡鱼中，雄稚鱼 GH、IGF-1 和 IGF-2 基因的表达量明显高于雌鱼，这说明 GH-IGF 轴关键基因的差异性表达对黄颡鱼雄性生长速度快于雌性存在一定影响。在莫桑比克罗非鱼中，二氢睾酮（DHT）可显著上调雄鱼肝原代细胞 IGF-1 基因的表达，而下调雌鱼的表达水平。

硬骨鱼类中至少有 3 种主要的 IGFBP（20～25kDa、30～40kDa、40～45kDa）。Riley

等（2002）发现 E$_2$ 和 DHT 对雌、雄莫桑比克罗非鱼肝细胞 25kDa、30kDa IGFBP 的释放具有明显不同的调节作用。此外，*igfbp1* 基因在雌、雄黄颡鱼不同组织中的表达存在差异，无论是 mRNA 还是蛋白的表达，在肌肉组织中的表达均是雄性高于雌性，这与雄性个体的生长快于雌性是相一致的。通过不同发育时期的肝转录组比较分析，我们发现金钱鱼 *igf1*、*igf1r*、*igfbp*、*igf2bp* 等基因在 Ⅲ、Ⅳ 期性腺的雌鱼中上调，在 Ⅱ 期性腺雌鱼中表现为下调（图 4-5-16），暗示这些基因在性腺不同发育时期会协同作用于生长调控网络，这一过程可能是特定时期内产生生长速度性别间差异的原因。

转化生长因子 β（TGFβ）是由一系列结构相关的多肽生长因子构成的基因超家族。TGFβ 在免疫调节、细胞外基质合成、细胞生长分化、原始生殖细胞迁移以及组织损伤修复中发挥着重要作用。TGFβ 超家族包括 TGFβ、活化素（activin）、抑制素（inhibin）、缪勒管抑制素/抗缪勒管激素（MIS/AMH）、生长分化因子（GDF）、骨形成蛋白（BMP）以及 Nodal 等亚家族。在脊椎动物的胚胎发育过程中，TGFβ 信号通路与内胚层和中胚层的发育密切相关，还参与胚胎体轴的图式形成。其中，TGFβ1 和 TGFβ2 是具有高度保守结构的多肽，在细胞增殖、分化、存活、迁移等多种生理活动和生长发育过程中行使着重要功能。本研究检测到金钱鱼 *tgfb2*、*tgfbr3* 基因在 Ⅲ 期性腺的雌鱼中上调，编码 *tgfbrap1*、*gdf9* 等的基因在 Ⅱ、Ⅲ 期性腺的雌鱼中上调（图 4-5-9），我们推测 TGFβ 信号途径可能与 GH-IGF 系统一起参与了不同发育时期的生长速度的调控，但具体的调控机制尚有待进一步研究来揭示。

参 考 文 献

蔡泽平, 王毅, 胡家玮, 等. 2010. 金钱鱼繁殖生物学及诱导产卵试验[J]. 热带海洋学报, 29(5): 180-185.

谌微, 王盼盼, 肖世俊, 等. 2014. 大黄鱼形态指标体系及雌雄差异分析[J]. 集美大学学报(自然科学版), 19(6): 401-408.

胡健. 2012. 大菱鲆 2 种类胰岛素样生长因子结合蛋白基因克隆及在成鱼和早期发育期中的表达[J]. 海洋学报, 34(5): 139-146.

季相山. 2009. 半滑舌鳎雌核发育诱导、遗传分析及生长相关基因雌雄差异表达研究[D]. 山东农业大学博士学位论文.

贾倩倩, 吕为群. 2016. 低盐胁迫对褐牙鲆成鱼血浆渗透压、皮质醇、生长激素和催乳素的影响[J]. 上海海洋大学学报, 25(01): 71-77.

李虎, 陈四清, 刘海金, 等. 2012. 半滑舌鳎养殖群体的性比与雌雄形态差异比较[J]. 水产学报, 36(9): 1331-1336.

李万程. 2007. 整合素 CD29/CD49/CD90 在天然性逆转黄鳝雌雄生殖腺中的表达状况[J]. 湖南师范大学自然科学学报, 030(2): 116-119.

梁宏伟, 李忠, 罗相忠, 等. 2017. 黄颡鱼胰岛素样生长因子结合蛋白 1 基因的克隆及表达分析[J]. 湖南农业大学学报: 自然科学版, 43(3): 298-303.

梁雪梅. 2018. 催乳素在金钱鱼盐度适应过程中的机理研究[D]. 上海海洋大学博士学位论文.

刘金亮, 梁利群. 2011. 鱼类催乳素及其在渗透压调节中的作用[J]. 水产学杂志, 24(001): 50-54.

马文阁. 2016. 黄颡鱼 GH/IGF 生长轴基因的序列特征和两性表达差异分析[D]. 华中农业大学硕士学位论文.

马细兰, 张勇, 陈勇智, 等. 2015. 性类固醇激素 E2,MT 对尼罗罗非鱼(*Oreochromis niloticus*)雌、雄生长差异的影响[J]. 海洋与湖沼, 46(6): 1487-1493.

马细兰, 张勇, 黄卫人, 等. 2006. 尼罗罗非鱼生长激素及其受体的 cDNA 克隆与 mRNA 表达的雌雄差异[J]. 动物学报, 52(5): 924-933.

马细兰, 张勇, 周立斌, 等. 2009. 脊椎动物雌雄生长差异的研究进展[J]. 动物学杂志, 44(2): 141-146.

吴波, 张敏智, 邓思平, 等. 2014. 金钱鱼雌雄个体的形态差异分析[J]. 上海海洋大学学报, 23(1): 64-69.

杨思雨, 徐钢春, 杜富宽, 等. 2017. 鱼类生长抑素研究进展[J]. 长江大学学报(自科版), 14(2): 34-40.

岳亮, 王新安, 马爱军, 等. 2016. 红鳍东方鲀(*Takifugu rubripes*)雌、雄个体的形态特征比较[J]. 渔业科学进展, 37(1): 30-35.

张克伟. 2018. 金钱鱼胰岛素样生长因子(IGF)的克隆及雌二醇对其表达的影响[D]. 广东海洋大学硕士学位论文.

Acosta J, Carpio Y, Besada V, et al. 2008. Recombinant truncated tilapia growth hormone enhances growth and innate immunity in tilapia fry (*Oreochromis* sp.)[J]. General and Comparative Endocrinology, 157(1): 49-57.

Baroiller J F, D'cotta H, Shved N, et al. 2014. Oestrogen and insulin-like growth factors during the reproduction and growth of the tilapia *Oreochromis niloticus* and their interactions[J]. General and Comparative Endocrinology, 205: 142-150.

Beardmore J A, Lewis R I, Mair G C. 2001. Monosex male production in finfish as exemplified by tilapia: applications, problems, and prospects[J]. Aquaculture, 197: 283-301.

Biga P R, Cain K D, Hardy R W, et al. 2004. Growth hormone differentially regulates muscle myostatin-1 and -2 and increases circulating cortisol in rainbow trout (*Oncorhynchus mykiss*)[J]. General and Comparative Endocrinology, 138(1): 32-41.

Biga P R, Meyer J. 2009. Growth hormone differentially regulates growth and growth-related gene expression in closely related fish species[J]. Comparative Biochemistry and Physiology Part A: Molecular and Integrative Physiology, 154(4): 465-473.

Cai Z P, Wang Y, Hu J, et al. 2010. Reproductive biology of *Scatophagus argus* and artificial induction of spawning[J]. Journal of Tropical Oceanography, 29(5): 180-185.

Cui X F, Zhao Y, Chen H P, et al. 2017. Cloning, expression and functional characterization on vitellogenesis of estrogen receptors in *Scatophagus argus*[J]. General and Comparative Endocrinology, 246: 37-45.

Dean R, Mank J E. 2014. The role of sex chromosomes in sexual dimorphism: discordance between molecular and phenotypic data[J]. Journal of Evolutionary Biology, 27(7): 1443-1453.

Deng S P, Jiang D N, Liu J Y, et al. 2018. Thimet oligopeptidase and prolyl endopeptidase of spotted scat *Scatophagus argus*: characterization, tissue distribution, expression at different ovarian stages and down-regulation by estradiol[J]. Fisheries Science, 84: 825-835.

Deng S P, Wu B, Zhu C H, et al. 2014. Molecular cloning and dimorphic expression of growth hormone (*gh*) in female and male spotted scat *Scatophagus argus*[J]. Fisheries Science, 80(4): 715-723.

Duan C, Ren H, Gao S. 2010. Insulin-like growth factors (IGFs), IGF receptors, and IGF-binding proteins: roles in skeletal muscle growth and differentiation[J]. General and Comparative Endocrinology, 167(3): 344-351.

Feng P Z, Tian C X, Lin X H, et al. 2020. Identification, expression, and functions of the somatostatin gene family in spotted scat (*Scatophagus argus*)[J]. Genes, 11(2): 194.

Fukada H, Dickey J T, Pierce A L, et al. 2003. Gene expression levels of growth hormone receptor and insulin-like growth factor-I in gonads of maturing coho salmon (*Oncorhynchus kisutch*)[J]. Fish Physiology & Biochemistry, 28(1-4): 335-336.

Grey C L, Chang J P. 2013. Growth hormone-releasing hormone stimulates GH release while inhibiting ghrelin- and sGnRH-induced LH release from goldfish pituitary cells[J]. General and Comparative Endocrinology, 186: 150-156.

Gupta M B. 2015. The role and regulation of IGFBP-1 phosphorylation in fetal growth restriction[J]. Journal of Cell Communication and Signaling, 9(2): 111-123.

Hanson A M, Ickstadt A T, Marquart D J, et al. 2017. Environmental estrogens inhibit mRNA and functional expression of growth hormone receptors as well as growth hormone signaling pathways in vitro in rainbow trout (*Oncorhynchus mykiss*)[J]. General and Comparative Endocrinology, 246: 120-128.

He F X, Jiang D N, Huang Y Q, et al. 2019. Comparative transcriptome analysis of male and female gonads reveals sex-biased genes in spotted scat (*Scatophagus argus*)[J]. Fish Physiology and Biochemistry, 45(6): 1963-1980.

Henry L B, Paulette R, Michael H, et al. 2010. Evolutionary divergence of duplicate copies of the growth hormone gene in suckers (*actinopterygii: catostomidae*)[J]. International Journal of Molecular Sciences, 11(3): 1090-1102.

Ji X S, Chen S L, Yang J F, et al. 2010. Artificial gynogenesis and assessment of homozygosity in meiotic gynogens of spotted halibut (*Verasper variegatus*)[J]. Aquaculture International, 18(6): 1151-1161

Ji X S, Liu H W, Chen S L, et al. 2011. Growth differences and dimorphic expression of growth hormone (GH) in female and male *Cynoglossus semilaevis* after male sexual maturation[J]. Marine Genomics, 4(1): 9-16.

Jiang J, Wang X, He K, et al. 2004. A conformationally sensitive GHR [growth hormone (GH) receptor] antibody: impact on GH signaling and GHR proteolysis[J]. Molecular Endocrinology, 18(12): 2981-2996.

Kim M S, Lee D Y. 2015. Insulin-like growth factor (IGF)-I and IGF binding proteins axis in diabetes mellitus[J]. Annals of Pediatric Endocrinology and Metabolism, 20(2): 69.

Krulich L, Dhariwal A, Mccann S. 1968. Stimulatory and inhibitory effects of purified hypothalamic extracts on growth hormone release from rat pituitary *in vitro*[J]. Endocrinology, 83(4): 783-790.

Lee L T, Siu F K, Tam J K, et al. 2007. Discovery of growth hormone-releasing hormones and receptors in nonmammalian vertebrates[J]. Proceedings of the National Academy of Sciences of the United States of America, 104(7): 2133-2138.

Li C J, Wei Q W, Zhou L, et al. 2009. Molecular and expression characterization of two somatostatin genes in the Chinese sturgeon, *Acipenser sinensis*[J]. Comparative Biochemistry and Physiology Part A: Molecular & Integrative Physiology, 154(1): 127-134.

Li W S, Chen D, Wong A O, et al. 2005. Molecular cloning, tissue distribution, and ontogeny of mRNA expression of growth hormone in orange-spotted grouper (*Epinephelus coioides*)[J]. General and Comparative Endocrinology, 144(1): 78-89.

Liu Y, Lu D, Zhang Y, et al. 2010. The evolution of somatostatin in vertebrates[J]. Gene, 463(1-2): 21-28.

Ma Q, Liu S F, Zhuang Z M, et al. 2012. The co-existence of two growth hormone receptors and their differential expression profiles between female and male tongue sole (*Cynoglossus semilaevis*)[J]. Gene, 511(2): 341-352.

Ma X L, Zhang Y, Zhou L B, et al. 2009. Studies of growth sexual dimorphism in vertebrate[J]. Chinese Journal of Zoology. 44(2): 141-146.

Mandiki S N, Babiak I, Bopopi J M, et al. 2005. Effects of sex steroids and their inhibitors on endocrine parameters and gender growth differences in Eurasian perch (*Perca fluviatilis*) juveniles[J]. Steroids, 70(2): 85-941

McKay S J, Trautner J, Smith M J, et al. 2004. Evolution of duplicated growth hormone genes in autotetraploid salmonid fishes[J]. Genome, 47(4): 714-723.

Mei J, Gui J F. 2015. Genetic basis and biotechnological manipulation of sexual dimorphism and sex determination in fish[J]. Science China Life Sciences, 58(2): 124-136.

Mustapha U F, Jiang D N, Liang Z H, et al. 2018. Male-specific Dmrt1 is a candidate sex determination gene in spotted scat (*Scatophagus argus*)[J]. Aquaculture, 495: 351-358.

Nam B H, Moon J Y, Kim Y O, et al. 2011. Molecular and functional analyses of growth hormone-releasing hormone (GHRH) from olive flounder (*Paralichthys olivaceus*)[J]. Comparative Biochemistry and Physiology, Part B, 159(2): 84-91.

Ogo Y, Taniuchi S, Ojima F, et al. 2014. IGF-1 gene expression is differentially regulated by estrogen receptors α and β in mouse endometrial stromal cells and ovarian granulosa cells[J]. J Reprod Dev, 60(3): 216-223.

Qian Y, Yan A, Lin H, et al. 2012. Molecular characterization of the GHRH/GHRH-R and its effect on GH synthesis and release in orange-spotted grouper (*Epinephelus coioides*)[J]. Comparative Biochemistry and Physiology, Part B, 163(2): 229-237.

Reinecke M, Björnsson B T, Dickhoff W W, et al. 2005. Growth hormone and insulin-like growth factors in fish: where we are and where to go[J]. General and Comparative Endocrinology, 142(1-2): 20-24.

Riley L G, Richman N H, Hirano T, et al. 2022. Activation of the growth hormone/insulin-like growth factor axis by treatment with 17 alpha-methyltestosterone and seawater rearing in the tilapia, *Oreochromis mossambicus*[J]. Gen Comp Endocrinol, 127(3): 285-292.

Rinn J L, Rozowsky J S, Laurenzi I J, et al. 2004. Major molecular differences between mammalian sexes are involved in drug metabolism and renal function[J]. Developmental Cell, 6(6): 791-800.

Sciara A A, Rubiolo J A, Somoza G M, et al. 2006. Molecular cloning, expression and immunological characterization of pejerrey (*Odontesthes bonariensis*) growth hormone[J]. Comparative Biochemistry and Physiology, Part C, 142(3-4): 284-292.

Tostivint H, Gaillard A L, Mazan S, et al. 2019. Revisiting the evolution of the somatostatin family: Already five genes in the gnathostome ancestor[J]. General and Comparative Endocrinology, 279: 139-147.

Vawter M P, Evans S, Choudary P. 2004. Gender-specific gene expression in post-mortem human brain: localization to sex chromosomes[J]. Neuropsychopharmacology, 29(2): 373-384.

Venken K, Schuit F, Van Lommel L, et al. 2005. Growth without growth hormone receptor: estradiol is a major growth hormone-independent regulator of hepatic IGF-I synthesis[J]. J Bone Miner Res, 20(12): 2138-2149.

Very N M, Kittilson J D, Klein S E, et al. 2008. Somatostatin inhibits basal and growth hormone-stimulated hepatic insulin-like growth factor-I production[J]. Molecular and Cellular Endocrinology, 281(1-2): 19-26.

Very N, Sheridan M. 2002. The role of somatostatins in the regulation of growth in fish[J]. Fish Physiology and Biochemistry, 27(3-4):

217-226.

Wang X Q, Li C W, Xie Z G. 2006. Studies on the Growth Difference of the Male and Female *Siniperca chuatsi*[J]. Freshwater Fisheries, 36(3): 34-37.

Wu B, Ye man, Chen L L, et al. 2013. Growth performance and digestive enzyme activity between male and female *Scatophagus argus*[J]. Journal of Shanghai Ocean University, 22(4): 545-551.

Wu M Y, Hill C S. 2009. TGF-β superfamily signaling in embryonic development and homeostasis[J]. Developmental cell, 16(3): 329-343.

Yu Z, Gao W, Jiang E, et al. 2013. Interaction between IGF-IR and ER induced by E2 and IGF-I[J]. PLoS One, 8(5): e62642.

Zhang G, Wang W, Su M, et al. 2018. Effects of recombinant gonadotropin hormones on the gonadal maturation in the spotted scat, *Scatophagus argus*[J]. Aquaculture, 483: 263-272.

Zhang M Z, Li G L, Zhu C H, et al. 2013. Effects of fish oil on ovarian development in spotted scat (*Scatophagus argus*)[J]. Animal Reproduction Science, 141(1-2): 90-97.

第五章　金钱鱼人工繁殖及苗种培育

第一节　温度和鱼油含量在金钱鱼卵巢发育成熟中的功能

鱼类的性腺发育成熟和繁殖习性不仅受体内有关器官如脑垂体调控，还受外界环境如温度、光照、流水、产卵场、营养等多种因素影响。已有报道表明，我国南方或温热水域培育的亲鱼性腺发育成熟早于北方，可提前产卵。在性腺发育过程中，鱼类需要从外界摄取充足的营养物质，其中多不饱和脂肪酸（PUFA），如二十碳五烯酸（EPA）和二十二碳六烯酸（DHA）是可提供卵子生长的必需物质。鱼油因富含 EPA 和 DHA，在全球水产饲料中被大规模利用。鱼类卵巢滤泡膜上的鞘膜细胞和颗粒细胞能合成孕激素（包括 P、17α-P和 17α、20β-P）、雄激素（主要为脱氢异雄甾酮、雄烯二酮以及睾酮）、雌激素[主要为雌二醇（E_2）和雌酮]和少量皮质类固醇（如脱氧皮质醇）等性类固醇激素。其中 E_2 是鱼类一种很重要的雌激素，其含量的变化反映了卵巢的发育状况，也影响着卵巢的功能。由于睾酮是 E_2 的前体，因此，在卵黄生成阶段 E_2 会随着睾酮浓度的增加而增加。VTG 为钙结合脂磷蛋白（lipophosphoprotein），VTG 不仅为胚胎发生期提供营养物质，在生物体内它还具有其他生物学功能，如作为载体蛋白将甲状腺素、维生素 A 醛、类胡萝卜素以及核黄素等运送至卵母细胞，以这种方式摄入细胞的维生素或胆固醇作为信息物质在体内发生生理作用。VTG 含量与血清中钙离子[主要源于血清蛋白钙（SPC）]和血清蛋白磷（SPP）含量均存在有很好的剂量效应关系。FOXL2 是由颗粒细胞通过自分泌方式来调节自身增殖分化的调控因子，能够维持体内卵泡处于静止状态，因此，FOXL2 被视为卵泡发育所必需的细胞因子。芳香化酶属于细胞色素 P450 家族，它是类固醇激素代谢中的一种重要酶类，广泛存在于大多数脊椎动物的脑和垂体中，可催化某些雄激素转化为雌激素，是雌激素生物合成中的关键酶和限速酶，而这一转化过程被认为在脊椎动物性腺发育中必不可少。本研究通过研究温度和鱼油含量对二龄雌性金钱鱼卵巢组织学变化、血清性类固醇激素及生化指标、对卵巢组织中 *foxl2* mRNA、*cyp19a1b* mRNA 和 *vtg* mRNA 表达的影响，揭示其影响卵巢发育的生理机制，探讨金钱鱼卵巢发育的分子机制及其基因调控，可为其人工繁育提供基础资料。

一、温度和鱼油含量对金钱鱼卵巢组织学变化的影响

温度处理实验结束（6周）时，23℃和26℃组金钱鱼卵巢中出现Ⅲ时相卵母细胞，而29℃组仍和实验前一样，卵巢内充满Ⅱ时相卵母细胞（图 5-1-1）；鱼油处理实验结束时（8周），6%鱼油组金钱鱼卵巢中出现Ⅳ时相中后期卵母细胞，2%鱼油组卵巢中Ⅲ和Ⅳ时相卵母细胞并存，而对照组卵巢中主要为Ⅲ时相卵母细胞（图 5-1-2）。

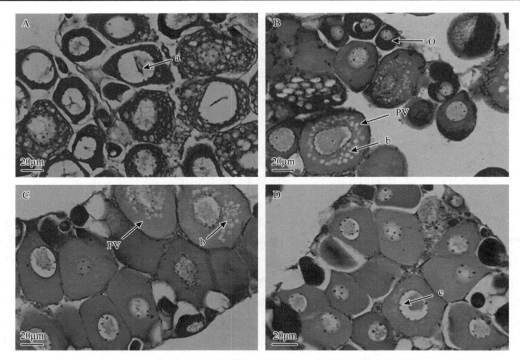

图 5-1-1　温度对金钱鱼卵巢发育的影响（彩图请扫封底二维码）

A. 实验前，箭头 a 示染色质（×40）；B. 23℃组实验 6 周，示初级卵母细胞（O）、卵黄生成前卵母细胞（PV），箭头 b 示油滴（×40）；
C. 26℃组实验 6 周，示卵黄生成前卵母细胞（PV），箭头 b 示油滴（×40）；D. 29℃组实验 6 周，箭头 c 示核仁（×40）

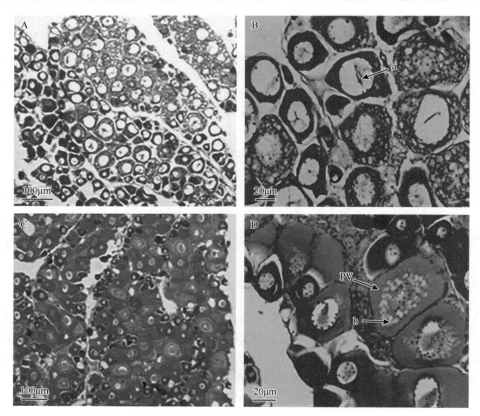

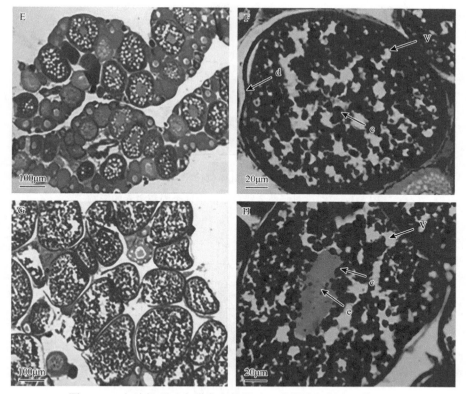

图 5-1-2　鱼油投喂对卵巢发育的影响（彩图请扫封底二维码）

A. 实验前卵巢（×10）；B. 实验前卵巢（×40）；C. 8 周后对照组卵巢（×10）；D. 8 周后对照组卵巢（×40）；E. 8 周后 2% 鱼油组卵巢（×10）；F. 8 周后 2% 鱼油组卵巢（×40）；G. 8 周后 6% 鱼油组卵巢（×10）；H. 8 周后 6% 鱼油组卵巢（×40）；a. 染色质；b. 油滴；c. 卵黄颗粒；d. 凹陷；e. 染色体；PV. 卵黄生成前细胞；V. 卵黄生成细胞

二、温度和鱼油含量对血清性类固醇激素及生化指标的影响

温度对血清中 T 水平无显著影响；3 周时，26℃组血清中 E_2 水平显著高于 29℃组，23℃组与 29℃组无显著差异，但 6 周时两者显著大于 29℃组（$P<0.05$）（图 5-1-3）；实验期间 23℃组血清中 SPP 和 SPC 含量均显著高于 29℃组（$P<0.05$）（图 5-1-4）。实验期间 2% 和 6% 鱼油组的 E_2 逐渐升高，且在 8 周时均显著高于对照组（$P<0.05$），而对照组 E_2 无显著变化（图 5-1-5）。对照组和鱼油投喂组 SPP 值均逐渐上升，且 8 周时 6% 鱼油组的 SPP 值显著高于对照组和 2% 鱼油组（$P<0.05$）；各鱼油处理组 SPC 和 T 水平在实验中期（4 周）达到峰值，此后下降（图 5-1-6）。

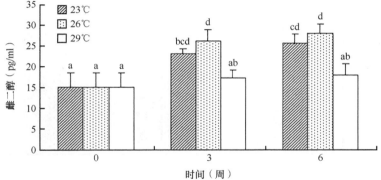

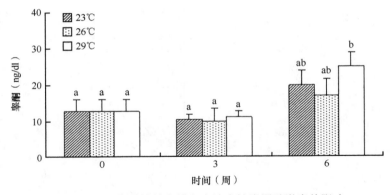

图 5-1-3　温度对雌性金钱鱼血清中性类固醇激素的影响

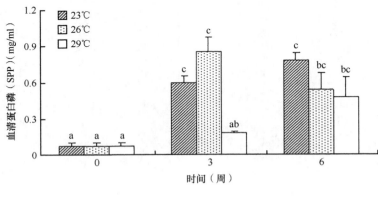

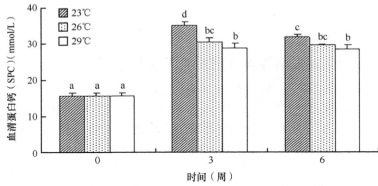

图 5-1-4　温度对雌性金钱鱼血清中 SPP 和 SPC 的影响

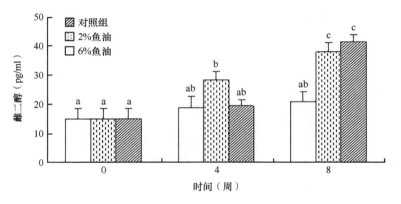

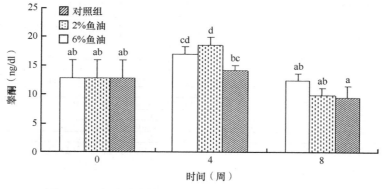

图 5-1-5　鱼油对雌性金钱鱼血清中性类固醇激素的影响

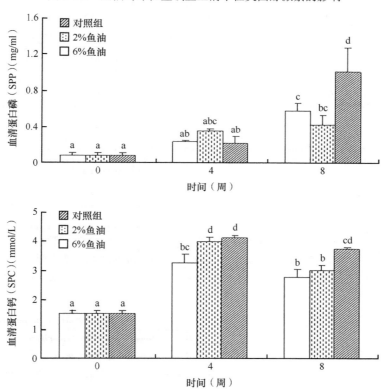

图 5-1-6　鱼油对雌性金钱鱼血清中 SPP 和 SPC 的影响

三、温度和鱼油含量对金钱鱼卵巢发育相关基因表达的影响

1. 温度和鱼油含量对金钱鱼 *foxl2* 基因表达的影响

金钱鱼 *foxl2* cDNA 全长 2024bp，其可读框（ORF）包含 918bp，编码 305 个氨基酸，包括 104 个氨基酸组成的 FH 结构域（FH-domain），5′端非编码区（5′-UTR）有 226bp，3′-UTR[不包括 poly(A)]有 848bp，推测其蛋白质分子量为 34.365kDa（图 5-1-7）。序列分析及分子系统进化树结果表明，金钱鱼 FOXL2 与其他非哺乳类脊椎动物一样，缺少 14 个丙氨酸组成的聚丙氨酸重复区和甘氨酸-脯氨酸重复区，其氨基酸序列与网纹石斑鱼同源性最高，为 98.4%。同源性分析结果与根据传统形态学和生化特征分类的结果一致（图 5-1-8）。

```
1     acatgggagtttagaaaaatcccagttgaggagtgaggaagctctggtgcatgtcatttactgagtagcaaaat
76    aaagattcctcgctgcgcacttttggaagacagtttttgagttcacgctgcatccttcagttcggcaacacatcatt
151   ttgctcaacgagcttccaagcgccatttaaaggtttgctttcggtgtttggattggacttgtttttggtgtgcga
226   gATGATGGCCACTTACCAAAACCCGGAGGATGACGCAATGGCCTTAATGATCCACGACACAAACACGACCAAGGA
1      M  M  A  T  Y  Q  N  P  E  D  D  A  M  A  L  M  I  H  D  T  N  T  T  K  E
301   GAAAGAGCGACCTAAAGAGGAACCAGTCCCAGACAAAGTCCCAGAAAAGCCAGATCCGTCCGTCTCCCAGAAACCCCCT
26     K  E  R  P  K  E  E  P  V  P  D  K  V  P  E  K  P  D  P  S  Q  K  P  P  Y
376   CTCCTATGTCGCTCTCATTGCCATGGCCATTCGGGAGAGCTCAGAGAAGCGCCTCACTCTCCGGTATTTACCA
51     S  Y  V  A  L  I  A  M  A  I  R  E  S  S  E  K  R  L  T  L  S  G  I  Y  Q
451   GTACATAATCAGTAAGTTTCCTTTCTACGAGAAAAATAAAAAAGGTTGGCAGAACAGTATCAGACACAACTTGAG
76     Y  I  I  S  K  F  P  F  Y  E  K  N  K  K  G  W  Q  N  S  I  R  H  N  L  S
526   TCTCAACGAATGCTTCATTAAAGTCCCGAGGAGGGGAGGCGGGGGAGAGAAAAGGGAATTATTGGACACTCGACCC
101    L  N  E  C  F  I  K  V  P  R  E  G  G  G  G  E  R  K  G  N  Y  W  T  L  D  P
601   AGCCTGTGAGGACATGTTTGAGAAGGGGAACTACAGGAGACGCCGAAGGATGAAGCGGCCATTCAGACCTCCACC
126    A  C  E  D  M  F  E  K  G  N  Y  R  R  R  R  R  M  K  R  P  F  R  P  P  P
676   GACGCACTTCCAGCCAGGGAAGTCCTTGTTCGGAGGAGATGGCTACGGTTACCTCTCCCCACCCAAGTACCTGCA
151    T  H  F  Q  P  G  K  S  L  F  G  G  D  G  Y  G  Y  L  S  P  P  K  Y  L  Q
751   GTCTAGCTTCATGAACAACTCCTGGTCGTTAGGCCAGCCGCCTACTCCGATGTCCTACACGTCCTGTCAGATGGC
176    S  S  F  M  N  N  S  W  S  L  G  Q  P  P  T  P  M  S  Y  T  S  C  Q  M  A
826   CAGCGGCAACGTCAGTCCAGTGAACGTGAAGGGACTGTCAGCGGCCTCATCCTATAACCCCTACTCCCGGGTGCA
201    S  G  N  V  S  P  V  N  V  K  G  L  S  A  A  S  S  Y  N  P  Y  S  R  V  Q
901   GAGCATGGCCTGCCCAGTATGGTGAACTCTTACAACGGCATGAGCCACCACCACCATCCCGCGCATCCCCACCA
226    S  M  A  L  P  S  M  V  N  S  Y  N  G  M  S  H  H  H  H  P  A  H  P  H  H
976   TGCCCAGCAGCTGAGCCCGGCCACCGCGGCACCACCTCCGGTTTCCTCCAGTAACGGAGCGGGCCTTCAGTTCGC
251    A  Q  Q  L  S  P  A  T  A  A  P  P  P  V  S  S  S  N  G  A  G  L  Q  F  A
1051  TTGCTCACGCCAGCCGGCTGAGCTCTCCATGATGCACTGCTCTTACTGGGAACACGAGACCAAACACTCGGCGTT
276    C  S  R  Q  P  A  E  L  S  M  M  H  C  S  Y  W  E  H  E  T  K  H  S  A  L
1126  ACACACGAGGATTGATATTTAAgtttaagaccaagcggtctgtgtacaatgaggactaggagtgaaagttaattc
301    H  T  R  I  D  I  *
1201  ctgtgatttcaaaacagagccaagagtatttttgaagagacctttctgacgacctgtttgggtccagctgacatc
1276  cagaaatgccgatggggaggtagcacccgggctgatgtggagagagttttcaaaacggaaatacggaaggtaaaga
1351  agtcagcggaacacgtcaggtagcacaacctctgggagccattcgtcgcgctgtattacatttggactgatggc
1426  cataacttggtatagtagtcataactgtgcccatgaaacacttcagttttgtgaggatagacattgctgacatcg
1501  cttcagctttgtgttttttggcatgcgtaatgatctctctcaacttacgcacgttttatcctagctattgccaaa
1576  tgaaacgttgacatcgatgccttaattaagttacagctttaatatgtgattaaatcagaggtcagttttgcccttt
1651  atcgtaacttgcgccgagcaagtcgcatgtaaaacctcgcctcgtatcatggttgtgaacttttgttttgggtta
1726  aaagtgaaagtgtatgtgagactgccaaaactacaattcagggttttcatatttcttgatccatatgtatgta
1801  tgatatacttttcaatgacgccagccagtgccaggtttgttaatctttctgtttattattattttatttt
1876  ttataaacgtgattagctatattgtctcattcatcttggggccatgtttcattttaattagcacttttccctctt
1951  ttctaggtttgtgaatttctttaataaacttgtatttcttaaagtaaaaaaaaaaaaaaaaaaaaaaaaaaaaaa
```

图 5-1-7 金钱鱼 *foxl2* 全长 cDNA 序列及编码的氨基酸序列

下划线.起始密码子 ATG；*.终止密码子 TAA；矩形框.FH 结构域；阴影黑色框.加尾信号 aataaa；黑色阴影.Poly(A)尾；小写字母.5′-UTR 和 3′-UTR

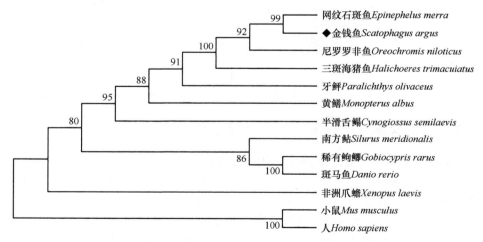

图 5-1-8 基于邻接法构建的金钱鱼 FOXL2 和其他鱼类的 FOXL2 系统进化树

qRT-PCR 结果显示，随处理时间的延长，23℃和 26℃组金钱鱼卵巢中 *foxl2* mRNA 的表达量均逐渐增加，6 周时 26℃组的表达量显著高于 23℃组（$P<0.05$），而 29℃组表达量先略增加再降低至实验前更低水平（图 5-1-9）。鱼油处理实验显示，2%和 6%鱼油组金钱鱼卵巢中 *foxl2* mRNA 的表达量均逐渐增加，但两组间无显著差异（$P>0.05$），对照组金钱鱼卵巢中 *foxl2* mRNA 的表达量无显著变化（图 5-1-10）。

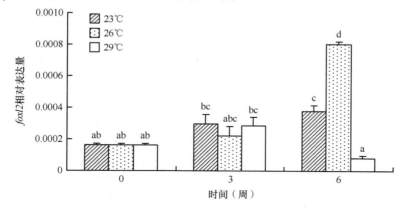

图 5-1-9　温度对雌性金钱鱼卵巢中 *foxl2* mRNA 表达的影响（$n=3$）

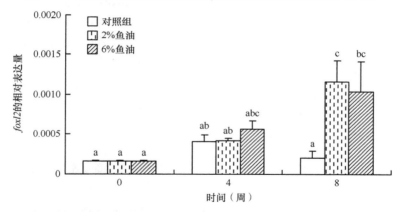

图 5-1-10　鱼油对雌性金钱鱼卵巢中 *foxl2* mRNA 表达的影响（$n=3$）

2. 温度和鱼油含量对金钱鱼脑型芳香化酶 *cyp19a1b* 基因表达的影响

金钱鱼 *cyp19a1b* cDNA 全长 2410bp，其 ORF 包含 1506bp，编码 502 个氨基酸，5′-UTR 有 164bp，3′-UTR[不包括 poly(A)]有 713bp，推测其蛋白质分子量为 56.697kDa（图 5-1-11）。序列分析（图 5-1-12）及分子系统进化树结果表明：金钱鱼 Cyp19a1b 氨基酸序列与平鲷（*Rhabdosargus sarba*）和舌齿鲈 Cyp19a1b 同源性较高，分别为 86.2%、86.5%，但与鱼性腺芳香化酶（Cyp19a1a）同源性低于 63.5%，同源性分析结果与根据传统形态学和生化特征分类的结果相一致。

qRT-PCR 结果显示，随处理时间延长，26℃和 29℃组金钱鱼脑垂体中 *cyp19a1b* mRNA 的表达量均逐渐降低，但 29℃组显著低于 26℃组（$P<0.05$），而 23℃组在 6 周时则显著高于 26℃和 29℃组（$P<0.05$），约为 26℃组表达量的 2 倍（图 5-1-13）；2%和 6%鱼油组金钱鱼脑垂体中 *cyp19a1b* mRNA 表达量逐渐降低，但鱼油对金钱鱼脑垂体中 *cyp19a1b* mRNA 的表达量无显著影响（$P>0.05$）（图 5-1-14）。

```
1     accatgggggacagaagaatgctgatcatcctctgatccaaaaaccagccggaggaagcaaagcgtcttgatcgtc
76    aaaggtgcacaaggacagaacagtgacacagaagctttatgagctcaggtcagaagcctgctcaggtgttagga
151   gtggagttaacaagATGCTGCCACTGGAGATACCCACCTTTGACCACTCTGAAGACATCGTGGAAACTCATGAAGTCA
1                   M  L  P  L  E  T  P  T  F  D  H  S  V  V  E  T  H  E  V
226   CCACCTTTCTGCTTTTACTGCTGCTGCTGGTGGTCTGCTCTGCACTGCCTGGAAGCAAACACCACCACCAGAGCCATA
21    T  F  L  L  L  L  L  L  V  V  C  T  A  W  K  Q  T  H  Q  S  H  T
301   CAGGTCCTTCCTTCTTGGCAGGACTCGGCCCTGTCCTCTCCTACAGCAGATTCATCTGGACTGGGATAGGAACAG
46    P  G  P  S  F  L  A  G  L  G  P  V  L  S  Y  S  R  F  T  W  T  G  T
376   CAAGCAACTACTACAACAAATATGGCAGCATTGTTCGTGTCTGGATTAATGGCGAGGAGACCATCATTCTGA
71    A  S  N  Y  Y  N  K  Y  G  S  I  V  R  V  W  I  N  G  E  E  T  I  L
451   GCGGGTCTTCAGCGGGTCTATCATGTTGTCTGAGGAGTGTCAGCAGTGATGTCCACTGTGGAAAAACCAGGGCTGG
96    S  G  S  S  A  V  Y  H  V  L  R  S  A  N  Y  T  A  R  F  G  S  K  A  G  L
526   AGTGTATTGGGATGGAAGGAAGGGGTCATCATTTTCAACAGTGATGTCCCACTGTGGAAAAAACTGCGGACATATT
121   E  C  I  G  M  E  G  R  G  I  I  F  N  S  D  V  P  L  W  K  K  L  R  T  Y
601   TTTCTAGAGCCCTGACAGGACCGGGCCTCCAGAGGACAGTGGGAATCTGTGTGAGCTCCACAGTCAAACACCTGG
146   F  S  R  A  L  T  G  P  G  L  Q  R  T  V  G  I  C  V  S  S  T  V  K  H  L
676   ACCGCCTGCAGGAGATGACCGACCCCACTGGACACGTGGACTCTCTCAATCTGCTGAGAGCCGTAGTGCTGGACA
171   D  R  L  Q  E  M  T  D  P  T  G  H  V  D  S  L  N  L  L  R  A  V  V  L  D
751   TCTCCAACAGGCTTTTCCTCAGGGTGCCGTTCAATGAAAAGGATTTGCTGATGAAATTCAAGCCTACTTTGACA
196   I  S  N  R  L  F  L  R  V  P  F  N  E  K  D  L  L  M  K  I  Q  A  Y  F  D
826   CCTGGCAAGCAGTTCTAATAAAGCCAGATACTTTCTTCAAGGTTGGATGGCTTTATAACAAGCACGAGAGAGCA
221   T  W  Q  A  V  L  I  K  P  D  T  F  F  K  V  G  W  L  Y  N  K  H  E  R  A
901   CCCAAGAGCTCCAGGATGCGATGGAGAGCCTTCTTGAAATTAAAAGAAAGATTATAAACGAGTCTGAGAAGTTGA
246   A  Q  E  L  Q  D  A  M  E  S  L  L  E  T  K  R  K  T  I  N  E  S  E  K  L
976   ATGATGATCTTGACTTTGCCACAGCGTTTATATTTGCTCAAAACCACGGAGAGCTTTCAGCAGATAACGTCAGAC
271   D  D  D  L  D  F  A  T  A  F  I  F  A  Q  N  H  G  E  L  S  A  D  N  V  R
1051  AGTGTGTAGAGATGGTGATTGCAGCACCTGACACACTGTCCATCAGCCTCTTCTTCATGCTGATGCTGTCTGA
296   Q  C  V  L  E  M  V  I  A  A  P  D  T  L  S  I  S  L  F  F  M  L  M  L  L
1126  AACAAAACCCAGATGTGGAGCTGAGGATAGTGGAGGAGATGAACGCTGTCCTGAATGAAAAGGTGCTGAACACG
321   K  Q  N  P  D  V  E  L  R  I  V  E  E  M  N  A  V  L  N  E  K  G  A  E  H
1201  TAGATTATCAAAGCCTGAAAGTGCTTGAAAGCTTCATCAATGAGTCCCTTCGATTTCACCCTGTGGTTGATTTCA
346   V  D  Y  Q  S  L  K  V  L  E  S  F  I  N  E  S  L  R  F  H  P  V  V  D  F
1276  CAATGCGAAAGGCACTGGAGGACGACACCATCGAAGGGACTAAAATTAGAAAGGGAACCAACATCATCTTAAACG
371   T  M  R  K  A  L  E  D  D  T  I  E  G  T  K  I  R  K  G  T  N  I  I  L  N
1351  TTGGACTCATGCATAAGACTGAATTCTTCCCAAAACCCAAAGAGTTCAGTCTGACGAACTTTGAGAAAACAGTGA
396   V  G  L  M  H  K  T  E  F  F  P  K  P  K  E  F  S  L  T  N  F  E  K  T  V
1426  CCAGTCGTTACTTCCAGCCATTTGGCTGTGGGCCTCGCTCCTGCGTGGGAAAACATATCGCCATTGTGATGATGA
421   P  S  R  Y  F  Q  P  F  G  C  G  P  R  S  C  V  G  K  H  I  A  M  V  M  M
1501  AGGCCATCCTGGTCACTCTGCTGTCCCGTTTCACTGTGTGTCCTCGTCAAGGCTGCACGCTTAACAGCATCAAGC
446   K  A  I  L  V  T  L  L  S  R  F  T  V  C  P  R  Q  G  C  T  L  N  S  I  K
1576  AGACCAACGACCTCTCGCAGCAGCCTGTAGAAGACGAGCACAGCCTGGCGATGCGTTTTATCCCTCGAACAATCA
471   Q  T  N  D  L  S  Q  Q  P  V  E  D  E  H  S  L  A  M  R  F  I  P  R  T  I
1651  AACCCCAAAGCTGCCAGCAGTGAgatcatgatgatcatgtttttggtttggtttttagtggtatgaaggggat
496   Q  P  Q  S  C  Q  Q  *
1726  ggacgatcacaaagctgctgatatttgttggccaagttgtagggaaaacaacaaacatgaattctagtactctc
1801  atagttctgtatttctcgttagatttcaaagagtaagtaatgtgacagcagattgttttcttattttgacatta
1876  ctgaccctttaggcaagtgcaattgaagattaagcccgataaagaggagtggaagcatgatttcctggcctggggg
1951  gaagcactgtggaaacgcaggatgagctttttgttttgttgtctttgagatgtcacagacctggaagggatcaaca
2026  aacagcttcagtcagatgttcaatcatgttaatgaagcagctgtggtcgttgtcacatatgtgtacagtacgtatc
2101  cagtatcattgtgaaaagctcaaatatggtataagggagcagtgatgtatcatcatgtcttaattcagcacacac
2176  tggaaatgtaaaattaggtaaatatacattagaatgaggtaaaaacattaccttttactatctcatctttttt
2251  aatctacatttaaaaaaaggtttttgttgataagaaggaaatttgtttcatttcaaggtctaactcaatagaaatat
2326  ggactgtgtgtgacataagcagcaaaaacatgtggtgtat aataaa acatacacaataacaaaaaaaaaaaaa
2401  aaaaaaaaa
```

图 5-1-11　金钱鱼 *cyp19a1b* 全长 cDNA 序列及编码的氨基酸序列

下划线. 起始密码子 ATG；*. 终止密码子 TAA；矩形框. 加尾信号 aataaa；小写字母. 5′-UTR 和 3′-UTR

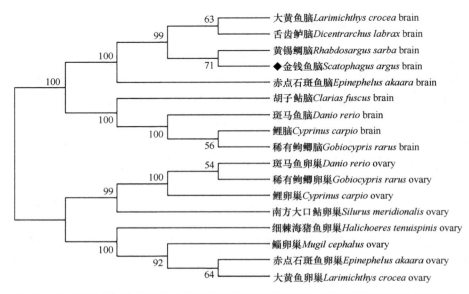

图 5-1-12　基于邻接法构建的金钱鱼脑型芳香化酶和其他鱼类的芳香化酶系统进化树

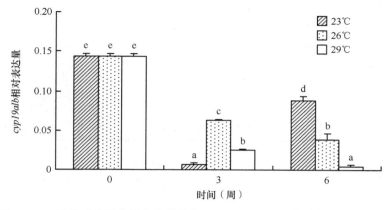

图 5-1-13　温度对雌性金钱鱼脑垂体中 *cyp19a1b* mRNA 表达的影响（*n*=3）

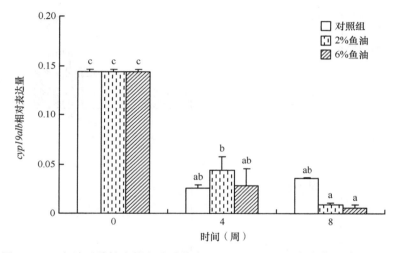

图 5-1-14　鱼油对雌性金钱鱼脑垂体中 *cyp19a1b* mRNA 表达的影响（*n*=3）

3. 温度和鱼油含量对金钱鱼 *vtg* 基因表达的影响

克隆获得金钱鱼 *vtg* 基因保守区片段 1449bp。qRT-PCR 结果显示，*vtg* 在金钱鱼卵巢中的表达量均显著低于肝中的表达量。23℃和 26℃组金钱鱼 *vtg* 在肝中的表达量随处理时间延长而增加，而 29℃组 *vtg* 表达量不变，23℃和 26℃组 *vtg* 表达量无显著差异（*P*＞0.05），但 6 周时显著高于 29℃组（*P*＜0.05）（图 5-1-15）。8 周时，6%鱼油组 *vtg* 在肝中的表达量明显高于对照组和 2%鱼油组（*P*＜0.05）（图 5-1-16）。

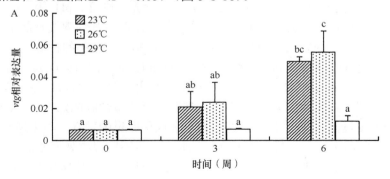

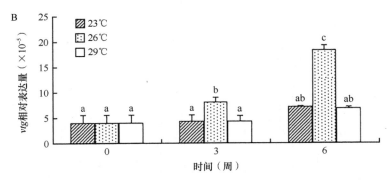

图 5-1-15　温度对金钱鱼 *vtg* 在肝（A）和卵巢（B）表达的影响

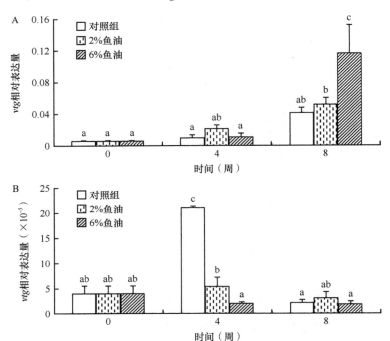

图 5-1-16　鱼油对金钱鱼 *vtg* 在肝（A）和卵巢（B）表达的影响

四、综合分析

1. 温度对金钱鱼卵巢组织学变化的影响

鱼类的繁殖受各种环境因子（如温度、光照、营养、密度、pH 等）的影响，其中温度和光照起主导性作用。鱼类和其他冷血动物一样，温度对其性腺发育起重要的作用，但是温度对鱼类性腺发育的影响因鱼种而异。已有报道指出，鱼类的性腺发育应该存在一个适宜温度范围，温度过高将不利于性腺的发育。Fjelldal 等（2011）认为，高温可降低大西洋鲑性腺成熟度；Dzikowski 等（2001）也发现温度达到 32℃时，雌性孔雀鱼的卵巢将会退化。本研究发现，在实验结束时，23℃和 26℃组金钱鱼性腺成熟指数（GSI）明显高于29℃组，表明温度过高（超过 29℃）将不利于金钱鱼卵巢的发育，与上述研究结果一致。组织学表明，实验前金钱鱼卵巢处于Ⅱ期早期阶段；经不同温度处理 6 周后，23℃和 26℃组金钱鱼卵巢为兼性Ⅱ、Ⅲ期，向Ⅲ期过渡；而 29℃组卵巢此时为Ⅱ期晚期，所有卵巢发育时期对应的卵巢成熟指数和卵母细胞直径均与蔡泽平等（2010）研究基本一致。同时，也说明 23℃和 26℃组对卵巢发育的促进作用明显大于 29℃组。推测由于金钱鱼最适生长温度范围为 20~28℃，适于其性腺发育成熟的温度可能更窄，而 29℃超出其最适生存范围，故而不利于性腺的发育。

2. 鱼油含量对金钱鱼卵巢组织学变化的影响

脂类是胚胎和幼体早期的主要能源物质和组织器官的构建物质，其中 PUFA 对鱼类特别是海水鱼类的正常繁殖、生长以及发育都起着非常重要的作用，是其生命过程中不可缺少的营养因子。在生殖季节，相对于 n-6 系列 PUFA，鱼类需要的 n-3 系列 PUFA 含量更高。而海水鱼不能生物合成属于 n-3 PUFA 前体的 DHA 和 EPA，也不能合成短链脂肪酸前体，如 18:3n-3，因此，海水鱼饲养饲料中需要添加 DHA 和 EPA。

研究表明，花尾胡椒鲷（*Plectorhinchus cinctus*）组织中的脂肪酸构成受饲料中 n-3 PUFA含量影响，受影响的顺序是性腺＞肌肉＞肝、胰；组织对 n-3 PUFA，特别是 DHA 具有较强的选择性保留作用，说明 n-3 PUFA 在性腺发育成熟中具有重要的生理作用。Ling 等（2006）发现，随着饲料中 DHA 和 EPA 含量的适当增加，将有助于剑尾鱼卵巢的发育以及生殖能力的提高，这与卵黄生成阶段卵巢发育需要大量的 n-3 EFA（DHA 和 EPA）有关。朱定贵等（2011）研究了瓦氏黄颡鱼（*Pelteobagrus vachelli*）生殖季节雌鱼的脂肪酸组成，结果表明，PUFA 在卵巢组织中含量最高，为 28.35%，其中 n-3 PUFA 含量以卵巢最高，达 23.94%，再次说明 n-3 PUFA 对卵巢发育的重要性。

实验结束（8 周）时，饲喂 2%和 6%鱼油的金钱鱼 GSI 都显著增加且大于对照组；组织学切片显示，对照组金钱鱼卵巢处于Ⅲ期阶段，而饲喂 2%和 6%鱼油的金钱鱼卵巢则分别处于Ⅲ~Ⅳ期和Ⅳ期中后期阶段，与 GSI 增大的结果相一致。饲料脂肪酸组成分析显示，随着鱼油添加量的增加，n-3 PUFA 逐渐增加，表明鱼油中 n-3 PUFA 与卵巢发育密切相关，适当增加饲料中 n-3 PUFA 有利于卵巢的发育。王际英等（2011）发现，野生褐牙鲆亲鱼Ⅴ期卵中含有大量的 n-3 PUFA，EPA 和 DHA 所占的比例也明显高于发育的其他时期。因此，饲料中 n-3 PUFA 含量越多，则更有利于卵巢发育所需 n-3 PUFA 的积累，从而促进卵巢的发育。

鱼类卵巢发育过程中，除了要保证足够的 n-3 PUFA 供应，还应考虑 n-3 PUFA 中 n-3/n-6的比值。n-3 PUFA 只有在饵料中的 n-3/n-6 比例适当的条件下，才能有效促进性腺成熟，单纯追求饵料中 n-3 PUFA 的高含量（绝对量）而忽略 n-3 与 n-6 的配比，将达不到促性腺成熟的目的。对剑尾鱼的研究发现，当饲料中总 n-3 PUFA 含量增加，但 n-3/n-6 下降时，其 GSI 值明显下降，卵巢发育受到抑制。而本研究中，随着饲料中 n-3 PUFA 含量增加的同时，其 n-3/n-6 比值也逐渐增大，因此，保证了饲料中 n-3 PUFA 的绝对含量，有利于卵巢的发育。

3. 温度和鱼油含量对血清性类固醇激素的影响

研究表明，硬骨鱼类性类固醇激素表达变化与性腺发育的季节变化或 GSI 密切相关，温度可能通过启动脑-垂体-性腺轴（BPG）生理功能，调控卵巢的发育过程。张培军（1999）认为，在适宜温度下，随着葡糖醛酸转移酶含量的增加，性类固醇激素逐渐增加；若温度过高，则会抑制性类固醇激素的合成。有报道表明，温度对雌性白鲟、虹鳟产卵前血清中 E_2 和 T 无显著影响，但本研究发现 23℃和 26℃组 E_2 随处理时间延长显著增加，实验结束时显著大于 29℃组，与白鲟和虹鳟的研究结果不完全一致。推测可能是因为本研究中金钱鱼卵黄尚未开始形成,而白鲟和虹鳟的研究在实验开始时已完成卵黄生成阶段,接近产卵期。有报道指出,血清中 E_2 将在卵黄生成阶段达到峰值,因此,本研究中金钱鱼 23℃和26℃组 E_2 逐渐增大。研究发现金鱼 E_2 浓度与卵细胞发育密切相关,在卵黄生成晚期达最大值,而在成熟时的核迁移期含量明显下降。本研究组织学结果显示,23℃和26℃组都出现了卵黄生成前细胞,而 29℃组尚未出现卵黄生成前细胞,与 E_2 浓度有明显的正相关,与前人研究结果一致。此外,本研究中温度对血清中 T 水平无显著影响,但其变化趋势与 E_2 一致。

大量研究表明,鱼油富含 n-3 PUFA,尤其是 EPA 和 DHA,而 EPA 和 DHA 与 E_2、T以及 VTG 密切相关。本研究中,4 周时,各鱼油组 E_2 和 VTG 在肝的表达量无显著差异,但在 8 周时 6%鱼油组 E_2 和 VTG 在肝的表达量显著高于对照组,表明鱼油中的 PUFA 可以诱导 E_2 和 VTG 的增加,我们的研究结果与虹鳟、黑鲈的研究一致。此外,由于 T 是 E_2 的前体,因此,在卵黄生成阶段 E_2 会随着 T 浓度的增加而增加,但是在卵黄生成接近完成时 T 的浓度会降低。本研究中,各鱼油组 T 浓度均在 4 周时上升,实验结束时降低,而且 6%鱼油组 T 为最小值,表明在实验期间,T 随着 E_2、VTG 在肝的表达量的增加而逐渐降低。组织学切片显示,实验结束时对照、2%和6%鱼油组卵巢分别处于Ⅲ、Ⅲ~Ⅳ和Ⅳ时相中后期,这与 E_2 和 VTG 在肝的表达量变化趋势一致。有研究进一步发现,人工饲料中高浓度长链单不饱和脂肪酸可诱导滤泡细胞中过氧化物酶体的增加,而过氧化物酶体会参与 E_2 的合成过程,在本研究中 E_2 的合成可能与鱼油中长链单不饱和脂肪酸相关。

4. 温度和鱼油含量对血清生化指标的影响

血清中蛋白质结合磷主要来自于 VTG,而 VTG 中的磷含量是相对稳定的,因此,常用血清蛋白磷(SPP)含量间接表示 VTG 的含量。又 VTG 为钙结合脂磷蛋白,血清中的钙含量也会随 VTG 的出现而增加。在虹鳟、黑头软口鲦和小体鲟(*Acipenser ruthenus*)的研究中发现,测定血清中磷和钙的增加量能够较准确地间接反映 VTG 的含量,其灵敏度不亚于 ELISA 法,而且认为血清蛋白钙(SPC)和 VTG 有着显著性的线性关系。Norberg(1995)发现鱼类卵黄蛋白原中脂和磷的含量分别为 20%和 0.6%。Montorzi 等(1995)进一步证明 VTG 除了含有糖、磷、脂等营养成分外,它还与钙离子、锌离子、铁离子、镍离子等金属离子结合,并运送到卵母细胞,且发现 VTG 中的脂磷蛋白结合锌离子,而高磷蛋白结合钙离子。对 SPP 的研究表明,除 26℃组 SPP 在 6 周稍降低外,SPP 的变化与 VTG 在肝的表达趋势基本一致,SPP 含量的变化与卵巢的发育成熟程度密切相关,与双帆鱼(*Coracinus capensis*)和斑鳜(*Siniperca scherzeri*)的研究结论一致。本研究温度处理实验发现,3 周时各温度组 VTG 在肝的表达无显著增加,而各组 SPC 却显著增加;6周时 23℃和26℃组 VTG 在肝的表达明显高于 29℃组,而 SPC 仅有 23℃组显著高于 29℃组,表明肝中 *vtg* mRNA 的表达与 SPC 并无显著的正相关。推测可能是因为卵巢发育的早期(Ⅱ~Ⅲ),受其他钙结合蛋白和个体内游离钙的影响,所以导致血清中 SPC 含量与肝中 *vtg* mRNA 表达的关系不明显。

在鱼油投喂实验中,卵黄生成阶段 SPP 随着 VTG 在肝的表达而相应增加,这和之前报道的金鱼和瓦氏黄颡鱼研究结果一致。又因 VTG 为钙结合脂磷蛋白,是一种大分子复合物,因此,当 VTG 被诱导合成的同时大量的钙离子也会生成,从而与此蛋白结合。有报道指出,在虹鳟中 VTG 大概含 0.7%的钙离子,而且二者呈较稳定的线性关系。此外,白鲟(*Psephurus gladius*)和黑头呆鱼的研究也表明,VTG 和 SPC 呈现明显的线性关系。

本实验发现，8 周时 6%鱼油组 SPC 显著高于其他两组，这与肝处 VTG 的表达量变化相一致。但是，4 周时各组 SPC 高于 8 周，与肝处 VTG 的表达量变化不一致。推测可能 4 周时各组卵巢发育均还未达到Ⅲ期，因此，各组 SPC 值由于受自由钙离子或者其他钙结合蛋白的影响，导致其急剧上升且比 8 周高。

5. 温度和鱼油含量对金钱鱼 *foxl2* 基因表达的影响

金钱鱼 *foxl2* 同样具有 *forkhead* 家族基因所特有的叉头框（FH）结构域。金钱鱼 FOXL2 蛋白保守区推测的三维结构结果显示，该蛋白具有典型的 FH 区域结构模式：包含 3 个 α 螺旋、2 个 β 链以及 2 个翼状结构。该结构可以与被调控基因（如芳香化酶基因）的相应 DNA 区域结合，其中 α 螺旋可以与 DNA 的大沟碱基相互识别并发生结合，而翼状结构则可以与 DNA 小沟碱基相互识别并结合。此外，张晶晶等（2009）认为，亲缘关系较近的物种 FOXL2 氨基酸序列长度也较相似，且哺乳动物 FOXL2 的序列要长于非哺乳动物该基因氨基酸的序列。氨基酸序列比对发现，金钱鱼 FOXL2 氨基酸序列长度与同为鲈形目的网纹石斑鱼、尼罗罗非鱼以及三斑海猪鱼（*Halichoeres trimaculatus*）基本一致，与前人结论一致。进一步序列分析发现，金钱鱼 FOXL2 C 端比 N 端更为保守，但也与其他非哺乳动物一样缺少 14 个丙氨酸组成的聚丙氨酸重复区和甘氨酸-脯氨酸重复区。Cocquet（2002）认为 FOXL2 C 端可能具有保守的功能，而 N 端的变异则可能与生物进化相关。

FOXL2 在哺乳动物中研究较深入，而鱼类主要集中在 mRNA 表达水平。在成鱼的卵巢滤泡细胞中，*foxl2* 在卵黄发生前期和中期的持续表达，直至卵黄发生后期逐渐停止。研究表明，*foxl2* 主要在卵巢组织表达，被认为是雌性特异性表达的基因，但在虹鳟和尼罗罗非鱼的精巢中也检测到 *foxl2* mRNA 的弱表达。鉴于 *foxl2* 卵巢组织的高表达量，本研究以温度、鱼油投喂处理金钱鱼后，仅检测卵巢组织 *foxl2* mRNA 的表达情况。

大量研究表明，雌激素可以影响 *foxl2* 和芳香化酶的表达。用雌激素处理虹鳟、南方鲇以及稀有鮈鲫时，其体内 *foxl2* mRNA 表达上调，而用芳香化酶抑制剂或雄激素处理时发现，*foxl2* mRNA 表达则下调。因此，有研究者认为雌激素对 *foxl2* 表达的调控可能是一种反馈性调节。然而迄今为止，尚未有直接的证据证明 *foxl2* 启动子上存在雌激素受体结合位点（estrogen receptor-binding site）或者雌激素应答元件（estrogen response element，ERE），因此，雌激素对 FOXL2 的调控可能是间接效应。本研究进行 qRT-PCR 时发现，随温度处理时间的延长，23℃和 26℃组卵巢中 *foxl2* mRNA 的表达量都显著增加，而 29℃组表达量仅在 3 周时略增加；此外，随着投喂鱼油时间的延长，2%鱼油组和 6%鱼油组卵巢中 *foxl2* mRNA 的表达量都显著增加，对照组则对金钱鱼卵巢中 *foxl2* mRNA 的表达无影响。上述结果与血清中 E_2 水平变化趋势一致，我们的研究结果表明，温度和鱼油对 *foxl2* mRNA 表达的调节可能是通过 E_2 间接调控。

目前，众多研究表明，在脊椎动物中 FOXL2 是芳香化酶转录的调控因子。Pannetier 等（2006）研究患有山羊无角间性综合征的山羊时发现，FOXL2 可以激活 *cyp19* 特异性启动子 2。Hudson 等（2005）发现 *foxl2* 与芳香化酶基因表达在时空上高度相关，皆在雌性胚胎性腺髓质中表达，推测 *foxl2* 作为上游基因可能参与了芳香化酶基因的转录调控。一些研究也表明二者共同参与调节了 E_2 的合成。有报道认为 FOXL2 调节芳香化酶转录可能机制为，通过其 FH 结构域与 *cyp19a1* 的启动子上的 ACAAATA 序列结合，从而调控 *cyp19a1* 的转录和表达。然而，本研究发现，*foxl2* 表达与对应的 *cyp19a1b* 表达的变化趋势并不一致，呈现明显的负相关。推测可能 E_2 上调了 *foxl2* mRNA 表达，但抑制了 *cyp19a1b* mRNA

的表达，E_2 的调控起主导作用。

综上所述，随着卵巢发育、水温为 23～26℃或鱼油含量的提高，可提高雌性金钱鱼卵巢中 *foxl2* mRNA 的表达，这种提高可能是 E_2 对 *foxl2* 的上调所致。

6. 温度和鱼油含量对金钱鱼脑型芳香化酶 *cyp19a1b* 基因表达的影响

芳香化酶 Cyp19 研究的代表类群从文昌鱼到人，表明芳香化酶是一个在进化上起源早于脊椎动物的保守基因。其主要功能除了决定性别分化的方向外，对性腺发育也有显著影响。有报道指出，脑芳香化酶可能参与脑-垂体-性腺轴的繁殖生理活动。目前，在鱼类、鸟类、啮齿动物和哺乳动物的 *cyp19a1* cDNA 都已成功被克隆。本研究从金钱鱼脑垂体中成功克隆了脑型芳香化酶基因 *cyp19a1b*，通过氨基酸序列的同源性及系统进化树分析可知，金钱鱼 *cyp19a1b* 与其他鱼类的 *cyp19a1b* 同源性较高且聚为一支，与其他鱼类的性腺型芳香化酶基因 *cyp19a1a* 同源性较低。因此，所得到的金钱鱼 *cyp19a1* 属于鱼类 *cyp19a1b*，与同为鲈形目的平鲷同源性最高，亲缘关系最近，与鲤形目中斑马鱼、稀有鮈鲫、鲤以及鲇形目的胡子鲇亲缘关系最远，这与传统的形态学和生化特征分类的结果一致。此外，金钱鱼 Cyp19a1b 氨基酸序列与其他脊椎动物芳香化酶氨基酸序列比对显示，金钱鱼 Cyp19a1b 也包含螺旋区Ⅰ、芳香化酶特异保守区Ⅱ和血红素结合区Ⅲ，这表明金钱鱼 Cyp19a1b 与其他脊椎动物芳香化酶功能相似。

大量研究表明，Cyp19a1b 在硬骨鱼脑垂体中有较高的表达量，如胡子鲇、虹鳟和欧洲鲈等。因此，本研究采用 qRT-PCR 检测温度和鱼油处理后 *cyp19a1b* mRNA 在脑垂体的表达，进而探讨温度和鱼油添加量与 Cyp19a1b 的关系。目前，关于温度对性腺型芳香化酶的报道较多，而对脑型芳香化酶的报道较少。在半滑舌鳎和莫桑比克罗非鱼的研究中都表明，温度过高将会抑制 *cyp19a1b* mRNA 的表达。最新研究表明，水温高于 28℃时尖吻鲈（*Lates calcarifer*）脑中的芳香化酶活性将逐渐降低，而尖吻鲈血浆中 E_2 含量却逐渐升高，可能 E_2 增加反馈抑制了芳香化酶活性。本研究发现，随着处理时间的延长，水温 26℃和 29℃组金钱鱼脑垂体中 *cyp19a1b* mRNA 的表达量逐渐降低，与本实验室 6 周 E_2 的研究结果呈负相关，可能是 E_2 增加对其的反馈抑制效应所致。此外，实验结束（6 周）时，29℃组金钱鱼脑垂体中 *cyp19a1b* mRNA 表达量显著低于 26℃组，表明高温抑制金钱鱼 *cyp19a1b* mRNA 的表达，与前人研究结论一致；23℃组脑垂体中 *cyp19a1b* mRNA 的表达量在 3 周急剧降低，但实验结束时又上升，这种现象在卵巢发育的过程中不能用 E_2 反馈调节抑制来解释，其中的调节机制还有待进一步研究。

鱼油中因富含 n-3 多不饱和脂肪酸（PUFA），尤其是二十碳五烯酸（EPA）和二十二碳六烯酸（DHA），在全球水产饲料中被大规模利用。而 EPA 和 DHA 与 E_2 密切相关，因此，鱼油对鱼类特别是海水鱼类的正常繁殖、生长和发育都起着非常重要的作用，是其生命过程中不可缺少的营养因子。研究表明，鱼油中的 PUFA 可以诱导 E_2 的增加，从而促进虹鳟和欧洲鲈卵巢的发育。而 E_2 是在芳香化酶 Cyp19 的催化作用下才能合成，因此，鱼油中的 PUFA 可能会促进芳香化酶 *cyp19* 基因的表达。本研究采用 qRT-PCR 结果显示，随着投喂时间的延长，3 个鱼油投喂组脑垂体中 *cyp19a1b* mRNA 的表达量均逐渐降低，与本实验室 8 周 E_2 的研究结果也呈负相关，因此，亦可能是由于 E_2 增加对其的反馈抑制效应所致。与此同时，研究发现鱼油含量对金钱鱼脑垂体中 *cyp19a1b* mRNA 的表达虽无显著影响，但 8 周时，脑垂体中 *cyp19a1b* mRNA 的表达量依次为：对照组＞2%鱼油组＞6%鱼油组，与 E_2 关系相反，表明金钱鱼脑垂体中 *cyp19a1b* mRNA 的表达量随鱼油含量的增加而逐渐降低；鱼油可诱导 E_2 水平不断积累，当 E_2 水平增加到一定水平将可能反馈抑制调节金钱鱼脑垂体中 *cyp19a1b* mRNA 的表达。

综上所述，随着卵巢发育或鱼油含量的提高，可降低雌性金钱鱼脑垂体中 *cyp19a1b* mRNA 的表达，这种降低可能是 E_2 反馈调节所致；水温高于 26℃将抑制 *cyp19a1b* mRNA 的表达。

7. 温度和鱼油含量对金钱鱼 *vtg* 基因表达的影响

卵黄蛋白原（VTG）是一种高分子量的含糖、含磷、含脂的蛋白质，为正在发育的胚胎提供氨基酸、脂肪、碳水化合物、维生素、磷和硫等营养及功能性物质。卵黄形成的原料（VTG）有两种来源：①从卵母细胞自身中合成，为内源性卵黄合成或自动合成；②自卵母细胞以外的地方合成，最后进入卵母细胞，为外源性卵黄合成。在鱼类、两栖类和鸟类等脊椎动物中，外源性 VTG 在雌激素 E_2 的刺激下由肝合成，分泌到血液中，经血液运送到卵巢后，被卵母细胞通过受体介导的内吞作用吸收到细胞内。

近年来，随着分子生物技术的飞速发展，关于 *vtg* 基因序列的研究有了较大进展。其中，许多鱼类的 *vtg* 基因 cDNA 序列已被克隆，如星康吉鳗（*Conger myriaster*）、斑马鱼以及青鳉等。本研究中，所获得的金钱鱼 *vtg* 保守区片段为 1449bp。目前，在鱼类、两栖类和爬行类等都已纯化得到了 VTG 并进行了相关特性研究。在脊椎动物中，特别是鱼类的 VTG 通常是以两个 150～220kDa 的同源二聚体组成。VTG 分子内 N 端是由 1100 个残基组成脂磷蛋白功能域部分，中间是富含磷酸化的丝氨酸的高磷蛋白功能域部分，C 端是脂磷蛋白、卵黄磷蛋白和卵黄糖蛋白部位。

当鱼类卵巢中卵黄开始生成时，在雌激素（主要为 E_2）的作用下，雌鱼肝中合成的 VTG 通过血液输送到卵巢，到卵子成熟时血清中 VTG 达到峰值。林加涵等（1996）认为，水温可能是通过直接或间接的传入途径影响鱼类神经内分泌中枢释放 GtH 样物质，启动性腺发育、分化和成熟，且在适宜温度下，E_2 和 T 含量会随温度升高而逐渐增加。有报道发现，水温为 14～18℃时，大西洋鲑血清中 E_2 和 VTG 水平随温度升高而逐渐增加，但温度高于 22℃则下降。温度处理实验显示，实验结束（6 周）时，23℃和 26℃组 VTG 在肝中的表达量显著高于 29℃组，表明温度范围为 23℃～26℃时 VTG 在肝中的表达量和 E_2 存在显著的正相关，与 E_2 的变化趋势一致。而 VTG 在卵巢表达量比肝的表达量低得多，仅26℃对其表达有显著影响，但仍显著低于肝的表达。这主要是因为肝是合成卵黄蛋白前体 VTG 的场所，通过血液输送 VTG 至卵巢后，在卵巢中代谢形成卵黄蛋白。

一般饲料中的脂类，尤其脂肪酸被认为是卵巢发育的重要决定因素。例如，VTG 的合成需要长链脂肪酸的供应。在卵生动物中，卵母细胞需要积累足够的蛋白质、脂类和其他必须因子才能够形成新生命体。卵黄蛋白的主要前体是脂磷蛋白 VTG，需要在 E_2 的诱导下才能够合成，之后释放到血液中。鱼油投喂实验显示，实验结束（8 周）时，6%鱼油组VTG 在肝的相对表达量明显高于对照组和 2%鱼油组，与 E_2 的变化趋势一致。与肝处 VTG 表达量相比，VTG 在卵巢的表达量非常低，表明肝是合成 VTG 的主要场所。4 周时对照组显著增加且高于其他组，推测可能是由于对照组鱼 4 周时可能处于Ⅱ～Ⅲ期，而这个时期是内源性卵黄生成的一个旺盛时期，因此，对照组卵巢处 VTG 表达量的显著增加以此满足自身的卵巢发育。此外，8 周时，对照组卵巢处 VTG 表达量显著低于 4 周，可能是因为卵巢处于Ⅲ期时开始沉积卵黄，所以卵巢处 VTG 的表达受到抑制，这和大部分硬骨鱼的研究结果类似。

综上所述，随着卵巢发育、水温为 23～26℃或鱼油含量的提高，可提高雌性金钱鱼肝中 *vtg* mRNA 的表达，这种提高可能是 E$_2$ 对 VTG 的上调所致。

第二节　金钱鱼亲鱼培育和促熟技术

金钱鱼性成熟与产卵受温度、盐度、降雨、食物等环境因素影响。在菲律宾等东南亚地区，金钱鱼繁殖季节为 6—7 月；我国南方沿海繁殖季节则较长，始于 4 月中下旬，终于 9 月，盛期在 5—8 月。雌、雄鱼最小生殖生物学年龄均为 1 龄，首次性成熟体重分别为 150～200g、83.5～90g。雄鱼性腺成熟系数（GSI）最高 2.2%，雌鱼 GSI 最高达 14.7%，但性腺发育不同步，雄性一般先于雌性成熟。金钱鱼卵巢发育的适宜温度为 23～26℃，因此，金钱鱼亲鱼的培育、促熟过程应合理控制水温，不可在过高温度下进行。在鱼类性腺发育、成熟过程中，需从外界摄取充足的营养物质，尤其是蛋白质和脂肪，金钱鱼饲料中添加 6%的鱼油可显著上调一些繁殖相关基因的表达、促进 E$_2$ 分泌及卵巢发育成熟。

一、养殖环境条件

1. 培育池

培育池的选择，考虑最大限度满足亲鱼生长成熟，以及挑选亲鱼等操作方便的需要，金钱鱼亲鱼培育一般在室外池塘、室外水泥池或室内水泥池中进行，培育池多为方形或圆形，水深 1.5m 以上，配备增氧、供水和排污设施。

2. 水质条件

水源水质应符合 GB 11607《渔业水质标准》规定，养殖水质应符合 NY 5052《无公害食品　海水养殖用水水质》规定。盐度 15～36，水温 16～32℃，pH 7.5～8.5，溶解氧（DO）4mg/L 以上。自然海区抽取的海水盐度和溶解氧一般可以满足要求，但是由于暴雨、台风前低气压，或出现赤潮等情况，海水盐度有时会过低，溶解氧含量有时也会低于 3mg/L。因此海区抽水应避开低盐度时段，溶解氧含量低于 3mg/L 时应及时开启充气机或增氧机，必要时采用增氧剂或用纯氧增氧。

二、培育方式

1. 室外池塘

池塘形状一般为方形或圆形的高位池或普通池塘，面积以 1.1～3.5 亩[①]为宜，有效水深 1.5～2.5m，配备增氧系统、供水系统和中央排污系统，保证充足的溶解氧，能及时排出粪便残饵等污物。根据池塘的实施条件，养殖密度控制在 0.2 万～0.4 万尾/亩为宜。

2. 室外水泥池

室外水泥池一般选择方形、圆形或八角形，面积为 50～200m^2 的水泥池，有效水深 1.2～1.8m 为宜，配备充气管或其他增氧设施、能保证充足的供水，具有中央排污设施。养殖密度控制在 10～20 尾/m^2。

3. 室内水泥池

室内水泥池一般选择面积 20～50m^2，水深 1.2～1.5m 为宜，配备充气、供水和排污设

---

① 1 亩=0.067hm^2

施，车间最好能配备控光控温设施，以满足亲鱼强化培育的需求。养殖密度控制在 15～30 尾/m²。

三、成鱼养殖

1. 种苗的选择

放养种苗规格全长 3～5cm，挑选规格整齐、无病、无损伤、体色正常、活动灵敏、对强光刺激反应敏捷的幼苗进行成鱼养殖。

2. 放苗前准备

室外池塘先把水排干进行清塘，每亩用 70～100kg 的生石灰进行消毒；抽取过滤后海水，使水位达到 1.5m；每亩用 3～10kg 的尿素、0.5～1.0kg 的过磷酸钙进行基础生物饵料培养；3～5d 后，水体中饵料生物大量繁殖，然后投放种苗。室内水泥池消毒后，抽取室外池塘经饵料生物培育的藻水，使水位达到 1.5m，进行种苗投放。

3. 日常管理

投喂金钱鱼配合饲料，日投喂量按金钱鱼体重的 3%～5%计算，每日分两次投喂，并根据天气、水质及摄食情况适当增减。每 7d 排污一次，并增添新水，高温或低温季节适当增加注水次数，并提高水位至 2.0m。

4. 成鱼的优选

经 18～24 个月的养殖，挑选体重在 200g 以上的个体，且形态正常、体质健壮和无病害者作为备用亲鱼。

四、亲鱼培育

1. 隔离防疫

被优选的备用亲鱼、必须与其他生产相对隔离。避免受其他水生动物病害感染与传播，实现无病害培育。

2. 日常管理

每年 11 月之后，挑选 2 龄以上金钱鱼备用亲鱼移入亲鱼越冬培育池塘进行越冬培育，培育密度控制在 0.1 万～0.2 万尾/亩；采用定时定点的投喂方式投喂配合饲料，配合饲料添加 4%～6%鱼油，日投喂量为金钱鱼体重的 3%～5%，每日分两次投喂，并根据天气、水质及摄食情况适当增减；每天排污 1～2 次，并增添新水，高温或低温季节适当增加注水次数，保持养殖池水位 1.5～1.8m；饲养时，进行投饵适应性训练、声音适应性训练、光照强度适应性训练。

3. 亲鱼精选

3～5 月进行亲鱼精选，选择体型规则、无畸形、体表无损伤、体质强壮、色泽正常、活动灵敏、摄食正常、无病虫害、体重在 200g 以上的金钱鱼作为亲鱼，200～300g/尾与 300g/尾以上的亲鱼比例为 1∶1，亲鱼中雌、雄比例为 1∶1.5，转入亲鱼池进行强化培育。

五、亲鱼强化促熟

1. 培育密度及增氧

培育密度应控制在 5～10 尾/m³（图 5-2-1），同时必须进行充气增氧，溶解氧含量 4mg/L

以上，保证亲鱼培育对溶解氧的需求。

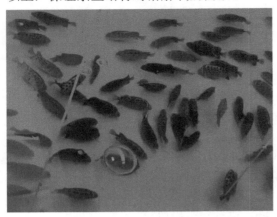

图 5-2-1　金钱鱼亲鱼室内强化培育
（彩图请扫封底二维码）

2. 换水及清底

日换水 50%～70%，每周清洗一次池底，并彻底更换新水。

3. 饵料投喂

以投喂金钱鱼配合饲料为主，间隔投喂冰鲜鱿鱼肉、牡蛎肉、沙蚕，同时在饵料中加入强化剂（成分为多种维生素、4%～6% 鱼油等），促使雌、雄亲鱼进一步成熟，日投饵量为鱼体重的 3%～5%，投饵时间在上午 8：00 左右和下午 17：00 左右；控制水温 23～30℃、盐度 26～31、pH 8.2～8.5，DO 值 5.0～7.0mg/L，日换水量 30%～100%，宜弱光，保持充气。

4. 水因子监测与调控

每天测试水温 1～2 次，当水温低于 23℃，有加温条件时，最好将水温逐渐（每 2～3d 升温 1℃）升高至 26～29℃。气候、海况变化时，测试盐度和 pH，若超出最适值应采取相应措施。

5. 检查观察

每天检查亲鱼活动和健康状况，有不正常活动或有死鱼情况发生时，应及时清除死鱼，查明原因并采取相应的处理措施；每 2～3d 抽样检查，观察亲鱼性腺发育情况。经强化培育的部分雌鱼，卵巢达到Ⅳ期即可开展人工催产。

第三节　金钱鱼人工催产和授精

由于金钱鱼存在雌、雄鱼性腺成熟不同步，卵巢不易充分发育成熟，催产不及时卵巢很快退化，催产后亲鱼死亡率高等问题，其人工繁殖比较困难。20 世纪 80 年代，国外尝试使用促黄体素释放激素类似物（LHRH-A）、17α, 20β-二羟黄体酮+人绒毛膜促性腺激素（HCG）、甲基睾酮（MT）+LHRH-A 等激素诱导精、卵成熟，但未取得实用性成果。国内曾用 LHRH 和 HCG 进行人工催产，可产出大量卵，但受精率和孵化率很低，难以应用。近年来，金钱鱼人工繁殖已取得重大突破。实践证明，2 龄以上亲鱼的生殖系统发育较完善、机能较健全，比较适合人工繁殖。金钱鱼体重与卵巢重量比约为（10～20）：1，但具体繁殖力数值存在差异，可能与亲鱼大小、生长环境、饲养条件、地域品种差异等因素有关。成熟卵子直径为 430～750μm，球形，浮性，无色透明，含单个直径约 300μm 的黄色油球。成熟精子属于硬骨鱼Ⅰ型精子结构，精子存活率和运动性在盐度 25～30 最高。未受精卵子在 1h 内变浑浊。受精卵呈规则球形、具光泽、卵膜薄且无色透明，受精后 1～2h 内油球会不断融合。

一、催产亲鱼选择

选择 2 龄以上、鱼体健康、经促熟培育的雌性亲鱼和雄性亲鱼作为待催产亲鱼。金钱鱼雌、雄个体副性征不明显，性腺发育良好的雌鱼腹部略膨大，活检时卵母细胞易分散；雄鱼通常个体较小，即使发育良好的雄鱼，腹部也不明显。雌性亲鱼的选择标准为雌鱼性腺发育至Ⅳ期，腹部饱满微膨大；雄性亲鱼的选择标准为轻压腹部靠近生殖孔的位置，有白色精液流出。选择后将雌性亲鱼和雄性亲鱼分开放置。

二、三针法人工催产

金钱鱼人工催产方法主要依靠注射催产激素自然产卵，但受环境影响大，催产成功率、受精率和孵化率很低，难以批量获得受精卵，不能满足规模化生产需求。经过大量实验，使用促性腺激素释放素 A4（GnRH-A4）、马来酸地欧酮（DOM）和人绒毛膜促性腺激素（HCG），对金钱鱼亲鱼进行人工催产，得到了很好的效果，催产成功率达到 80%，受精率达 79%，孵化率达 95%。采用三针法进行人工催产，有效解决雌鱼出现滞产、催产后人工挤卵难度大、有卵块和性腺退化的问题。

1. 第一针

对雌性亲鱼进行第一针激素注射，每千克体重的雌性亲鱼注射 GnRH-A4 3～5µg 和 DOM 3～5mg，雄性亲鱼不注射。

2. 第二针

第一针注射后 20～30h 进行第二针激素注射，每千克体重的雌性亲鱼注射 GnRH-A4 5～10µg 和 DOM 5～10mg，每千克体重的雄性亲鱼注射 GnRH-A4 3～5µg。

3. 第三针

第二针注射后 20～30h 进行第三针激素注射，每千克体重的雌鱼亲本注射 GnRH-A4 15～30µg、HCG 500～1000IU 和 DOM 10～20mg；每千克体重的雄鱼亲本注射 GnRH-A4 5～10µg。

三、精卵采集和人工授精

距第三次注射激素后 6～12h，分别采集精子和卵子（图 5-3-1）。采集精子的方法为擦干雄鱼体表水分，挤压雄鱼腹部收集精液，前段混有尿液的精液丢弃不用，用 4℃预冷 0.9%生理盐水，按 1：50～1：100 的比例稀释精液；采集卵子的方法为：待雌鱼腹部膨大生殖孔突出，挤压腹部使透明分散卵粒流入装有少量新鲜海水的盆中，同时加入稀释精液搅拌均匀进行人工授精，操作时间不超过 1min。向盆中加入新鲜海水并静置 1～2min，将上浮的受精卵转移至装有新鲜海水的孵化桶中孵化，期间孵化桶保持充气。

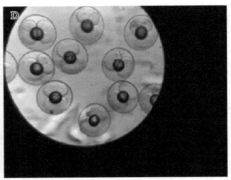

图 5-3-1　金钱鱼人工催产与授精（彩图请扫封底二维码）

A. 催产剂注射；B. 待产雌鱼；C. 卵子采集；D. 受精卵

第四节　苗 种 培 育

一、场地选择

应选择面向大海或靠近海湾外部、潮流畅通、沙质底、没有污染的海区海岸带建造苗种培育设施。海水水质应符合 GB 11607、NY 5052 规定，盐度 23～32、pH 7.5～8.5、透明度大于 2.0m、化学耗氧量 1mg/L 以下。

二、育苗设施

1. 供水系统

供水系统包括抽水设备、沉淀池、过滤池、贮水池、调温设备及供水管道等。过滤池应有 2 个以上，滤水量保证每小时每平方米滤水 10～20m^3。过滤池内安装砂石过滤材料。过滤池底部 20cm 处设置筛板，筛板上密布 1～2cm 的筛孔，上面依次铺设碎石、粗沙、细沙和活性炭等，各层之间以网目为 1mm 左右的聚乙烯网布分隔，细沙的粒径应在 0.15mm 以下，细沙层厚度 60～80cm，表层要经常清洗更新，过滤后的海水不应含有原生动物。

2. 育苗系统

育苗系统包括池塘、室外水泥池和室内车间。室外水泥池和室内车间要求通风良好又能防风防雨，既有一定的光照强度又有遮光设备，且配备增氧设施。

3. 仔稚鱼培育池

仔稚鱼培育池宜选用方形或圆形池塘，可以是高位池，也可以是普通池塘，面积 1～3 亩，水深 1.5～2m，配备增氧系统、供水系统和中央排污系统。

室外水泥池和室内车间水泥池，面积 30～100m^2，水深 1.5～2m，方形或圆形，配备增氧、供水和中央排污设施，车间配备控光控温设施。

4. 饵料生物培养系统

饵料生物培育池塘（虫塘），面积 1～3 亩，水深 1.5～2.5m，方形或圆形，高位池或普通池塘。

藻类培育设施，包括藻种分离、保种、扩种设备和饵料生物培养池，要求光线充足，空气流通，供水和投饵自流化，饵料室四周要开阔，避免背风闷热，屋顶用透光的玻璃钢波纹板铺盖。

浮游动物培育设施,包括轮虫高密度规模化培育装置和桡足类生态培育设施。

三、人工孵化

1. 受精卵孵化

受精卵经洗卵,去除死卵和质量差的受精卵后,置于孵化桶或孵化池中孵化(图5-4-1)。

受精卵圆球形,浮性,无色透明,卵径700～800μm,以750μm为主,单个油球,其直径为250～300μm,每克受精卵约3500～3800粒。受精卵在水温27～31℃、盐度30的条件下,经过16～24h胚胎发育,孵化出仔鱼(图5-4-2)。

图5-4-1　金钱鱼受精卵孵化系统
(彩图请扫封底二维码)

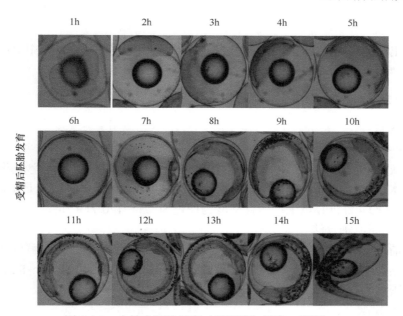

图5-4-2　金钱鱼胚胎发育(彩图请扫封底二维码)

1h. 4细胞期；2h. 囊胚期；3～5h. 原肠胚期；6h. 神经胚期；7h. 眼囊形成期；8h. 尾牙期；9～13h. 晶体形成期；14h. 肌肉效应期；15h. 孵化期

4细胞期:金钱鱼卵受精1h后进入4细胞期,可观察到4个卵裂球,油球位于受精卵中央,呈淡黄绿色有光泽。

囊胚期:受精2h后,细胞持续分裂,细胞数量不断增加,层数也不断叠加,细胞越来越小,草帽状的囊胚与卵黄球囊紧密连接,形成囊胚,油球位于受精卵中央。

原肠胚期:受精3～5h后,胚盘边缘细胞继续分裂数量增多,这些细胞逐渐向植物极方向移动和内卷,胚盘下包且胚盾向植物极发育伸展,胚体雏形隐约出现,胚孔尚未封闭,油球位于受精卵的中央。

神经胚期:受精6h后,胚盘几乎包裹整个卵黄囊,未包入部分的卵黄为卵黄栓,进入神经胚期，油球仍位于受精卵的中央。

眼囊形成期：受精 7h 后，眼基形成，呈椭圆形，进入眼囊期，油球仍位于受精卵的中央。

尾牙期：受精 8h 后，胚体包绕卵黄囊约 3/4。胚体尾部呈梨形，胚体开始出现黑褐色色素细胞，油球开始向一侧偏移。

晶体形成期：受精 9～13h 后，脑清晰可见，眼囊中有圆形的晶状体出现，胚体头部变大，油球靠近尾部紧贴卵黄膜。

肌肉效应期：受精 14h 后，胚体包卵黄囊 4/5，胚体广泛分布点状黑色素细胞，油球紧贴胚体尾部内侧。由于肌细胞的收缩和舒张，胚体开始发生轻微而缓慢的扭动，最开始只在单个肌节产生弱的肌肉收缩，随后数组肌节发生肌肉收缩，并逐渐变得协调、频繁，胚体扭动加快。

孵化期：受精 15h 后，胚体绕卵黄囊 1 周，卵周隙达到最大，卵膜薄而光亮，视囊黑色点状，头部、背部前端和腹部均出现块状黑色素，以腹部居多，胚体扭动更加频繁，一般尾部先破膜而出，油球被挤压至卵黄膜内侧紧贴胚体腹部，随后进入出膜期初孵仔鱼。

2. 仔鱼优选

对孵化出膜的仔鱼，去除分布于底层和中下层活力差的仔鱼，选择中上层活力好的仔鱼，移至池塘或室外水泥池或室内车间水泥池进行仔稚鱼培育。

四、仔稚鱼培育

1. 培育方式

1）池塘生态培育法

用生石灰、茶籽饼、漂白粉等药物对池塘进行常规消毒，加入新鲜沙滤海水，海水盐度 20～35，水深 1.5～2.5m，施肥培养藻类和浮游动物；水环境条件要求是水温 21～32℃，pH 7.8～8.2，DO 4.2mg/L 以上；培育密度为仔鱼 80 万～120 万尾/亩。

2）室内水泥池培育法

水泥池清洗干净后，使用高锰酸钾、含氯消毒剂进行消毒，加入新鲜沙滤海水，水深 1.2～1.8m；培育水质条件要求海水盐度 20～35，水温 21～32℃，pH 7.8～8.2，DO 4.2mg/L 以上；培育密度为仔鱼 0.2 万～0.5 万尾/m³。

2. 饵料和投喂

仔鱼孵出后第 2 天开口摄食，从这天开始投喂原生动物 3～5 个/ml 和 S 型轮虫 2～3 个/ml，至 6 日龄结束；5～15 日龄投喂中型轮虫 2～3 个/ml 和桡足类无节幼体 0.2～0.5 个/ml；10～20 日龄投喂卤虫无节幼体 0.5～1 个/ml；15～30 日龄投喂桡足类成虫 0.2～0.5 个/ml；30 日龄开始投喂人工配合饲料；每天投喂生物饵料 2 次，每天投喂配合饲料 4～6 次，轮虫用高浓度小球藻加乳化鱼肝油强化 8h，卤虫无节幼体则单独用乳化鱼肝油强化 8h。

3. 水质调控

苗种培育全程水温控制在 25～31℃，盐度保持在 24～32，溶解氧保持在 4.5～7.5mg/L。育苗池开始时先加入 1m 深海水，后每天加入 10cm 新鲜海水，5d 后加满，以后开始换水，每日一次，换水量从 1/10 逐渐增至 2/5，至稚鱼期换水量为 4/5。投喂配合饲料后换水量达到 200%，每天分两次换水。从第 10 天开始，早上吸除池底污物、残饵，在仔稚鱼期根据具体情况，隔天或数天吸污一次。在幼鱼期投喂配合饲料期间，每天吸污 2 次（早上和傍晚）。另外，在仔鱼孵化出膜后 2d 开始向培育水体中添加小球藻，使浓度达到 $3\times10^5\sim5\times10^5$ 个/ml，直至停止投喂轮虫为止。

4. 食性驯化

培育 30d 左右，金钱鱼幼鱼全长达到了 1.5～2.0cm，开始投喂幼鱼人工配合饲料，逐步代替轮虫或桡足类等生物饵料，经过 3～5d 的转饵驯化，幼鱼开始主动摄食人工饲料，食性驯化结束。

5. 抗逆驯化

培育 30d 左右，金钱鱼幼鱼全长 1.5～2.0cm 时进行换水，换水量逐日增加。经过 5～8d 的换水操作，幼鱼对环境突变不再产生痉挛反应，为抗逆驯化结束。

6. 种苗规格

经过 40～50d 的培育，金钱鱼幼鱼全长达到 2.0～3.5cm 为种苗规格，可以进行成鱼养殖（图 5-4-3）。

图 5-4-3　金钱鱼苗种室内培育
（彩图请扫封底二维码）

参 考 文 献

蔡泽平, 胡家玮, 王毅. 2014. 金钱鱼早期发育的观察[J]. 热带海洋学报, 33(4): 20-25.

蔡泽平, 王毅, 胡佳玮, 等. 2010. 金钱鱼繁殖生物学及诱导产卵试验[J]. 热带海洋学报, 29(5): 180-185.

邓思平, 陈松林, 刘本伟, 等. 2008. 半滑舌鳎脑芳香化酶基因 cDNA 克隆及表达分析[J]. 动物学研究, 29(1): 17-24.

兰国宝, 阎冰, 廖思明, 等. 2005. 金钱鱼生物学研究及回顾[J]. 水产科学, 24(7): 39-41.

林加涵, 方永强, 刘建, 等. 1996. 不同水温对文昌鱼性腺发育的影响[J]. 台湾海峡, 15(2): 170-173.

齐茜, 曲秋芝, 张颖, 等. 2009. 小体鲟血清卵黄蛋白原和 Ca^{2+}浓度与卵巢发育的关系[J]. 中国水产科学, 16(6): 967-974.

任岗, 寿建昕, 沈文英. 2010. 饥饿和恢复投喂对异育银鲫生长和卵巢发育相关指标的影响[J]. 水产科学, 29(9): 515-518.

孙晶, 李广丽, 朱春华, 等. 2012. 脑型芳香化酶基因全长 cDNA 克隆及表达[J]. 中国水产科学, 19(3): 408-415.

王际英, 苗淑彦, 李宝山, 等. 2011. 野生褐牙鲆亲鱼不同卵巢发育期脂肪和脂肪酸组成的分析与比较[J]. 上海海洋大学学报, 20(2): 238-243.

徐永江, 柳学周, 王清印, 等. 2011. 半滑舌鳎(*Cynoglossus semilaevis*)血浆性类固醇激素表达与卵巢发育及温光调控的关系研究[J]. 海洋与湖沼, 42(1): 67-74.

张晶晶, 李祥龙, 周荣艳, 等. 2009. 不同物种基因的生物信息学分析[J]. 黑龙江畜牧兽医科技版, 11: 7-9.

张敏智, 邓思平, 朱春华, 等. 2013. 温度对金钱鱼卵巢发育的影响[J]. 中国水产科学, 20(3): 599-606.

张敏智. 2013. 温度和鱼油含量对金钱鱼卵巢发育及相关基因表达的影响[D]. 广东海洋大学硕士学位论文.

张培军. 1999. 海水鱼类繁殖发育和养殖生物学[M]. 济南: 山东科学技术出版社.

赵兵, 刘征涛, 徐章法, 等. 2006. E2 诱导的鲫鱼(*Carassius auratus*)幼鱼血清中卵黄蛋白原和钙含量相关性研究[J]. 环境科学研究, 19(2): 23-30.

朱定贵, 陈涛, 谢瑞涛. 2011. 瓦氏黄颡鱼稚鱼和生殖季节雌鱼的脂肪酸组成研究[J]. 水产科学, 30(8): 481-484.

Acuna A, Viana F, Vizziano D, et al. 2000. Reproduction Cycle of Female Brazilian Codling *Urophycis brasiliensis* (Kaup, 1858), Caught off the Uruguayan Coast[J]. Journal of Applied Lchthyology, 16(2): 48-57.

Anthony J M, Margaret P M B, Laurence W C. 2008. The timing of puberty in cultured female yellowtail flounder, *Limanda ferruginea*(Storer): Oogenesis and sex steroid production *in vivo* and *in vitro*[J]. Aquaculture, 279: 188-196.

Baron D, Batista F, Chaffaux S, et al. 2005. Foxl2 gene and the development of the ovary: a story about goat, mouse, fish and woman[J]. Reproduction Nutrition Development, 45: 377-382.

Brown T D, Francis D S, Turchini G M. 2010. Can dietary lipid source circadian alternation improve omega-3 deposition in rainbow trout?[J]. Aquaculture, 300: 148-155.

Bulun S E, Sebastian S, Takayama K, et al. 2003. The human CYP19 (aromatase P450) gene: update on physiologic roles and genomic organization of promoters[J]. Journal of Steroid Biochemistry and Molecular Biology, 86: 219-224.

Carlos S. 2008. Aromatase expression in the ovary: Hormonal and molecular regulation[J]. Steroids, 73: 473-487.

Carreau S, Delalande C, Silandre D, et al. 2006. Aromatase and estrogen receptors in male reproduction[J]. Molecular and Cellular Endocrinology, 246: 65-68.

Cocquet, J. 2002. Evolution and expression of FOXL2[J]. Journal of Medical Genetics, 39(12): 916-921.

Codabaccus, B M, Bridle A R, Nichols P D, et al. 2011. An extended feeding history with a stearidonic acid enriched diet from parr to smolt increases n-3 long-chain polyunsaturated fatty acids biosynthesis in white muscle and liver of Atlantic salmon (*Salmo salar* L.)[J]. Aquaculture, 322: 65-73.

Desantis S, Corriero A, Cirillo F, et al. 2005. Immunohistochemical localization of CYP1A, vitellogenin and Zona radiata proteins in the liver of swordfish (*Xiphias gladius* L.) taken from the Mediterranean Sea, South Atlantic, South Western Indian and Central North Pacific Oceans[J]. Aquatic Toxicology, 71: 1-12.

Dzikowski R, Hulata G, Karplus I, et al. 2001. Effect of temperature and dietary l-carnitine supplementation on reproductive performance of female guppy (*Poecilia reticulata*)[J]. Aquaculture, 199(3-4): 323-332.

Fjelldal P G, Hansen T, Huang T S. 2011. Continuous light and elevated temperature can trigger maturation both during and immediately after smoltification in male Atlantic salmon (*Salmo salar*)[J]. Aquaculture, 321: 93-100.

Fountoulaki E, Vasilaki A, Hurtado, R, et al. 2009. Fish oil substitution by vegetable oils in commercial diets for gilthead sea bream (*Sparus aurata* L.)：effects on growth performance, flesh quality and fillet fatty acid profile: Recovery of fatty acid profiles by a fish oil finishing diet under fluctuating water temperatures[J]. Aquaculture, 289: 317-326.

Gandhi V, Venkatesan V, Ramamoo R N. 2014. Reproductive biology of the spotted scat *Scatophagus argus* (Linnaeus, 1766) from Mandapam waters, south-east coast of India[J]. Indian Journal of Fisheries, 61(4): 54-58.

Gupta S. 2016. An overview on morphology, biology, and culture of spotted scat *Scatophagus argus* (Linnaeus 1766)[J]. Reviews in Fisheries Science & Aquaculture, 24(2): 203-212.

Hinfray N, Palluel O, Turies C, et al. 2006. Brain and Gonadal Aromatase as Potential Targets of Endocrine Disrupting Chemicals in a Model Species, the Zebra fish (*Danio rerio*)[J]. Environmental Toxicology, 21: 332-337.

Hudson Q J, Smith C A, Sinclair A H. 2005. Aromatase inhibition reduces expression of FOXL2 in the embryonic chicken ovary[J]. Developmental Dynamics: an Official Publication of the American Association of Anatomists, 3: 1052-1055.

Jiang W B, Yang Y H, Zhao D M, et al. 2011. Effects of sexual steroids on the expression of foxl2 in *Gobiocypris rarus*[J]. Comparative Biochemistry and Physiology, Part B, 160(4): 187-193.

José I A, Peinado O J, Sánchez E, et al. 2008. Lipoprotein lipase (LPL) is highly expressed and active in the ovary of European sea bass (*Dicentrarchus labrax* L.), during gonadal development[J]. Comparative Biochemistry and Physiology-Part A: Molecular & Integrative Physiology, 150: 347-354.

Kishida M, Callard G. 2001. Distinct cytochrome P450 aromatase isoforms in zebrafish (*Denio rerio*) brain and ovary are differentially programmed and estrogen regulated during early development[J]. Endocrinology, 142: 740-749.

Lee W K, Yang S W. 2002. Relationship between ovarian development andserum levels of gonadal steroid hormones, and induction of oocyte maturation and ovulation in the cultured female Korean spotted sea bass *Lateolabrax maculatus* (Jeom-nong-eo)[J]. Aquaculture, 207: 169-183.

Leea Y M, Williamsb T D, Junga S O, et al. 2005. cDNA cloning and expression of a cytochrome P450 1A (CYP1A) gene from the hermaphroditic fish *Rivulus marmoratus*[J]. Marine Pollution Bulletin, 51: 769-775.

Li G L, Zhang M Z, Deng S P, et al. 2015. Effects of temperature and fish oil supplementation on ovarian development and foxl2 mRNA expression in spotted scat *Scatophagus argus*[J]. Journal of Fish Biology, 86(1): 248-260.

Lin Q, Lu J Y, Gao Y L, et al. 2006. The effect of temperature on gonad, embryonic development and survival rate of juvenile seahorses, *Hippocampus kuda* Bleeker[J]. Aquaculture, 254: 701-713.

Linares C J, Kroll K J, Eenennaam J P V, et al. 2003. Effect of ovarian stage on plasma vitellogenin and calcium in cultured white sturgeon[J]. Aquaculture, 221: 645-656.

Ling S, Kuah M K, Tengku M T S, et al. 2006. Effect of dietary HUFA on reproductive performance, tissue fatty acid profile and desaturase and elongase mRNAs in female swordtail *Xiphophorus helleri*[J]. Aquaculture, 261: 204-214.

Liu Z, Wu F, Jiao B. 2007. Molecular cloning of doublesex and mab-3-related transcription factor 1, forkhead transcription factor gene 2, and two types of cytochrome P450 aromatase in Southern catfish and their possible roles in sex differentiation[J]. The Journal of Endocrinology, 194: 223-241.

Mariano E, Tomás C, Leandro A M. 2012. Effects of short periods of warm water fluctuations on reproductive endocrine axis of the pejerrey (*Odontesthes bonariensis*) spawning[J]. Comparative Biochemistry and Physiology Part A, 163: 47-55.

Menuet A, Pellegrini E, Brion F, et al. 2005. Expression and estrogen-dependent regulation of the zebrafish brain aromatase gene[J]. The Journal of Comparative Neurology, 485: 304-320.

Montorzi M, Falchuk K H, Vallee B L. 1995. Vitellogenin and lipovitellin: zinc proteins of *Xenopus laevis* oocytes[J]. Biochemistry, 34(34): 10851-10858.

Mookkan M, Muniyandi K, Rengasamy T A, et al. 2014. Influence of salinity on survival and growth of early juveniles of spottedscat *Scatophagus argus* (Linnaeus, 1766)[J]. Indian Journal of Innovations and Developments, 3(2): 23-29.

Nagahama Y. 2005. Molecular mechanisms of sex determination and gonadal sex differentiation in fish[J]. Fish Physiology and Biochemistry, 31: 105-109.

Nakamoto M, Mastsuda M, Wang D S, et al. 2006. Molecular cloning and analysis of gonadal expression of Foxl2 in the medaka, *Oryzias latipes*[J]. Biochemical and Biophysical Research Communications, 344: 353-361.

Nandi S, Routray P, Gupta S D, et al. 2007. Reproductive performance of carp, *Catla catla* (Ham.), reared on a formulated diet with PUFA supplementation[J]. Journal of Applied Ichthyology, 23(6): 684-691.

Norberg B. 1995. Atlantic halibut (*Hippoglossus hippoglossus*) vitellogenin: induction, isolation and partial characterization[J]. Fish Physiology & Biochemistry, 14(1): 1-13.

Pannetier M, Fabre S, Batista F, et al. 2006. FOXL2 activates P450 aromatase gene transeription: towards a better charaeterization of the early steps of mammalian ovarian development[J]. Journal of Molecular Endoerinology, 36: 399-413.

Rennie S, Huntingford F A, Loeland A L, et al. 2005. Long term partial replacement of dietary fish oil with rapeseed oil: effects on egg quality of Atlantic salmon (*Salmo salar*)[J]. Aquaculture, 248: 135-146.

Saman A, Trevor A, Rockyde N. 2012. Effect of rearing water temperature on protandrous sex inversion in cultured Asian Seabass (*Lates calcarifer*)[J]. General and Comparative Endocrinology, 175: 416-423.

Sivan G. , Radhakrishnan C. 2011. Food, Feeding Habits and Biochemical Composition of *Scatophagus argus*[J]. Turkish Journal of Fisheries and Aquatic Sciences, 11: 603-608.

Tacon A G J, Metian M. 2008. Global overview on the use of fish meal and fish oil in industrially compounded aquafeeds: trends and future prospects[J]. Aquaculture, 285: 146-158.

Trushenski J T, Boesenberg J. 2009. Influence of dietary fish oil concentration and finishing duration on beneficial fatty acid profile restoration in sunshine bass *Morone chrysops* ♀ × *M. saxatilis* ♂ [J]. Aquaculture, 296: 277-283.

Verslycke T, Vandenbergh G F, Versonnen B, et al. 2002. Induction of vitellogenesisin 17α-ethinylestradiol-exposed rainbow trout (*Oncorhy nchus mykiss*): a method comparison[J]. Comparative Biochemistry and Physiology, Part C, 132: 483-492.

Wang D S, Kobayashi T, Zhou L Y, et al. 2007. Foxl2 up-regulates aromatase gene transcription in a female-specific manner by binding to the promoter as well as interacting with ad4 binding protein/steroidogenic factor 1[J]. Molecular Endocrinology, 21: 712-725.

Wang D S, Kobayashi T, Zhou LY, et al. 2004. Molecular cloning and gene expression of Foxl2 in the Nile tilapia, *Oreochromis niloticus*[J]. Biochemical and Biophysical Research Communications, 320(1): 83-89.

Wang Y H, Li Y. 2004. Relationship Between the Serum Protein-Phosphorus and Gondal Development in Darkbarbel Catfish (*Pelteobagrus vachelli*)[J]. Fisheries Science, 23(10): 5-8.

Zhang M Z, Li G L, Zhu C H, et al. 2013. Effects of fish oil on ovarian development in spotted scat (*Scatophagus argus*)[J]. Animal Reproduction Science, 141(1/2): 90-97.

第六章

金钱鱼绿色生态养殖

第一节　金钱鱼苗种淡化培育

海水鱼类的养殖容易受海洋环境的影响，导致养殖风险及成本相对较高。目前，多种海水鱼类实现了淡化培育与淡水养殖，进而拓展了海水鱼类的养殖空间与区域，取得了显著的社会效益与经济效益。金钱鱼作为亚热带中小型海水经济鱼类，其环境适应和抗病抗逆性强，不仅能在海水中生长发育，也能在适宜的咸淡水中养殖，成为可开发为淡水养殖的潜在优势品种。

通过探索及优化金钱鱼苗种淡化培育条件，建立其苗种淡化培育的技术体系，开展生产实践，取得了良好的生产效果。研究发现，不同淡化速率对金钱鱼苗种的成活率没有显著性影响。比较淡、海水养殖环境条件下金钱鱼的生长性能，发现淡水养殖金钱鱼在体长、全长和体重等方面均显著高于海水养殖金钱鱼，显示出明显的生长优势；此外，进一步比较两种养殖条件下金钱鱼的生理生化指标，结果显示，相比于海水养殖，淡水养殖金钱鱼的脂肪酶活性、肝超氧化物歧化酶活性、$Na^+K^+ATPase$ 活性、必需氨基酸含量、呈味氨基酸含量和微量元素硒等生理生化指标均显著提高，而溶菌酶活性、血盐度、皮质醇水平及微量元素含量等指标显著下降。综合淡水养殖金钱鱼的生长性能和生理生化指标，金钱鱼的淡水养殖更具生产优势。

一、淡化速率对鱼苗存活率及活力的影响

1. 盐度快速降低对金钱鱼苗种成活率的影响

选用三种不同规格金钱鱼苗[（20.00±2.00）mm、（30.00±2.00）mm 和（40.00±2.00）mm]，分析盐度快速下降（盐度在 12h 内由 30 淡化为 0，即-2.5/h）对其成活率的影响。结果显示：不同规格苗种对盐度下降均显示出良好适应性，平均成活率达到 89% 以上，且不同规格苗种之间成活率无显著性差异（表 6-1-1）。

表 6-1-1　盐度快速下降对金钱鱼苗成活率的影响

鱼苗规格（mm）	成活率（%）	平均成活率（%）
20.00±2.00	89.50±2.33	
30.00±2.00	90.00±1.35	89.33±1.91
40.00±2.00	88.50±2.06	

2. 淡化速率对鱼苗存活率的影响

根据上述不同规格金钱鱼苗的淡化结果，选择（30.00±2.00）mm 规格，开展不同淡化速率（-1/h、-1/6h、-1/12h 和-1/24h）对鱼苗存活率的影响研究。根据表 6-1-2 的数据显示，苗种成活率最低为-1/h 淡化速率组，最高为-1/24h 淡化速率组，但不同淡化速率的

成活率没有显著性差异。

表 6-1-2　不同淡化速率对鱼苗存活率的影响

淡化速率	成活率（%）	淡化速率	成活率（%）
−1/h	91.00±1.32	−1/12h	94.00±1.76
−1/6h	92.50±1.08	−1/24h	94.50±1.33

二、海、淡水养殖金钱鱼的生长性能比较

淡化金钱鱼苗持续在淡水中养殖 13 个月后，进行海、淡水养殖金钱鱼的生长性能比较分析。根据表 6-1-3 显示，淡水养殖金钱鱼的平均体长、全长和体重均显著性提高，凸显出明显的生长优势。

表 6-1-3　海、淡水养殖金钱鱼的生长指标的比较

养殖模式	体长（cm）	全长（cm）	体重（g）
淡水	15.22±1.22*	17.64±1.54*	186.16±10.73*
海水	12.32±1.03	14.38±1.16	102.36±8.65

*表示差异显著（$P \leqslant 0.05$）

三、海、淡水养殖金钱鱼生理指标评估

1. 肠道消化酶活性的差异

分别检测海、淡水养殖金钱鱼的消化酶活性，结果发现淡水养殖金钱鱼胰蛋白酶活性显著下降，脂肪酶活性显著上升；而淀粉酶活性没有显著性差异（表 6-1-4）。

表 6-1-4　消化酶活性

项目名称	海水养殖（U/mg prot）	淡水养殖（U/mg prot）
胰蛋白酶	1984.08±448.38	1397.8±410.91*
淀粉酶	25.07±6.06	25.81±1.52
脂肪酶	27.26±20.61	54.29±4.73*

*表示差异显著（$P \leqslant 0.05$）

2. 营养成分分析

分别检测海、淡水养殖金钱鱼 4 种基本营养成分（表 6-1-5）。两种养殖方式的金钱鱼肌肉组织在水分、灰分和粗蛋白的含量上不存在显著性差异，但淡水养殖金钱鱼的粗脂肪含量显著性升高。

表 6-1-5　常规成分分析

项目名称	海水养殖（g/100g）	淡水养殖（g/100g）	项目名称	海水养殖（g/100g）	淡水养殖（g/100g）
水分	74.22±0.74	74.96±0.05	粗脂肪	2.17±0.57	2.63±0.68*
粗蛋白	17.27±1.81	17.80±2.2	灰分	1.47±0.06	1.27±0.06

*表示差异显著（$P \leqslant 0.05$）

3. 氨基酸成分分析

根据表 6-1-6 显示，淡水养殖金钱鱼的氨基酸总含量和单种氨基酸含量均比海水养殖高，但在单种氨基酸含量比较中，只有谷氨酸和胱氨酸的含量有显著性差异。重要的是，呈味氨基酸（DAA）和必需氨基酸（EAA）的总含量在淡水养殖后有显著性提高。

表 6-1-6　氨基酸成分分析

名称	海水养殖（g/kg）	淡水养殖（g/kg）	名称	海水养殖（g/kg）	淡水养殖（g/kg）
天冬氨酸 Asp#	1.23±0.28	1.64±0.08	甲硫氨酸 Met†	0.33±0.2	0.41±0.03
谷氨酸 Glu#	2.1±0.14	2.53±0.14*	异亮氨酸 Ile†	0.85±0.07	0.87±0.04
胱氨酸 Cys	0.24±0.02	0.34±0.22*	亮氨酸 Leu†	1.39±0.1	1.43±0.07
丝氨酸 Ser	0.59±0.04	0.65±0.03	苯丙氨酸 Phe†#	0.83±0.05	0.84±0.04
甘氨酸 Gly#	1.06±0.06	0.96±0.08	赖氨酸 Lys†	1.54±0.12	1.69±0.07
组氨酸 His	0.21±0.16	0.16±0.05	TAA	16.85±0.94	18.12±1.15
精氨酸 Arg	1.91±0.12	2.12±0.12	NEAA	10.15±0.61	11.09±0.81
苏氨酸 Thr†	0.83±0.07	0.86±0.04	EAA	6.5±0.35	7.12±0.34*
丙氨酸 Ala#	1.00±0.05	1.03±0.05	DAA	6.82±0.32	7.61±0.33*
脯氨酸 Pro	1.05±0.07	1.06±0.05	EAA/TAA（%）	38.69±0.61	39.29±0.61
酪氨酸 Tyr#	0.6±0.05	0.61±0.03	DAA/TAA（%）	40.47±0.31	42.00±0.83
缬氨酸 Val†	0.89±0.06	0.92±0.05	EAA/NEAA（%）	64.04±1.68	64.20±1.64

注：TAA. 总氨基酸；NEAA. 非必需氨基酸；EAA. 必需氨基酸；DAA. 呈味氨基酸

#表示呈味氨基酸；†表示必需氨基酸；*表示差异显著（$P \leq 0.05$）

4. 微量、常量元素分析

由表 6-1-7 显示，海、淡水养殖金钱鱼均富含矿物质元素，但海、淡水养殖金钱鱼的矿物质元素含量存在着显著性差别。海水养殖金钱鱼肌肉中钠、钙和铁等元素含量较高，而淡水养殖金钱鱼的硒含量较高。

表 6-1-7　微量、常量元素含量

项目名称	微量元素（mg/kg）				
	铜	锌	铁	锰	硒
海水养殖	6.33±4.93	20.04±6.06	22.07±4.37*	0.71±0.06	0.29±0.03
淡水养殖	3.23±2.22	19.14±3.22	18.64±4.66	0.74±0.18	0.39±0.15*

项目名称	常量元素（mg/kg）				
	钾	钠	钙	镁	磷
海水养殖	4776±452.94	679.1±67.65*	605.07±10.7*	358.27±25.03	2405.33±189.64
淡水养殖	4444.33±478.39	491.13±60.46	458.8±40.33	363.8±32.37	2432.33±225.48

*表示差异显著（$P \leq 0.05$）

5. 肝抗氧化指标

由表 6-1-8 显示，相比于海水养殖，淡水养殖金钱鱼肝中超氧化物歧化酶（SOD）和过氧化氢酶（CAT）活性显著性升高，但谷胱甘肽过氧化物酶（GSH-PX）活性显著性降低。此外，淡水养殖金钱鱼肝中丙二醛（MDA）的含量显著性降低。

表 6-1-8　肝脏抗氧化指标

项目名称	海水养殖	淡水养殖
超氧化物歧化酶（SOD）	179.98±18.23	208.67±16.18[*]
丙二醛（MDA）	0.71±0.06[*]	0.50±0.10
谷胱甘肽过氧化物酶（GSH-PX）	8.37±0.91[*]	6.43±3.73
过氧化氢酶（CAT）	63.55±3.21	86.42±14.9[*]

*表示差异显著（$P \leq 0.05$）

6. 血清免疫指标与渗透压调节

由表 6-1-9 可见，海、淡水养殖金钱鱼血液中相关代谢酶等都有显著变化，其中，溶菌酶活性、酸性磷酸酶活性、谷丙转氨酶活性、总胆固醇含量、血盐度水平和皮质醇含量等指标均显著性下降，而 $Na^+K^+ATPase$（NKA）活性在淡水养殖过程中显著上升。

表 6-1-9　血清免疫指标与渗透压调节

项目名称	海水养殖	淡水养殖
溶菌酶（LZM）（U/ml）	18 814.81±3 065.81	1 722.22±484.32[*]
碱性磷酸酶（AKP）（金氏单位[†]/100ml）	3.76±1.06	3.57±0.06
酸性磷酸酶（ACP）（金氏单位/100ml）	5.94±1.87	3.52±0.43[*]
血糖（mmol/L）	12.45±1.70	12.32±2.77
谷丙转氨酶（GPT）（U/L）	26.19±8.20	21.59±6.80[*]
谷草转氨酶（GOT）（U/L）	308.02±70.10	283.54±79.54
甘油三酯（TG）（mmol/L）	5.99±2.16	5.32±0.87
总胆固醇（TCH）（mmol/L）	7.83±1.84	6.36±0.70[*]
血盐（mmol/L）	239.46±103.05	181.12±53.55[*]
皮质醇（Cortisol）（ng/ml）	38.01±10.72	22.43±5.19[*]
$Na^+K^+ATPase$（U/mg prot）	2.68±0.35	3.39±0.20[*]

*表示差异显著（$P \leq 0.05$）；†1 金氏单位=7.14U/L

四、综合分析

与星点篮子鱼（*Siganus stellatus*）、美国红鱼（*Sciaenops ocellatus*）和大弹涂鱼（*Boleophthalmus pectinirostris*）等鱼类的淡化培育方法类似，金钱鱼也采用梯级淡化策略。金钱鱼苗在盐度快速降低下，不同规格的鱼苗均能适应盐度的快速降低，而且不同规格鱼苗的成活率之间无显著性差异，表明文中所提到的各种规格的金钱鱼苗均可适用于淡化培育。此外，根据金钱鱼苗在不同淡化速率下的成活率，淡化速率对金钱鱼苗的成活率同样没有显著性的影响。因此，在实际生产中，可采用最快的淡化速率（−1/h）进行规模化生产。

盐度影响海洋生物的生理代谢过程，从而改变生长性能和营养成分。淡水养殖的金钱鱼在体长、全长和体重等生长指标均显著高于海水养殖金钱鱼，表现出明显的生长优势。

在虹鳟、黄姑鱼（*Nibea albiflora*）、黄鳍鲷（*Acanthopagrus latus*）和花鲈等海水鱼类的低盐培育过程中也有类似发现，较低盐度能有效降低器官损伤，减少肠道有害弧菌种类丰度，降低渗透调节的能量损耗，进而提升生长速度。

在肠道消化酶活性方面，淡水养殖金钱鱼的蛋白酶活性显著下降，而脂肪酶活性显著升高；肌肉中粗脂肪的含量也显著提升，提示了淡水养殖金钱鱼对脂肪的利用能力将会显著提升。由此，在饲料配方中可适当提高脂肪含量以减少蛋白质含量的投入；低盐胁迫触发与渗透压调节有关的生理反应，在淡水养殖模式下，$Na^+K^+ATPase$ 活性增强以促进盐离子的运输，保障机体的渗透压平衡，而脂肪的积累可能是为了满足渗透压调节的能量需要。

抗氧化剂酶（如 SOD 和 CAT）直接参与活性氧的去除，并在盐度适应过程中发挥关键作用。在淡水培养的金钱鱼中，SOD 和 CAT 的活性显著升高，表明其抗氧化能力更高，具有较强的自由基清除能力和适应性。这与许氏平鲉和褐牙鲆的相关结果一致。当生物体内氧化自由基与多不饱和脂肪酸等抗氧化脂类反应时，会引发脂质过氧化，并最终降解产生的 MDA。淡水养殖金钱鱼的肝 MDA 含量显著低于海水养殖的金钱鱼，说明其受自由基侵害的程度更低。在血清免疫指标与渗透压调节方面，淡水养殖金钱鱼的溶菌酶和酸性磷酸酶活性显著性下降，可能是由于海水致病菌无法在淡水中生存，进而感染和应激减弱。

在氨基酸组成方面，淡水养殖金钱鱼具有更高含量的呈味氨基酸和必需氨基酸。呈味氨基酸和必需氨基酸的含量对品质与营养价值具有重要的作用，两者含量的增加表明金钱鱼的淡水养殖不但没有影响金钱鱼的口感品质和营养价值，反而使其口感品质和营养价值显著提升。在微量和常量元素方面，海、淡水养殖金钱鱼均富含矿物质元素，但海水养殖金钱鱼的钠、钙和铁等微量元素含量更加丰富，而淡水养殖金钱鱼只有硒的含量相对较高。海、淡水养殖金钱鱼微量元素的差异可能是由海水和淡水环境中微量元素的差别所致。因此，要提升淡水养殖金钱鱼的微量元素含量以提高其品质，需要在饲料中添加更多的微量元素以弥补环境获取的不足。通过比较淡水养殖金钱鱼的生长性能和生理生化指标，金钱鱼的淡水养殖更具生产优势。

第二节　金钱鱼-凡纳滨对虾混养模式分析

随着对虾养殖业的迅猛发展，高集约、高产量、高效益的对虾高密度精养逐渐成为我国南方沿海地区的主要养殖模式。但由于其养殖密度大，养殖种类单一等原因，池塘中饵料残留过多，对虾排泄物积累量过大，容易造成水质恶化，导致对虾病害暴发，严重影响并阻碍了我国对虾养殖业的发展。与此同时，这种高投入高产出的养殖模式也造成了经济效益的低下，更由于能量利用及转化效率过低，同样使得水质污染、富营养化、底质恶化、易暴发流行病。所以在养殖过程中应提高能量利用率，减少能量沉积，这是水产实现可持续化、稳定发展的必要途径之一。为探索更健康、科学、稳定的养殖模式，国内开展了对虾与其他水生生物混养模式研究，并取得良好的社会、经济和生态效益。虾鱼混养作为一种生态养殖模式，利用鱼与对虾生活习性的互补，杂食性及滤食性鱼类通过摄食残饵和碎屑改善池塘水质，肉食性鱼类通过摄食体弱对虾，可以控制虾病传播。虾鱼混养模式也能促进池塘生态系统的物质循环和能量流动，加强池塘水体的自身调节能力，提高池塘的经济效益和生态效益。

一、养殖池水体理化因子变化分析

1. 物理指标

1）水温

实验在湛江市东海岛永丰虾苗场进行，所用池塘为水泥池，面积均为 667m²，水深均为 1.5m。1 号池和 2 号池分别放养规格 0.8～1.0cm 凡纳滨对虾（*Litopenaeus Vannamei*）苗 10 万尾。1 号池为混养池塘，在其中另放入一 6m×6m×1.5m 的网箱，在网箱中放入金钱鱼 200 尾（平均体重 150～170g）；2 号池为单养池塘。实验期间，混养池塘与单养池塘水温变化基本一致，与气温变化相似。两池水温变化范围在 29.5～32.1℃，平均温度为 30.7℃。经单因素方差分析，混养池塘与单养池塘中水温变化无显著性差异（图 6-2-1）。

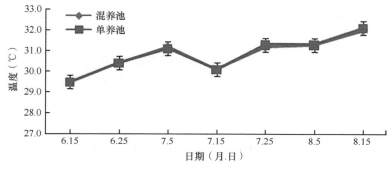

图 6-2-1　两养殖池中水温的变化

2）盐度

两池塘盐度变化不大。混养池塘盐度范围 19.9～22.5，平均值为 21.0；单养池塘中盐度范围 19.5～22.6，平均值为 21.1；两池塘盐度变化无显著差异（图 6-2-2）。

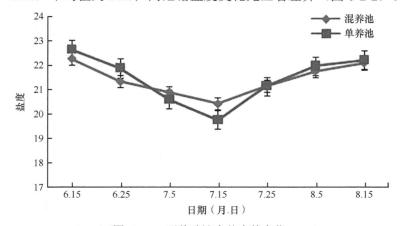

图 6-2-2　两养殖池中盐度的变化

3）悬浮物

混养池塘悬浮物变化范围是 21.34～138.72mg/L，平均值为 90.94mg/L；单养池塘悬浮物变化范围是 21.43～192.75mg/L，平均值为 123.00mg/L。养殖期间混养池塘和单养池塘悬浮物均呈持续上升趋势，但相对单养池塘，混养池塘中悬浮物的上升趋势较缓。经 SPSS17.0 软件分析，养殖中后期两池塘的悬浮物含量具有显著性差异（$P < 0.05$）（图 6-2-3）。

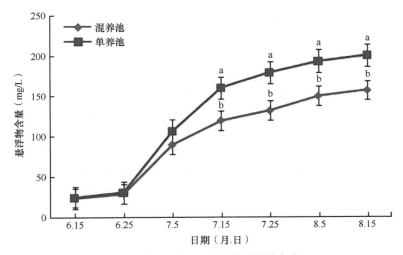

图 6-2-3　两养殖池塘中悬浮物的变化

图中同一列中标有不同字母的数据表示相互之间差异显著（$P<0.05$）

2. 化学指标

1）pH

两池塘 pH 的变化范围在 7.8～8.3，平均值均为 8.0，无显著性差异。在养殖中后期两池塘 pH 均呈下降趋势（图 6-2-4）。

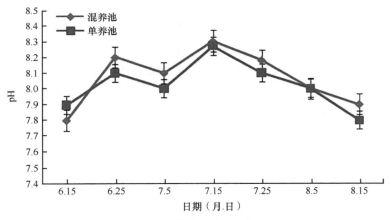

图 6-2-4　两养殖池中 pH 的变化

2）溶解氧

混养池塘溶解氧变化范围在 5.8～8.8mg/L，平均为 7.0mg/L；单养池塘溶解氧变化范围在 5.1～8.8mg/L，平均为 6.6mg/L，两池塘溶解氧变化趋势相同。在试验期间两池塘溶解氧先缓慢下降而后略有上升，但混养池塘溶解氧略高于单养池塘。实验期间两个池塘溶解氧变化无显著性差异（图 6-2-5）。

3）氨氮

混养池塘氨氮变化范围在 45.7～169.8μg/L，平均值为 85.8μg/L；单养池塘氨氮变化范围在 45.7～599.3μg/L，平均值为 215.5μg/L。7 月 25 日前两池塘水体中氨氮变化不大，均低于 110μg/L，但后期两池氨氮浓度大幅度上升，且单养池塘氨氮上升速度明显高于混养池塘。经分析，在养殖后期混养池塘与单养池塘氨氮含量有显著性差异（$P < 0.05$）（图 6-2-6）。

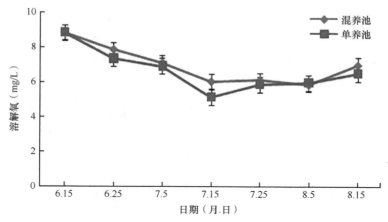

图 6-2-5　两养殖池中溶解氧的变化

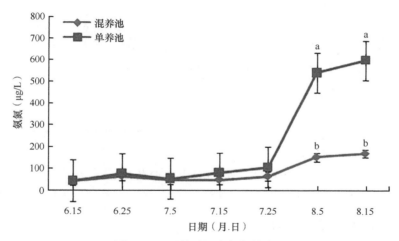

图 6-2-6　两养殖池中氨氮的变化

图中同一列中标有不同字母的数据表示相互之间差异显著（$P < 0.05$）

4）亚硝酸盐

混养池亚硝酸盐变化范围在 1.1～30.7μg/L，平均值 10.7μg/L；单养池变化范围在 1.2～386.1μg/L，平均值为 121.6μg/L。在 7 月 5 日前两池塘亚硝酸盐变化趋势相同，而后单养池中亚硝酸盐含量开始上升，7 月 25 日后两池塘亚硝酸盐出现显著差异（$P < 0.05$）（图 6-2-7）。

5）COD

混养池 COD 波动范围在 4.6～12.8ml/L，平均值为 8.3mg/L；单养池 COD 的波动范围在 4.6～16.1mg/L。平均值为 10.2mg/L。7 月 15 日前两池塘 COD 值无显著差异，而后差异显著（$P < 0.05$）（图 6-2-8）。

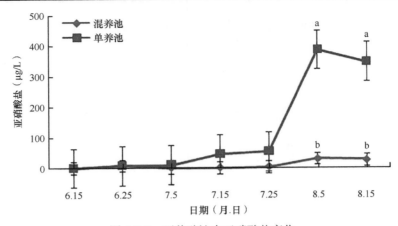

图 6-2-7　两养殖池中亚硝酸盐变化

图中同一列中标有不同字母的数据表示相互之间差异显著（$P<0.05$）

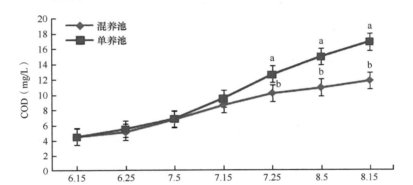

图 6-2-8　两养殖池中 COD 的变化

图中同一列中标有不同字母的数据表示相互之间差异显著（$P<0.05$）

二、养殖池浮游生物变化分析

1. 浮游植物

两池塘检出的浮游植物分属 6 个门，共 26 种，其中硅藻门 8 种、绿藻门 9 种、蓝藻门 6 种、裸藻门 1 种、金藻门 1 种、隐藻门 1 种。两池中浮游植物各类基本相同，种类最多的为绿藻门，占种类数的 34.6%，其次为硅藻门，占 30.8%，蓝藻门占 23.1%，裸藻门、金藻门和隐藻门各占 3.8%（表 6-2-1 和表 6-2-2）。

表 6-2-1　混养池塘浮游植物丰度及其时间变化（$\times10^5$ 个细胞/L）

种类	6 月 15 日	6 月 25 日	7 月 5 日	7 月 15 日	7 月 25 日	8 月 5 日	8 月 15 日
硅藻门							
羽纹藻属	101.25	82.48	23.16	0.00	18.91	3.61	0.00
舟形藻属	0.00	1.81	19.43	8.30	40.83	80.51	87.68
小环藻属	118.91	239.73	539.29	170.70	20.62	76.97	56.12
角毛藻属	0.00	7.52	0.00	30.68	11.98	0.00	87.96

续表

种类	6月15日	6月25日	7月5日	7月15日	7月25日	8月5日	8月15日
异端藻属	0.00	0.00	42.72	9.13	7.91	8.24	0.00
直链藻属	7.83	164.12	297.92	809.72	140.51	87.20	59.80
骨条藻属	0.00	11.91	76.93	67.93	87.40	8.92	14.82
盒形藻属	6.93	0.00	38.91	0.00	3.32	8.59	0.00
绿藻门							
十字藻属	58.78	73.41	146.81	87.53	29.60	7.13	9.40
鼓藻属	206.91	376.93	179.76	280.41	1080.70	578.48	290.62
纤维藻属	0.00	5.91	8.13	50.82	109.52	63.46	9.16
波吉卵囊藻	5.73	2.42	0.00	8.40	103.5	50.31	66.37
空球藻属	7.81	0.00	2.80	0.00	9.44	0.00	8.19
盘星藻属	7.13	0.00	106.24	86.95	101.12	104.13	200.76
小球藻属	28.25	30.60	80.45	5.90	40.65	9.31	43.46
绿球藻属	0.00	5.76	8.38	27.80	36.94	56.09	0.00
衣藻属	0.00	0.00	9.52	43.81	26.93	0.00	5.81
蓝藻门							
颤藻属	6.20	5.14	110.45	73.66	120.50	90.52	60.83
鞘丝藻属	0.00	8.32	99.73	132.84	18.30	55.97	209.29
席藻属	5.81	0.00	16.23	37.80	116.90	93.94	0.00
螺旋藻属	96.4	2.70	54.80	43.81	20.90	46.31	106.56
色球藻属	22.13	56.3	0.00	5.90	3.77	0.00	12.23
平裂藻属	1.80	0.00	4.90	7.86	13.94	8.15	54.94
裸藻门							
裸藻属	0.00	6.94	0.00	4.82	3.14	1.76	0.00
金藻门							
三毛金藻属	3.73	2.14	0.00	0.00	5.12	0.00	5.91
隐藻门							
隐藻属	0.00	0.00	0.00	5.94	18.31	0.00	4.12

表 6-2-2　单养池塘浮游植物丰度及其时间变化（$\times 10^5$ 个细胞/L）

种类	6月15日	6月25日	7月5日	7月15日	7月25日	8月5日	8月15日
硅藻门							
羽纹藻属	13.83	144.13	203.71	108.66	8.61	0.00	0.00
舟形藻属	0.00	9.11	72.69	0.00	0.00	14.73	69.43
小环藻属	45.93	190.45	107.49	99.21	59.45	0.00	11.97
角毛藻属	16.80	0.00	8.21	81.72	76.32	8.42	0.00
异端藻属	0.00	55.38	310.28	458.49	6.51	0.00	0.00
直链藻属	98.31	169.43	79.31	161.91	88.29	91.63	158.36

续表

种类	6月15日	6月25日	7月5日	7月15日	7月25日	8月5日	8月15日
骨条藻属	3.77	79.21	86.94	95.32	6.11	159.02	0.00
盒形藻属	0.00	6.43	7.54	0.00	0.00	8.38	6.98
绿藻门							
十字藻属	56.25	79.55	0.00	11.88	7.31	14.85	36.78
鼓藻属	98.15	140.66	87.44	59.17	99.34	29.87	88.50
纤维藻属	7.36	0.00	121.73	14.19	81.95	109.42	0.00
波吉卵囊藻	8.64	55.4	107.51	300.71	261.71	0.00	71.28
空球藻属	0.00	0.00	4.32	0.00	0.00	9.38	0.00
盘星藻属	5.97	33.91	181.75	234.17	106.41	0.00	107.48
小球藻属	9.67	40.44	19.56	71.02	53.92	0.00	0.00
绿球藻属	0.00	21.83	89.51	69.51	200.12	109.37	97.65
衣藻属	8.76	0.00	57.44	9.63	7.86	31.58	0.00
蓝藻门							
颤藻属	5.23	72.56	94.55	77.83	10.41	38.44	90.18
鞘丝藻属	60.54	9.37	67.22	91.82	59.63	6.87	0.42
席藻属	0.00	57.34	0.00	78.2	8.21	69.01	0.00
螺旋藻属	5.64	0.00	80.72	90.44	44.82	9.40	6.86
色球藻属	9.12	4.29	8.59	10.73	0.00	86.42	0.00
平裂藻属	0.00	7.28	7.43	5.39	7.69	0.00	7.32
裸藻门							
裸藻属	8.70	0.00	4.87	8.42	88.41	7.86	0.00
金藻门							
三毛金藻属	0.00	9.33	19.55	0.00	0.00	4.19	9.42
隐藻门							
隐藻属	5.44	0.00	0.00	6.92	9.58	0.00	0.00

在两池养殖前期，均以硅藻作为优势种群，其次为绿藻，在养殖后期间则以蓝藻和绿藻为优势种群。

两池塘中浮游植物丰度变化趋势总体相似，但中后期混养池塘中浮游植物量明显大于单养池塘（图 6-2-9）。混养池塘中浮游植物的丰度为 $6.8 \times 10^7 \sim 2.1 \times 10^8$ 个细胞/L，平均为 1.4×10^8 个细胞/L；单养池塘中浮游植物的丰度为 $4.6 \times 10^7 \sim 2.1 \times 10^8$ 个细胞/L，平均为 1.1×10^8 个细胞/L。混养后期混养池塘与单养池塘中浮游植物的丰度差异显著（$P < 0.05$）。

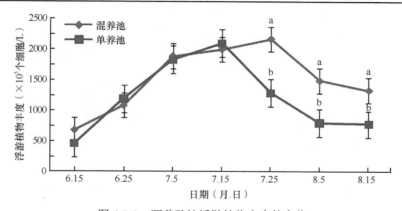

图 6-2-9 两养殖池浮游植物丰度的变化

图中同一列中标有不同字母的数据表示相互之间差异显著（$P<0.05$）

2. 浮游动物

混养和单养池塘浮游动物种类和分布情况如表 6-2-3 和表 6-2-4。共检测出浮游动物 21 种，分属于 5 个不同类群，即浮游幼虫、原生动物、轮虫、枝角类和桡足类。其中浮游幼虫 3 种，占种类数的 14.3%；原生动物 12 种，占类数的 57.1%；轮虫 2 种，占种类数的 9.5%；枝角类 2 种，占类数的 9.5%；桡足类 2 种，占类数的 9.5%。试验期间混养池塘浮游动物总丰度平均为 1567.9ind/L，其中轮虫及浮游幼虫占优势，平均丰度达到 866.9ind/L 和 428.6ind/L，各占总栖息密度的 55.3% 和 27%；单养池塘浮游动物总丰度平均为 2055.0ind/L，其中轮虫和浮游幼虫占优势，平均丰度达到 1335.4ind/L 和 537.9ind/L，各占总栖息密度的 65.0% 和 26.2%。在养殖初期，两池塘浮游动物丰度均呈现平缓的下降趋势，而在后期都出现明显上升趋势，而混养池塘浮游动物丰度较单养池塘低，经分析在后期混养池塘与单养池塘浮游动物丰度有显著性差异（$P<0.05$）（图 6-2-10）。

表 6-2-3 混养池浮游动物丰度（ind/L）

种类	6 月 15 日	6 月 25 日	7 月 5 日	7 月 15 日	7 月 25 日	8 月 5 日	8 月 15 日
浮游幼虫	600	480	700	600	400	100	120
原生生物	50	100	50	30	42	0	0
轮虫	600	400	224	206	938	2140	1560
枝角类	189	50	6	18	85	0	42
桡足类	150	67	0	36	54	60	12

表 6-2-4 单养池浮游动物丰度（ind/L）

种类	6 月 15 日	6 月 25 日	7 月 5 日	7 月 15 日	7 月 25 日	8 月 5 日	8 月 15 日
浮游幼虫	750	500	680	835	525	325	150
原生生物	80	75	35	35	75	0	25
轮虫	550	300	200	42	1224	3162	3870
枝角类	160	70	24	6	96	36	43
桡足类	138	42	61	82	66	48	75

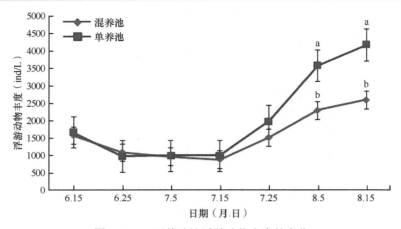

图 6-2-10　两养殖池浮游动物丰度的变化

图中同一列中标有不同字母的数据表示相互之间差异显著（$P<0.05$）

三、混养模式下生态能量收支分析

1. 太阳辐射能及光合作用效率

实验期间，两养殖池塘接受的总太阳光辐射能为 1345.07MJ/m²。用黑白瓶法测得实验期间两池塘浮游植物的初级生产力（图 6-2-11 和表 6-2-5）及其光能利用率（表 6-2-5）。由图 6-2-11 中可看出两池塘初级生产力的变化趋势基本一致，但在养殖后期单养池塘中的初级生产力明显低于混养池塘，两池塘初级生产力在开始时均呈现明显上升趋势，但养殖后期同时出现初级生产力大幅度下降趋势。混养池塘中初级生产力范围在 $43.79\sim105.43$kJ/(m²·d)，平均值为 66.50kJ/(m²·d)；单养池塘中初级生产力范围是 $44.33\sim94.48$kJ/(m²·d)，平均值为 54.98kJ/(m²·d)。经检验，在养殖前期两池塘初级生产力差异不显著，后期差异显著（$P<0.05$）。

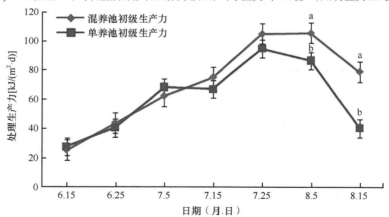

图 6-2-11　两池塘实验期间初级生产力的变化

图中同一列中标有不同字母的数据表示相互之间差异显著（$P<0.05$）

表 6-2-5　两池塘的初级生产力和光能利用率

池塘	初级生产力（MJ/m²）	光能利用率（%）
混养池	3.99 ± 0.20^{a}	0.29 ± 0.002^{a}
单养池	3.51 ± 0.10^{b}	0.26 ± 0.001^{b}

注：表中同一列中标有不同字母的数据表示相互之间差异显著（$P<0.05$）

　　混养池塘中浮游植物的光能利用率比单养池塘高 11.5%，混养池塘中的初级生产力比单养池塘高 13.6%（表 6-2-5）。两池塘中浮游植物的光能利用率也存在显著性差异（$P<0.05$）。

2. 两池塘能量的输入与输出

　　实验结束后混养池中收获对虾 550kg，单养池塘收获对虾 538kg，混养池塘略高于单养池塘，但两者间无显著性差异。在混养池塘中金钱鱼增重 24.67%（表 6-2-6）。实验期间，两池塘生物能与饲料能的输入与输出情况（表 6-2-7）表明，混养池塘和单养池塘的总输入能分别为（31.11±0.12）MJ/m^2 和（29.65±0.30）MJ/m^2，两池塘能量总输入量之间差异显著（$P<0.05$）。两池塘能量输入主要是饲料能，其次是初级生产力，混养池塘和单养池塘中饲料能各占总输入能量的 83.88% 和 89.18%。两池塘生物输入能在总输入能量中所占比例很少，混养池中投入的生物能占总输入能的 3.15%，单养池塘中投入的生物能占总输入能的 0.015%。两池塘总能量输出分别为（17.73±0.76）MJ/m^2 和（16.42±0.51）MJ/m^2，单养池塘中总能量输出与混养池塘相比有显著性差异（$P<0.05$）。混养池塘和单养池塘中凡纳滨对虾净产出能量各占总净产出能量的比例为 98.56% 和 100%，混养池塘中金钱鱼净产出能占总净产出能的 1.44%。

表 6-2-6 凡纳滨对虾与金钱鱼收获情况

		放苗数量（尾）	放苗时质量（g）	收获时单位量（g/尾）	总产量（kg）
混养	凡纳滨对虾	100 000	0.001	8.5	550
	金钱鱼	200	160	210	39.9
单养	凡纳滨对虾	100 000	0.001	8.2	538

表 6-2-7 两池塘能量的输入与输出

	总输入量（MJ/m^2）				总输出量（MJ/m^2）		净产量（MJ/m^2）	
	初级生产力	饲料	金钱鱼	凡纳滨对虾	金钱鱼	凡纳滨对虾	金钱鱼	凡纳滨对虾
混养池塘	3.99±0.20[a]	26.14±0.28	0.98±0.001	0.0045±0.0004	1.27±0.03	16.46±0.76	0.29±0.07	16.45±0.61
单养池塘	3.51±0.10[b]	26.14±0.28	—	0.0045±0.0004	—	16.42±0.51	—	16.41±0.52

注：表中同一列中标有不同字母的数据表示相互之间差异显著（$P<0.05$）

3. 两池塘的沉积物能量

　　两池塘沉积物质量和能量见表 6-2-8。在实验期间，两池塘沉积物质量分别为（0.94±0.06）kg/m^2 和（1.15±0.04）kg/m^2，经检验，混养池塘中沉积物质量显著低于单养池（$P<0.05$）。混养池塘及单养池塘中沉积物能量分别占各自总输入能量的 2.40% 和 4.30%（表 6-2-8）。

表 6-2-8 两养殖池沉积物的质量和能量

指标	沉积物质量（kg/m^2）	能量折算系数（MJ/kg）	能量沉积（MJ/m^2）
混养池塘沉积物	0.94±0.06[a]	0.80±0.12	0.75±0.18[a]
单养池塘沉积物	1.15±0.04[b]	1.10±0.31	1.26±0.61[b]

注：表中同一列中标有不同字母的数据表示相互之间差异显著（$P<0.05$）

4. 两池塘能量的转化效率

　　实验过程中各物质和能量的利用、消耗及其转化效率见表 6-2-9。混养池塘中光合能转化效率为 1.07%，单养池塘中的光合能转化效率为 0.95%。经检验，两池中的光合能转化效率有显著性差异（$P<0.05$）。混养池塘与单养池塘中的饲料能转化效率无显著性差异，但混养池塘略高于单养池塘。混养池塘中总能量转化效率高于单养池塘，但两者之间并无显著性差异。比较两池塘中单位净产量耗饲料能和单位净产量总耗能，混养池塘均是略高于单养池塘，但无显著性差异（表 6-2-9）。

表 6-2-9　两池塘能量的利用、消耗和转化效率

指标	光合能转化效率（%）	饲料能转化效率（%）	总能量转化效率（%）	单位净产量耗饲料能（MJ/kg）	单位净产量总耗能（MJ/kg）
混养池	1.07 ± 0.04^a	62.97 ± 5.98	57.10 ± 4.87	31.30 ± 7.34	26.91 ± 6.91
单养池	0.95 ± 0.03^b	62.81 ± 5.66	53.02 ± 2.41	31.70 ± 5.32	26.06 ± 7.26

注：表中同一列中标有不同字母的数据表示相互之间差异显著（$P<0.05$）

四、混养模式下养殖效果分析

1. 凡纳滨对虾生长情况

两池塘中凡纳滨对虾的生长变化趋势基本完全一致，混养池塘中凡纳滨对虾初始平均体重为 1.16g，在养殖 60d 时体重为 8.5g；单养池塘中凡纳滨对虾初始平均体重为 1.16g，养殖 60d 时体重为 8.2g。可见混养池塘中对虾的体重略高于单养池塘，经检验两池塘中对虾体重并无显著差异（图 6-2-12）。

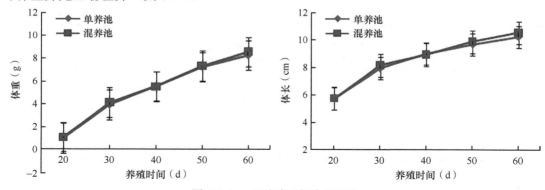

图 6-2-12　凡纳滨对虾生长情况

两池塘凡纳滨对虾的体长生长变化趋势基本一致，混养池塘中凡纳滨对虾初始平均体长为 4.6cm，养殖第 60d 时测得对虾体长为 10.5cm；单养池塘中凡纳滨对虾初始平均体长为 4.3cm，养殖第 60d 时测得对虾体长为 10.3cm。两池塘中对虾体长并无显著性差异（图 6-2-12）。

2. 凡纳滨对虾与金钱鱼收益

凡纳滨对虾和金钱鱼生产支出费用明细见表 6-2-10。

表 6-2-10　生产支出费用

单位成本构成	金额	单位成本构成	金额
水电费用（元/hm²）	15 000	金钱鱼苗种费用（元/kg）	160
饲料费用（元/hm²）	83 950	人工费用（元/hm²）	8 000
凡纳滨对虾苗种费用（元/万尾）	130	其他费用（元/hm²）	10 000

8月15日对单养池塘及混养池塘中的凡纳滨对虾进行了收获。混养池中对虾收获量为550kg，118尾/kg；单养池中对虾收获量为538kg，120尾/kg，混养池塘中的金钱鱼增重24.67%。进行利润分析，结果如下表所示（表6-2-11）。

表 6-2-11　不同养殖方式利润对比分析表

养殖方式	养殖品种	支出（元）	收入（元）	利润（元）	平均利润（元/hm²）
单养（667m²）	对虾	9 101.1	11 298（21元/kg×538kg）	2 196	32 920
混养（667m²）	对虾	14 221.1	11 550（21元/kg×550kg）	4 271	48 290
	金钱鱼		6 942.6（174元/kg×39.9kg）		

五、综合分析

在人工养条件下，凡纳滨对虾最适水温范围在15～40℃。整个实验期间，混养池塘和单养池塘的水温变化一致，两池塘平均温度30.7℃，温度较高，适合对虾生长，对对虾的生长有促进作用。水体盐度受进水盐度、降雨和水分蒸发量的影响。整个试验期间混养池塘与单养池塘的盐度变化基本一致，在19.77～22.4范围内波动，适合凡纳滨对虾生长过程中对池水盐度的要求。凡纳滨对虾更适合生活在弱碱性水中，最适pH 7.8～8.6，耐受范围在7～9，低于7时个体生长不齐，对虾活动受限。对虾养殖过程中的残饵、排泄物和底泥有机物在氧化分解过程中产生的有机酸都会使水中pH降低。综合分析，试验期间两池塘pH随养殖进程逐渐下降，可能因为后期两池塘中有机物积累增加从而导致有机酸过多，进而pH下降。比较混养池塘和单养池塘，前者pH略高于后者，可能是由于金钱鱼摄食水中残饵、碎屑等有机废物，使其分解产生的有机酸少于单养池塘。

养殖水体中的悬浮物主要包括浮游植物、残饵、细菌、排泄废物等有机物质和无机颗粒等。在实验期间，混养池塘悬浮物变化范围是21.34～138.72mg/L，单养池塘悬浮物变化范围是21.43～192.75mg/L。与刘国才等（2011）调查海阳市对虾围隔生态系统中悬浮颗粒物量20.83～172.5mg/L相比，养殖后期混养池塘的悬浮物较低，可能是因为金钱鱼对池塘中残饵和碎屑的利用，降低了整个池塘中的悬浮物含量；而单养池塘中悬浮物却高于这一含量，可能是因为养殖过程中不换水，所以悬浮物是在一直累积而没有排出，导致其含量较高。

两池塘中溶解氧均呈现明显下降趋势，这与养殖后期凡纳滨对虾个体变大，耗氧量增加，以及池塘中有机质物积累过多，消耗水中溶解氧等因素有关。水中溶解氧受浮游植物光合作用及有机质分解的影响，但因两个池塘均配有增氧机，且基本保证24h打开增氧设备，所以水中的溶解氧含量受人工调节影响更大。实验期间混养池塘的平均溶解氧为6.6mg/L，最低值为5.1mg/L；混养池塘平均溶解氧为7.0mg/L，最低值为5.8mg/L，均达到了我国渔业水质标准，即养殖水体溶解氧含量≥5mg/L。李秋芬等（2002）指出，鱼虾混养可以增加水中溶解氧，本研究结果与之不同。本研究中混养池塘溶解氧略高于单氧池塘，但两者并无显著差异，这可能是因为增氧设备持续开启，水中溶解氧量受人工调节影响所致。

COD能够反映出水中有机物相对含量的高低。受到有机物污染严重的水体，其COD值就越高。本实验中两池塘COD含量持续升高，与李烁寒（2009）及申玉春（2003）测定的结果相比，本实验中两个池塘COD含量更高，其中混养池塘COD平均值为8.3mg/L，单养池塘COD平均值为10.2mg/L，在养殖后期单养池塘的COD含量明显大于混养池塘，且差异显著（$P<0.05$）。氨氮作为养殖水体中重要的水质指标，可降低与对虾抗病力有关的酶活力，使对虾呼吸色素-血蓝蛋白分解，降低其输氧功能，影响对虾生长。本实验中，单养池塘中氨氮含量从养殖初期的 45.7μg/L 上升到养殖后期的 599.3μg/L，混养池塘中氨氮含量从最初的 45.7μg/L 上升到后期的 169.8μg/L，虽然均低于凡纳滨对虾要求的安全质量浓度 5551μg/L，但池塘中过高的氨氮含量会对对虾的生长造成影响。在本实验中，混养池塘的亚硝酸盐含量虽然均低于凡纳滨对虾养殖的安全浓度，但从养殖初期到养殖后期有很大变化，其中混养池塘中的亚硝酸盐含量从最初的 1.1μg/L 上升到 30.7μg/L，而单养池中的亚硝酸盐含量更是从最初的 1.2μg/L 上升到 386.1μg/L。

分析两池塘的 COD、氨氮和亚硝酸盐三个指标，可见其变化趋势基本相同，都是在养殖前期较稳定，上升趋势较缓，而在养殖后期骤然增加。出现这一情况可能是因为随养殖进程的推进，水体中残饵和碎屑不断累积，且整个养殖期间两个池塘未换水，有机物只进不出，因此相比于其他在后期大量换水的养殖水体，COD 值较高。在有机物不断累积的同时，水中生物量逐渐增大，使溶解氧降低，并影响氨氮和亚硝酸盐的转化，导致水中氨氮和亚硝酸盐含量的不断升高。结果表明，混养池塘与单养池塘中的 COD、氨氮和亚硝酸盐含量在养殖后期均有显著性差异（$P<0.05$），可能是因为混养池塘中的金钱鱼并不投喂，只摄食对虾残饵和水中碎屑，减少了混养池塘中有机物的累积，达到了净化水质的作用，使混养池塘中的 COD、氨氮和亚硝酸盐的含量降低。总体而言，虽然单养池塘与混养池塘中 COD、氨氮和亚硝酸盐含量在养殖过程中均有加速上升趋势，但是混养池塘的波动范围和平均值都明显低于单养池塘，尤其是在后期混养池塘，中 COD、氨氮和亚硝酸盐的含量明显低于单养池塘，水体环境相对稳定。

浮游植物在水生生态系统的物质循环和能量流动过程中起着重要作用，它吸收水体中主要的营养盐和有害物质，放出氧气，提供水中生物呼吸，加速氧化分解水中有害物质，改善水质。同时某些种群数量急剧增加时也存在着爆发水华的潜在危险。

结果表明，两池塘中浮游植物的数量在养殖前期都呈现上升趋势，当达到峰值后，在养殖后期浮游植物丰度下降。这可能是因为自养殖开始，池塘中开始投放饲料，未被摄食的残饵在微生物的矿化分解作用下释放出营养盐，同时对虾代谢排出的废物也释放营养盐，为浮游植物的繁殖提供了条件，导致浮游植物密度增加。但随着养殖进程的推进，池塘有机物累积量增大，使水质恶化，影响浮游植物的生长繁殖。作为池塘中生物操纵的关键因子，浮游动物可抑制浮游植物的生长，养殖后期浮游动物大量增加，摄食浮游植物，导致浮游植物在养殖后期数量减少。依照 Harvery（郑重，1964）的摄食假说，浮游植物和浮游动物之间在空间分布上呈相反的关系，我们的结果与之相同。浮游动物可与对虾争夺氧气，摄食浮游植物使对虾池产氧量下降的同时，也导致池中透明度变大，不利于对虾生长。在对虾养殖前期，虾苗对浮游生物有很强的滤食作用，但随着凡纳滨对虾个体增大，要求摄食的食物颗粒也随之变大，所以养殖后期浮游动物被养殖对虾摄食的机会大为减少。另一方面，随着养殖进程的推进，向虾池中投入的饲料数量也会逐渐增加，使得池塘中的残饵及有机碎屑大量增加，为浮游动物提供了优质的饵料，故两个池塘中的浮游动物数量均呈现上升趋势。

混养池塘中浮游植物量显著高于单养池塘，而浮游动物量却显著低于单养池塘，这可能是因为混养池塘中金钱鱼只能以水体中的残饵、有机碎屑及浮游动物为食，这样直接或间接抑制了浮游动物的过度繁殖。综合分析，混养金钱鱼可以通过抑制浮游动物的过度繁殖，达到稳定养殖水环境的效果。

能量转化效率作为池塘生态系统研究中的核心问题之一，受到很多研究人员的关注，而高效稳定的物质和能量转化效率是生态系统稳定的一项重要指标。太阳辐射能、补助能、生物能等能量的转化效率是客观评价一个养殖系统中生态效益好坏的重要指标。太阳辐射能是整个系统中的输入能源之一，在实验期间，太阳辐射总能为 1345.07MJ/m^2，养殖池塘中光能利用率在 0.26%～0.29%，这一结果虽然达到了李吉方等（2003）对盐碱地池塘研究结果 0.29%～0.62%的下限，与杨富亿（1995）研究的三江平原鲤鱼池塘光能利用率（0.204%～0.308%）相比，数据相差不大，但与康春晓等（1990）、吴乃薇等（1992）研究得出光能利用率 0.46%和 0.61%～0.96%相比较有一定的差距。本实验中，两种养殖模式对于光能的利用率有显著性差异，可能是因为混养池塘中的金钱鱼只以水中残饵及浮游生物为食，它对残饵的利用可有效防止水体恶化，有利于浮游植物的生长。此外，金钱鱼摄食水体中的浮游动物也促进了浮游植物的生长繁殖。浮游植物是水生生态系统的主要初级生产者，它可以将太阳能通过光合作用转化为生物能，再通过水生动物的摄食进一步将能量传递到食物链中，因此通过浮游植物固定的初级生产力是生态系统食物链或食物网的基础。

本实验中，两池塘对饲料能的转化效率无显著性差异，混养池塘仅略高于单养池塘0.16%，其中混养池塘为 62.97%，单养池塘为 62.81%，高于周一兵和刘亚军（2000）研究得到的 11.91%～16.97%的转化效率。在周一兵的实验中以沙蚕作为饲料，而本实验则投喂人工配合饲料，因而可能与饲料不同有关。混养池塘中总能量转化效率与单养池塘并无显著差异，但高于单养池 4.08%。对于单位净产量耗饲料能，混养池低于单养池 0.40%，两者无显著性差异。在养殖过程中，投喂饲料时避开网箱，使金钱鱼并不能直接摄食饲料，只以残饵及浮游动物为食，供自身生长，所以混养池中的生物净产出能高出单养池塘，而由于其不能直接摄食饲料使两池塘中饲料能转化效率并无显著性的影响。

在养殖过程中由于大量投饵所产生的部分残饵及鱼、虾粪便会沉积在池底，所以沉积物能量也是池塘生态系统中能量输出的一个主要方面。本实验中，混养池塘沉积物能量达到 0.75MJ/m^2，占总输入能量的 2.40%，而单养池塘沉积物能量为 1.26MJ/m^2，占总输入能量的到 4.30%，可见养殖过程中有大量的能量沉积在池底，未得到有效利用。以上结果与董贯仓等（2007）研究虾、贝、藻混养中对虾单养沉积量达到 1.10MJ/m^2，虾贝混养1.30MJ/m^2，虾贝藻、虾菌、虾藻混养平均为 0.53MJ/m^2 等数值相似。混养池塘中的沉积量显著低于单养池（$P<0.05$），这可能是因为混养池塘中金钱鱼利用残饵及碎屑从而降低了沉积物的质量，使得投入池中的总能量部分转入金钱鱼体内。在实验中金钱鱼增重 24.67%，其能量增加为 0.29MJ/m^2，此部分增加的能量主要是从残饵及碎屑中转化而来。实验表明，金钱鱼通过摄食残饵减少水底沉积物的质量，并通过其摄食及排出过程转化了能量，使得混养池塘中沉积物的能量转化效率明显低于单养池塘。

在本实验中，两池塘内的凡纳滨对虾体重和体长变化基本相同，混养池塘中对虾体长及体重的平均值比单养池塘略高，但并无显著性差异。这一结果与孔谦（2010）关于凡纳滨对虾与鲻（Mugil cephalus）混养实验中，两池塘中对虾的生长情况是相类似的。影响对虾生长的因素包括对虾苗种、养殖密度、饵料质量、投喂次数、水体环境、生产管理等诸多因素。本实验中，两池塘对虾在苗种、饲料投喂、生产管理和养殖密度等方面完全相同，混养池塘中的金钱鱼是放置在网箱中，对对虾影响较少。金钱鱼的网箱面积为 36m^2，仅占池塘总面积的 5.40%，并不影响对虾的活动。

　　前人关于鱼虾混养的研究均指出，混养可增加收益，有利于鱼与虾的生长发育。在本实验中，混养池塘比单养池塘多收入 15 370 元/hm²，每公顷增加了 46.69% 的收入。金钱鱼作为名贵水产品，其经济价值很高，在混养中不仅净化了水体，更提高了池塘整体的经济收益。

　　凡纳滨对虾与金钱鱼混养养殖模式中，金钱鱼在摄食对虾的残饵、池塘的碎屑及浮游动物以供自身生长的同时，也从总体上降低了饵料系数，减少成本，增加收益。与此同时净化水体，降低池塘 COD、氨氮、亚硝酸盐、悬浮物和平衡水体中浮游生物量，更大程度利用了投入池塘的总能量，将原本要沉积到池塘中的能量转化到自身体内。

参 考 文 献

陈清建, 林杰. 2009. 虾鱼混养与单养对比试验[J]. 科学养鱼, (8): 34-35.

陈添铮. 2011. 大弹涂鱼池塘淡化养殖试验[J]. 海洋与渔业, 7: 47-48

陈文忠, 赵国翠. 2004. 花鲈鱼苗淡化及驯化技术的研究[J]. 科技情报开发与经济, 14(1): 150-152

陈贤龙. 2009. 南美白对虾池塘搭养漠斑牙鲆比较试验[J]. 宁波农业科技, (3): 13-19

董贯仓, 田相利, 董双林, 等. 2007. 虾、贝、藻混养模式能量收支及转化效率的研究[J]. 中国海洋大学学报, 36(7): 899-906.

康春晓, 雷慧僧, 谭玉钧. 1990. 以草鱼、鲢为主养鱼的池塘能量转换效率初探[J]. 水产科技情报, (02): 47-50.

孔谦. 2010. 凡纳滨对虾与鲻鱼混养中精养池的理化生物因子的研究[D]. 广东海洋大学硕士学位论文.

李贵生, 何建国, 李桂峰, 等. 2000. 水体理化因子对斑节对虾生长影响研究[J]. 中山大学学报, 自然科学版, 39(增刊): 107-114.

李吉方, 董双林, 文良印, 等. 2003. 盐碱地池塘不同养殖模式的能量利用比较[J]. 中国水产科学, 10(2): 143-147.

李清峰. 2008. 半咸淡水养殖鲈鱼技术[J]. 福建农业, 9: 26.

李秋芬, 陈碧鹃, 曲克明. 2002. 鱼虾混养生态系中细菌动态变化的研究[J]. 应用生态学报, 13(6): 731-734.

李烁寒. 2009. 不同对虾养殖模式细菌数量动态与环境变化的比较[D]. 暨南大学硕士学位论文.

林星. 2012. 花鲈无公害淡水健康养殖技术[J]. 湖北农业科学, 51(3): 564-566

刘刚, 李长波, 丁增明. 2001. 南美白对虾淡水高产精养技术[J]. 水产养殖, (6): 30-32.

刘国才, 李德尚, 卢静, 等. 2011. 对虾养殖围隔生态系颗粒悬浮物的研究[J]. 水产养殖, 10(6): 30-32.

卢静, 李德尚. 2000. 对虾池的放养密度对浮游生物群落的影响[J]. 水产学报, 24(3): 240-246.

齐明. 2009. 对虾高位池生态环境特征与能量转化效率研究[D]. 广东海洋大学硕士学位论文.

申玉春. 2003. 对虾高位池生态环境特征及其生物调控技术的研究[D]. 华中农业大学博士学位论文.

孙向军, 李文通, 徐绍刚, 等. 2004. 美国红鱼淡化技术[J]. 中国水产, 10: 81-82.

王建钢, 乔振国, 于忠利, 等. 2008. 星点篮子鱼(*Siganus stellatus* Forsskal)淡化技术的探讨[J]. 现代渔业信息, 23(1): 28-29.

王黎凡. 2000. 红罗非鱼与刀额新对虾混养技术[J]. 淡水渔业, 30(7): 8-9.

王友慧. 2005. 花鲈大规格鱼种淡化培育试验[J]. 水产养殖, 26(3): 19-20.

卫浩文, 曾敏玲. 2009. 南美白对虾混养黄鳍致富实例[J]. 致富向导, (8): 46-47.

吴乃薇, 边文冀, 姚宏禄. 1992. 主养青鱼池塘生态系统能量转换率的研究[J]. 应用生态学报, (04): 333-338.

杨富亿. 1995. 三江平原沼泽地主养鲤鱼池塘能量转换效率研究[J]. 湖泊科学, (03): 263-270.

张才学, 劳赞, 廖宝娇, 等. 2006. 珠海地区凡纳滨对虾淡水养殖池浮游植物群落的演替[J]. 湛江海洋大学学报, 26(4): 35-41.

张天文. 2011. 对虾高位池精养模式和生态养殖模式中碳流通特征的解析[D]. 中国海洋大学博士学位论文.

郑重. 1964. 浮游生物学概论[M]. 北京: 科学出版社.

周一兵, 刘亚军. 2000. 虾池生态系能量收支和流动的初步分析[J]. 生态学报, 20(5): 474-481.

Balasubramanian S, Pappathi R, Raj S P. 1995. An energy budget and efficiency of sewage feed fish ponds[J]. Bioresoures Technology, 52(87): 145-150.

Benjamas C, Sorawit P, Piamsak M. 2003. Water quality control using *Spirulina platensisin* shrimp culture tanks[J]. Aquaculture, 220(76): 355-366.

Chen J C, Cheng S Y, Chen C T, et al. 1994. Changs of haemocyanin protein and free aminoacid levels in the haemolymph of *Penaeus japonicus* exposed to ambient ammonia[J]. Comparative Biochemistry and Physiology, 109(A): 339-347.

Claude E B, Trcker C S. 1998. Pond Aquaculture Water Quality Management[M]. Norwell: Kluwer Academic Publishers: 15-37.

Li S F. 1987. Energy structure and efficiency in a typical Chinese integrated fish farm[J]. Aquaculture, 65(5): 105-118.